高等职业教育“十三五”规划课程改革创新教材

UG NX机械零件设计与制造工程应用案例教程

姜正武　主　编

吴立军　副主编

科学出版社

北　京

内 容 简 介

本书根据机械设计与维修岗位技能要求编写，目的是使具有机械设计与维修专业知识的人员能够利用 UG NX 快速掌握机械零件的三维建模方法、装配建模方法、机构的运动分析和构件结构分析方法。

本书首先介绍了三维设计的概念和 UG NX，接着介绍了草图绘制、实体和曲面建模，最后重点讲述了装配建模、机构运动分析和构件结构分析。书中给出了大量来自工程实践的典型案例，通过学习和练习，读者可在熟悉 UG NX 的功能和命令的同时，迅速掌握案例的设计技巧，达到举一反三的效果。

本书可作为高职高专院校 UG NX 课程的教材，也可以作为高职高专院校学生岗位专项培训的教材。

图书在版编目（CIP）数据

UG NX 机械零件设计与制造工程应用案例教程/姜正武主编. —北京：科学出版社，2019.4

ISBN 978-7-03-060059-2

Ⅰ.①U… Ⅱ.①姜… Ⅲ.①机械元件-计算机辅助设计-应用软件-教材 Ⅳ.①TH13-39

中国版本图书馆 CIP 数据核字（2018）第 278373 号

责任编辑：孙露露　吴超莉 / 责任校对：赵丽杰
责任印制：吕春珉 / 封面设计：东方人华平面设计部

科 学 出 版 社 出版
北京东黄城根北街 16 号
邮政编码：100717
http://www.sciencep.com

三河市骏杰印刷有限公司印刷
科学出版社发行　各地新华书店经销
*
2019 年 4 月第 一 版　开本：787×1092 1/16
2022 年 5 月第四次印刷　印张：15 1/2
字数：365 000

定价：43.00 元

（如有印装质量问题，我社负责调换〈骏杰〉）
销售部电话 010-62136230　编辑部电话 010-62138978-2010

前　　言

UG是一款功能强大的三维CAD/CAM/CAE软件，其内容涵盖了产品从概念设计、工业造型设计、三维模型设计、分析计算、动态模拟与仿真、工程图输出，到成品生产加工的全过程，应用范围涉及航空航天、汽车、造船、机械制造、医疗器械和电子信息等领域。

近几年，UG几乎成为三维CAD/CAM/CAE领域的一面旗帜和标准，也是工程技术人员必须掌握的一款软件；国外一些大学把它作为工程类专业的必修课。

本书基于UG NX 10.0编写，主要特点如下。

- 脉络清晰。本书先让读者了解三维建模的概念，再了解UG；接着讲解了基础（草图绘制、实体建模、曲面建模）命令，但并未穷尽命令，通过实际案例的讲解与操作，读者可以快速入门；最后重点讲解了装配建模、运动仿真和结构分析。
- 重点突出。装配建模是重点，本书编写了大量的实际工程案例并配有视频操作，内容由简单到复杂，力求使读者系统掌握UG的虚拟装配方法与技巧，掌握提高机械设计效率和缩短产品研发周期的技术。
- 案例鲜活。编写的案例都是专业领域的零件、结构、构件、产品，与专业知识学习相联系，与岗位技能培养相契合，读者比较熟悉，学习起来也更得心应手。
- 资源丰富。本书配套的教学资源包括操作视频、素材等，其中素材可到科学出版社职教技术出版中心网站（www.abook.cn）下载，读者可扫描书中二维码观看操作视频，同时可在计算机上操作练习。

本书由广州铁路职业技术学院姜正武任主编，浙江科技学院吴立军任副主编。其中，第1、2章由吴立军编写，第3～7章由姜正武编写。全书由姜正武负责统稿。

由于编者水平有限，书中难免存在疏漏之处，恳请广大读者批评指正。

目　　录

第 1 章 了解三维建模

学习目标

- 了解二维制图技术和三维建模技术的基本情况。
- 了解三维建模技术的发展历程、价值和种类。
- 了解三维建模技术及其与 CAD/CAE/CAM 等计算机辅助设计技术之间的关系。
- 掌握三维建模的方法。

随着计算机技术和三维建模软件的不断发展，三维建模技术被广泛应用于现代产品设计中，成为产品设计必不可少的内容之一。因此，掌握三维建模技术成为工程技术人员所必须具备的基本技能之一。

1.1 设计的飞跃——从二维到三维

二维图像是指不包含深度信息的平面图像。二维图像只有左、右、上、下四个方向，不存在前、后方向。一张纸上的图形可以看成是二维图像，即只有面积，没有体积。实际上，在设计产品时，设计者需要分别从上面、左面、正面三个不同角度观察同一个空间几何体，若将他的视线规定为平行投影线，然后正对着物体看过去，将所见物体的轮廓用正投影法在 X-Y、Y-Z、X-Z 面上绘制出来的图形称为三视图，即主视图（正视图）、左视图（侧视图）、俯视图的总称。其中，反映产品形状的轴测图（正等轴测图、斜二轴测图），也是通过某个视点、方向投影、以二维平面图像的形式展现的，如图 1-1 所示。

二维制图技术的优点是可以直观而有效地将零件的尺寸、几何公差、粗糙度要求、热处理要求和其他技术要求都集中表达在一张图样中，工艺工程师和操作者可以根据一张图样很轻松地知道该零件的所有加工要求和信息，并以最快的速度完成加工过程；缺点是设计者必须按照二维制图原理和制图规则设计产品，设计图样和读图样的人都必须通过空间想象才能在脑海中重构物体的三维空间结构，比较抽象。

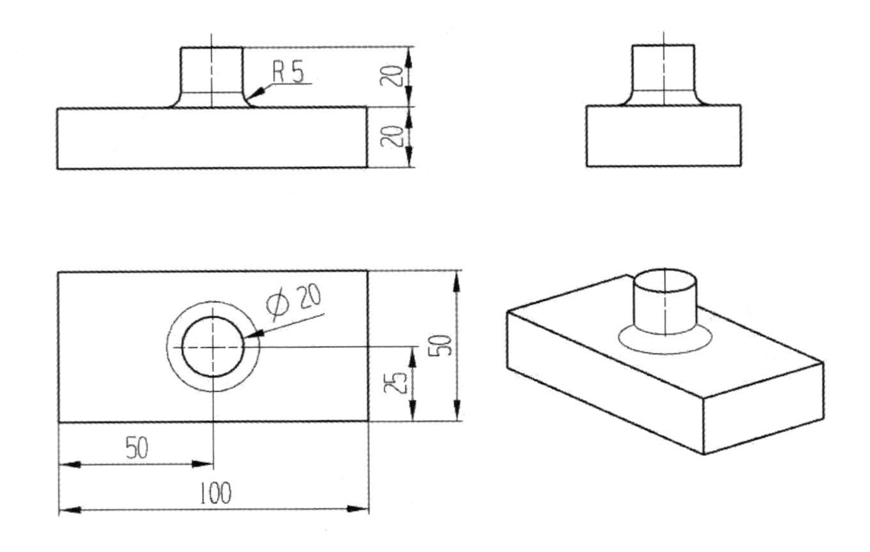

图 1-1

三维图像是利用两眼的视觉差别和光学折射原理，在一个平面内使人可以直接看到的一幅三维立体图，图像中事物既可以凸出于画面之外，也可以深藏其中，活灵活现，给人以很强的视觉冲击。三维图像与平面二维图像有着本质的区别，它主要是运用光影、虚实、明暗对比来体现的，而高质量的三维立体图像是模拟人眼看世界的原理，利用光学折射制作出来的，可以使眼睛感官上看到物体的上下、左右、前后三维关系。目前，设计产品的三维图像主要利用三维建模软件在计算机上实现，此项技术称作三维建模技术。我们比较熟悉的三维建模软件包括 Pro/E、UG、SolidWorks、CATIA 等。利用这些软件，直接将人脑中想象的物体通过三维模型来表现，无须借助二维图、制图规则和人的空间想象力，就可获得三维空间结构，比较直观、高效，如图 1-2 所示。

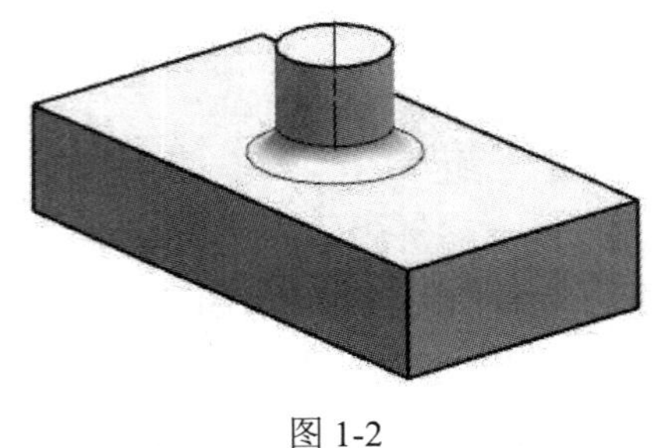

图 1-2

三维建模技术中的曲面设计、外观造型参数化驱动等特性在很大程度上改变了设计人员的设计习惯和思维，使得设计产品过程与最终成品紧密相连，不仅极大地提高了设计人员的设计速度，也提升了产品设计的质量，同时三维建模软件所包含的装配模拟、干涉检测、质量计算、运动仿真及结构分析等应用，也极大地保障了设计的完整性和一致性。其缺点是无法提供有效而全面的零件加工信息，如零件的几何公差、粗糙度、热处理要求等。

而今，计算机性能大幅提高，CPU 的运算速度、内存和硬盘的容量、显卡技术等硬件条件足以支撑三维建模软件的硬件要求，而三维建模软件也日益实用化，因此三维建模技术在人类生活的各个领域发挥着越来越重要的作用，不断推动 CAD/CAM/CAE（计算机辅助设计/计算机辅助制造/计算机辅助工程分析）的蓬勃发展，使得数字化设计、分析、虚拟制造成为现实，极大地缩短了产品设计制造周期。

目前，二维制图技术和三维建模技术在产品设计时都在使用，只是侧重的领域和行业

有所不同。未来，三维建模技术必将克服其弱点，逐步完善。

提 示

由于基于二维制图技术的产品设计、制造流程已沿用多年，数字化加工目前还不能完全取代传统的加工方式，因此，二维制图及计算机二维绘图技术现在还不可能完全退出企业的产品设计与制造环节。但是只要建立了产品的三维数字模型，生成产品的二维图是一件非常容易的事情（参见本书 UG NX 制图部分的内容）。

1.2　什么是三维建模

什么是三维建模呢？

设想这样一个画面：父亲在炉火前拥着孩子，左一刀、右一刀切削一块木块；在孩子入迷的眼神中，木块逐渐成为一把精致的木手枪或者弹弓。木手枪或弹弓形成的过程，就是直观的三维建模过程。三维建模在现实中非常常见，如孩子们堆沙丘城堡、搭积木是三维建模的过程；雕刻、制作陶瓷艺术品等也是三维建模的过程。三维建模是如此的形象和直观，可以概括为人脑中的物体形貌在真实空间再现的过程，就是三维建模的过程。

广义地讲，所有产品制造的过程，无论是手工制作还是机器加工，都是将人脑中想象的产品转化为真实产品的过程，都可称为产品的三维建模过程。

计算机在不到 100 年的发展时间里，几乎彻底改变了人类的生产、生活方式，人脑中想象的物体，几乎都能通过计算机来实现。本书所说的“三维建模”，是指在计算机上建立完整的产品三维数字几何模型的过程，与广义的三维建模概念有所不同。

在三维模型的基础上，人们可以进行许多工作，如计算机辅助设计/计算机辅助制造/计算机辅助工程分析等。

虽然三维模型显示在平面显示器上，与真实世界中可以触摸的三维物体有所不同，但是三维模型具有完整的三维几何信息，还可以有材料、颜色、纹理等其他非几何信息。人们可以通过旋转模型来模拟现实世界中观察物体时不同的视角，通过放大/缩小模型来模拟现实世界中观察物体时距离的远近，仿佛物体就位于自己眼前一样。除了不可触摸，三维模型与现实世界中的物体没有什么不同。

三维建模必须借助软件来完成，这些软件被称为三维建模系统。三维建模系统提供在计算机上完成三维模型的环境和工具，而三维建模是 CA×系统的基础和核心，因此 CA×系统必须包含三维建模系统，三维建模系统也因此被广泛应用于几乎所有的工业设计与制造领域。

本书以 UG NX 为例，介绍三维建模技术的基本原理、建模的基本思路和方法。其他 CA×系统虽然在功能、操作方式等方面不完全相同，但基本原理类似。

三维建模系统的主要功能是提供三维建模的环境和工具，帮助人们建立物体的三维数字模型，即用计算机来表示、控制、分析和输出三维形体，实现形体表示上的几何完整性，使所设计的对象生成具有真实感的图形和动态图形，并能进行物性（面积、体积、惯性矩、强度、刚度、振动等）计算、颜色和纹理仿真及切削与装配过程的模拟等。具体功能包括以下几个方面。

- 形体输入：在计算机上构造三维形体的过程。
- 形体控制：如对形体进行平移、缩放、旋转等变换。
- 信息查询：如查询形体的几何参数、物理参数等。
- 形体分析：如容差分析、物质特性分析、干涉量的检测等。
- 形体修改：对形体的局部或整体进行修改。
- 显示输出：如消除形体的隐藏线、隐藏面，显示或改变形体的明暗度、颜色等。
- 数据管理：三维图形数据的存储和管理。

1.3　三维建模——CA×技术的基石

CA×技术包括 CAD（computer aided design，计算机辅助设计）、CAM（computer aided manufacturing，计算机辅助制造）、CAPP（computer aided process planning，计算机辅助工艺规划）、CAE（computer aided engineering，计算机辅助工程分析）等计算机辅助技术。其中，CAD 技术是实现 CAM、CAPP、CAE 等技术的先决条件，而 CAD 技术的核心和基础是三维建模技术。

下面以模制产品的开发流程为例，来考察 CA×技术的应用背景及三维建模技术在其中的地位。通常，模制产品的开发分为四个阶段，如图 1-3 所示。

1. 产品设计阶段

建模的过程实际上就是产品设计的过程，这个过程属于 CAD 技术。设计与分析是一个交互过程，设计好的产品需要进行工程分析（CAE），如强度分析、刚度分析、机构运动分析、热力学分析等，分析结果再反馈到设计阶段（CAD），根据需要修改结构，修改后继续进行分析，直到满足设计要求为止。

2. 模具设计阶段

模具设计阶段是指根据产品模型，设计相应的模具，如凸模、凹模及其他附属结构，建立模具的三维模型。这个过程也属于 CAD 技术。设计完成的模具，同样需要经过 CAE 分析，分析结果用于检验、指导和修正设计阶段的工作。例如，对于塑料制品，注射成型分析可预测产品成型的各种缺陷（如熔接痕、缩痕、变形等），从而优化产品设计和模具设计，避免因设计问题造成的模具返修甚至报废。模具的设计分析过程类似于产品的设计分析过程，直到满足模具设计要求后，才能确定模具的三维模型。

3. 模具制造阶段

由于模具是用来制造产品的模板，其质量直接决定了最终产品的质量，所以通常采用数控加工方式，这个过程属于 CAM 技术。模具制造过程与工艺有关，需要借助 CAPP 技术。

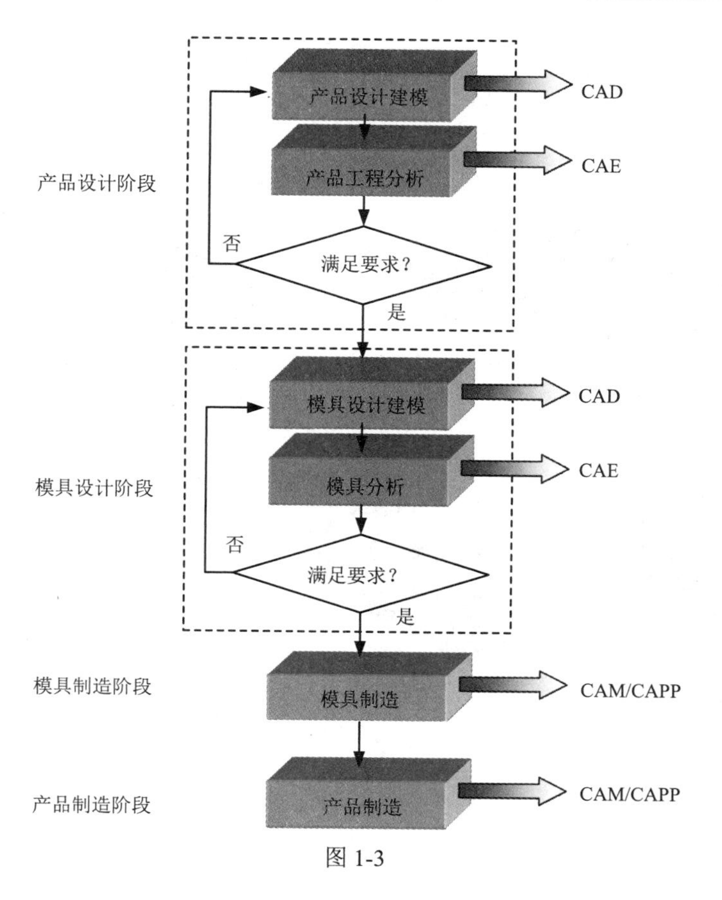

图 1-3

4. 产品制造阶段

产品制造阶段是根据开发好的模具生产批量产品的生产阶段，可能会用到 CAM/CAPP 技术。

可以看出，模制产品的开发过程贯穿了 CAD、CAM、CAE、CAPP 等 CA×技术；而这些技术都必须以三维建模为基础。例如，要设计生产如图 1-4 和图 1-5 所示的产品，必须先建立其三维模型。没有三维建模技术的支持，其他就无从谈起。

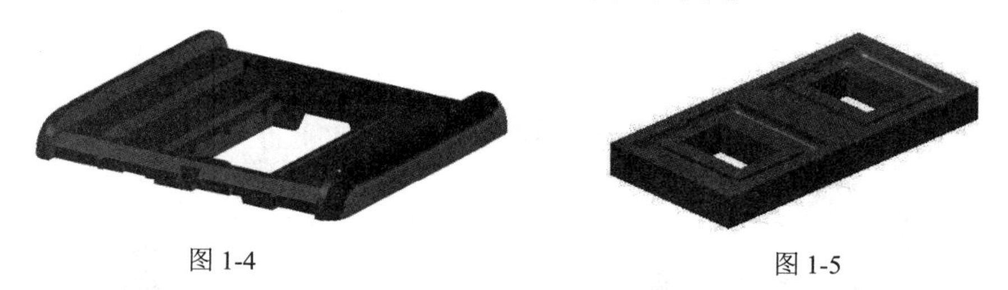

图 1-4　　图 1-5

产品和模具的 CAE 技术，不论是分析前的模型网格划分，还是分析后的结果显示，也都必须借助三维建模技术才能完成，如图 1-6 和图 1-7 所示。

对于 CAM 技术，同样需要在模具三维模型的基础上，进行数控（numerical control，NC）编程与仿真加工。图 1-8 显示了模具加工的数控刀路（即加工模具时刀具所走的路线）。刀具按照这样的路线进行加工，去除材料余量，加工结果就是模具。图 1-9 显示了模具加工仿真的情况。可以看出，CAM 技术同样以三维模型为基础，没有三维建模技术，虚拟制造和加工是不可想象的。

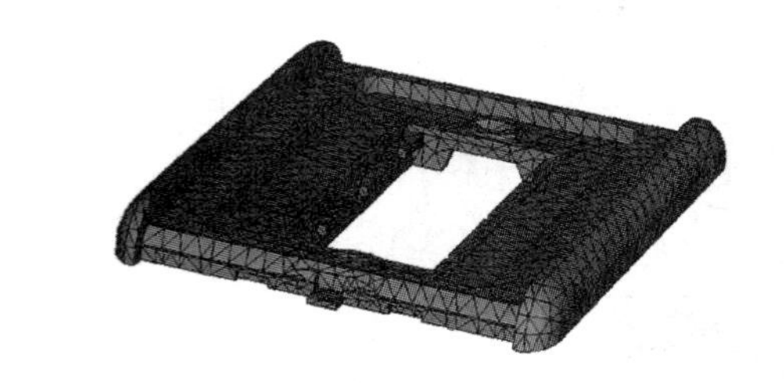

图 1-6

图 1-7

图 1-8

图 1-9

上述模制产品的开发过程充分表明，三维建模技术是 CAD、CAE、CAM 等 CA×技术的核心和基础。

事实上，不仅模制产品，其他产品的 CAD、CAM、CAE 技术也都离不开三维建模技术。例如，从产品的零部件结构设计到产品的外观造型设计，从正向设计制造到逆向工程（RE）、快速原型（RP），都离不开三维建模，如图 1-10 所示。

（a）产品的外观造型设计

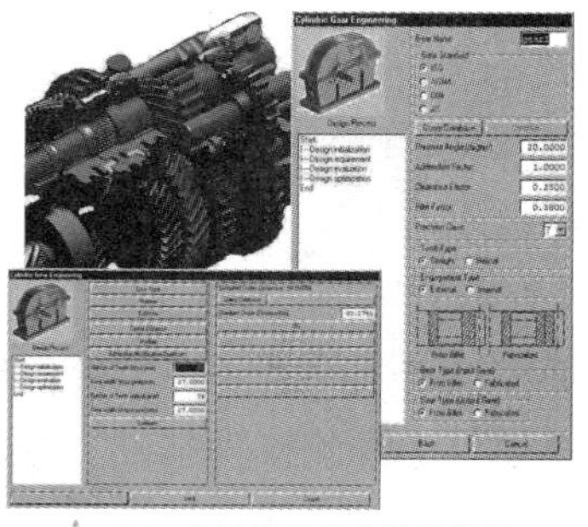

（b）产品的零部件结构设计

（c）产品加工

（d）工程分析

图 1-10

（e）逆向工程（RE）

（f）快速原型（RP）

图 1-10（续）

1.4　无处不在的三维建模

目前，三维建模技术已广泛应用于人类生活的各个领域，从工业产品（飞机、机械、电子、汽车、模具、仪表、轻工）的零件造型、装配造型和模具设计、电极设计、钣金设计等，到日常生活用品、服装、珠宝、玩具、塑料制品、医疗设施、包装、艺术品雕刻等。

三维建模技术还广泛应用于电影、三维动画、广告、各种模拟器及景物的实时漫游、娱乐游戏等领域。电影特技制作、布景制作等利用 CAD 技术，已有二十余年的历史，如《星球大战》《侏罗纪公园》《指环王》《变形金刚》等，这是因为三维动画可以营造出编剧人员想象出的各种特技效果，设计出人工不可能做到的布景，为观众营造一种新奇、难以想象的环境。电影《阿凡达》中用大量三维动画模拟了潘多拉星球上的奇异美景，让人仿佛身临其境。这些技术不仅节省了大量的人力、物力，降低了拍摄成本，而且还为现代科技研制新产品提供了思路。007 系列电影中出现的间谍与反间谍虚拟设备，启发了新的影像监视产品的开发，促进了该领域的工业进展。

1.5　三维建模的发展史和未来

长久以来，工程设计与加工都基于二维图。计算机三维建模技术成熟及相关建模软件实用化后，这种局面就被彻底改变了。

1.5.1　三维建模技术的发展史

在 CAD 技术发展初期，几何建模的目的仅限于计算机辅助绘图。随着计算机软、硬件技术的飞速发展，CAD 技术也从二维平面绘图向三维产品建模发展，由此推动了三维建模技术的发展，产生了三维线框建模、曲面建模和实体建模等三维几何建模技术，以及在实体建模基础上发展起来的特征建模和参数化建模技术。

图 1-11 显示了三维建模技术的发展历程。曲面建模和实体建模使得描述单一零件的基本信息有了基础，基于统一的产品数字化模型，可进行分析和数控加工，从而实现了 CAD/CAM 集成。

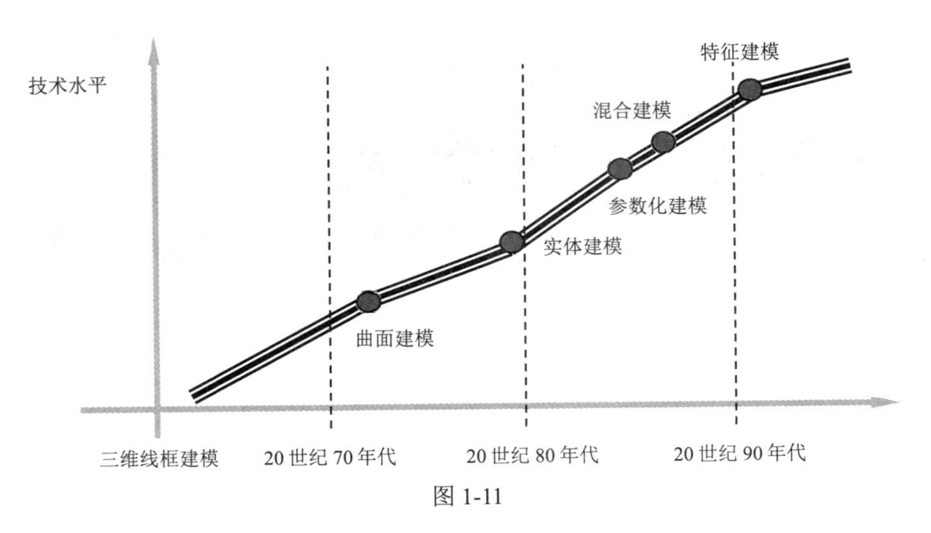

图 1-11

目前，CA×软件大多支持曲面建模、实体建模、参数化建模、混合建模等建模技术。这些软件经过四十多年的发展、融合，形成了三大高端主流系统，即法国达索公司的 CATIA、德国 SIEMENS 公司的 Unigraphics（简称 UG）和美国 PTC 公司的 Pro/Engineer（简称 Pro/E）。

1.5.2 三维建模系统的未来

三维建模比二维制图更方便、直观，包含的信息更完整、丰富，能轻松实现许多二维制图不能达到的效果，对提升产品的创新性非常重要。

三维建模系统的主要发展方向如下。

- 标准化：主要体现在不同软件系统间的接口和数据格式的标准化，以及行业标准零件数据库、非标准零件数据库和模具参数数据库等方面。
- 集成化：产品的各种信息（如材质等）与三维建模系统的集成。
- 智能化：三维建模更人性化、智能化，如建模过程中的导航、推断、容错能力等。
- 网络化：包括硬件与软件的网络集成实现、各种通信协议及制造自动化协议、信息通信接口、系统操作控制策略等，是实现各种制造系统自动化的基础。目前，许多大的 CAD/CAM 软件已具备基于 Internet 实现跨国界协同设计的能力。
- 专业化：从通用设计向专业设计转化，结合行业经验，实现知识融合。
- 真实感：在外观形状上更趋真实化，外观感受、物理特性上更加真实。

1.6 如何学好三维建模技术

要学好三维建模技术，首先要掌握三维建模的基础知识、基本原理、建模思路与基本技巧；其次要熟练使用至少一种三维建模软件，包括各种建模功能的使用原理、应用方法和操作方法。

基础知识、基本原理与建模思路是三维建模技术学习的重点，它是评价一名 CAD 工程师三维建模水平的主要依据。目前，常用 CAD 软件的基本功能大同小异，因此对于一般产

品的三维建模，只要掌握了正确的建模方法、思路和技巧，采用何种 CAD 软件并不重要。掌握了三维建模的基本原理与正确思路，就如同学会了捕鱼的方法，学会了“渔”而不仅仅是得到一条“鱼”。

在学习三维建模软件时，应着重理解软件功能的整体组成结构、功能原理和应用背景，这样才能真正掌握并灵活使用软件的各种功能。

同其他知识和技能的学习一样，掌握正确的学习方法对提高学习三维建模技术的效率十分重要。下面给出几点建议。

1. 集中精力打歼灭战

在较短的时间内集中完成一个学习目标，并及时加以应用，避免马拉松式的学习。

2. 正确把握学习重点

正确把握学习重点包括两方面含义：一是将基本知识、基本原理和建模思路作为学习的重点；二是在学习软件建模功能时也应注重原理的学习。对于一名高水平的 CAD 工程师而言，产品的建模过程实际上首先要在头脑中完成，其后的工作只是借助 CAD 软件将这一过程表现出来。

3. 有选择地学习

CAD 软件的功能相当丰富，学习时切忌面面俱到，应首先学习最基本、最常用的建模功能，尽快达到初步应用的水平，然后再通过实践及后续的学习加以提高。

4. 对软件建模功能进行合理的分类

对软件建模功能进行合理的分类，不仅可以提高记忆效率，而且有助于从整体上把握软件功能的应用。

5. 培养规范的操作习惯

从一开始就注重培养规范的操作习惯，在操作学习中始终使用效率高的操作方式。同时，应培养严谨、细致的工作作风，这一点往往比单纯学习技术更为重要。

6. 做好过程记录

将平时所遇到的问题、失误和学习要点记录下来，这种积累的过程就是水平不断提高的过程。

最后，学习三维建模技术和学习其他技术一样，既要对完成学习目标树立坚定的信心，又要脚踏实地地对待每一个学习环节。

本章小结

本章先介绍了二维制图技术及三维建模技术的优缺点；然后介绍了三维建模技术的发

展历程、价值和种类，以及三维建模技术与 CAD/CAE/CAM 等计算机辅助设计技术之间的关系；重点介绍了三维建模的方法。

思考与练习

1. 什么是三维建模技术？
2. 为什么说三维建模技术是工程技术人员必须具备的技能？
3. 三维建模技术与 CAD/CAM/CAE 等计算机辅助技术之间是什么关系？
4. 如何学好三维建模技术？

第2章 UG NX概述

学习目标
- 了解 UG NX 的发展史。
- 了解 UG NX 的技术特点。
- 了解 UG NX 的常用功能模块。
- 了解 UG NX 的设计流程。

UG NX 是通用的、功能强大的三维 CAD/CAM/CAE 技术集成软件。本章主要介绍 UG NX 的发展史、技术特点、常用功能模块及运用 UG NX 进行产品建模的一般流程等。

2.1 UG NX 简介

UG 是 Unigraphics 的简称，UG NX 是在 UG 的基础上发展起来的。

UG NX 广泛应用于航空航天、汽车、机械及模具、消费品、高科技电子等领域的产品设计、分析及制造，被认为是业界最具有代表性的数控软件和模具设计软件。

UG NX 的主要客户包括波音、英国航空、丰田、福特、通用、三菱、夏普、日立、诺基亚、东芝、西门子、富士通、索尼、三洋、飞利浦、克莱斯勒、宝马等著名企业。

2.2 UG 的发展史

UG 从问世到现在经历了几十年，在这短短几十年里，UG 发生了翻天覆地的变化。主要历程如下：

1960 年，McDonnell Douglas Automation 公司成立。

1976 年，Donnell Douglas Automation 收购了 Unigraphics CAD/CAE/CAM 系统的开发商——United 公司，UG 的雏形问世。

1983 年，UG 上市。

1989 年，Unigraphics 开始支持 UNIX 平台及开放系统的结构，并引入了一个新的与 STEP 标准兼容的三维实体建模核心 Parasolid。

1996 年，UGS 公司发布了能自动进行干涉检查的高级装配功能模块、先进的 CAM

模块及具有 A 类曲线造型功能的工业造型模块，发展成高端领域及商业 CAD/CAE/CAM 软件。

1997 年，Unigraphics 新增了包括 WAVE（几何连接器）在内的一系列功能。WAVE 这一功能可以定义、控制、评估产品模板。

2000 年，UGS 公司发布了 UG 17。UGS 成为工业界第一个可以装载包含深层嵌入“基于工程知识”（KBE）语言的世界级 MCAD 软件产品的供应商。

2001 年，UGS 公司发布了 UG18。同年，EDS 公司并购了 UGS 公司和 SDRC 公司。

2002 年，EDS 公司发布了 UG NX 1.0。UG NX 1.0 继承了 UG 18 的优点，改进和增加了许多功能，其功能更强大、更完美。

2003 年，EDS 公司发布了 UG NX 2.0。UG NX 2.0 基于最新的行业标准，是一个全新的支持 PLM 的体系结构。EDS 公司同其主要客户一起设计了这样一个先进的体系结构，用于支持完整的产品工程。

2004 年，UGS 公司从 EDS 公司分离出来并发布了 UG NX 3.0。UG NX 3.0 为用户的产品设计与加工过程提供了数字化造型和验证手段，针对用户的虚拟产品设计和工艺设计的需要，提供经过实践验证的解决方案。

2005 年，UGS 公司发布了 UG NX 4.0。UG NX 4.0 是崭新的 NX 体系结构，使得开发与应用更加简单和快捷。

2007 年 4 月，UGS 公司发布了 UG NX 5.0。UG NX 5.0 帮助用户以更快的速度开发创新产品，实现更高的成本效益。同年 5 月，UGS 公司被 SIEMENS 公司收购并更名为 SIEMENS PLM Software 公司。

2008 年 6 月，SIEMENS PLM Software 公司发布了 UG NX 6.0。建立在新的同步建模技术基础之上的 UG NX 6.0 在市场上产生了重大影响。同步建模技术的发布是 NX 的一个重要里程碑。

2009 年 10 月，西门子工业自动化业务部旗下机构、全球领先的产品生命周期管理（PLM）软件与服务提供商 SIEMENS PLM Software 公司宣布推出其旗舰数字化产品开发解决方案 NX™ 软件的最新版。UG NX 7.0 引入了“HD3D”（三维精确描述）功能，即一个开放、直观的可视化环境，有助于全球产品开发团队充分发掘 PLM 信息的价值，并显著提升其制定卓有成效的产品决策的能力。此外，UG NX 7.0 还新增了同步建模技术的增强功能。

2010 年 5 月，SIEMENS PLM Software 公司在上海世博会发布了 UG NX 7.5，NX GC 工具箱作为 UG NX 7.5 的一个应用模块与 UG NX 7.5 同步发布。NX GC 工具箱是为满足中国用户对 NX 的特殊需求而推出的本地化软件工具包。在符合国家标准的基础上，NX GC 工具箱做了进一步完善和大量的增强工作。

2011 年 9 月，SIEMENS PLM Software 公司发布了 UG NX 8.0。UG NX 8.0 采用创新性用户界面，把高端功能与易用性和易学性相结合；进一步扩展了 UG 和 Teamcenter 之间的集成，并实施同步管理，进而实现在一个结构化的协同环境中转换产品的开发流程。

2012 年 10 月，SIEMENS PLM Software 公司发布了 UG NX 8.5。UG NX 8.5 在现有功能的基础上增加了一些新功能和客户驱动的增强功能。这些改进有助于缩短创建、分析、

交换和标注数据所需的时间。

2013 年 10 月，SIEMENS PLM Software 公司发布了 UG NX 9.0。该版本集成了二维同步技术 ST2D、4GD 及 NX Realize Shape 创意塑型等功能，为客户提供了前所未有的设计灵活性，同时可大幅提升产品开发的效率。

2014 年 10 月，SIEMENS PLM Software 公司发布了 UG NX 10.0。UG NX 10.0 可提高整个产品开发的速度和效率。UG NX 10.0 通过引入新的多物理场分析环境和 LMS Samcef（结构解算器），极大地扩展了可从 NX CAE 解算的解决方案类型。NX CAM 10 可提高机床性能，优化表面精加工，缩短编程时间。UG NX 10.0 界面默认采用功能区样式，也可以通过界面设置，选择传统的工具条样式。UG NX 10.0 支持中文路径，零部件名称可以直接用中文表示。

2.3　UG NX 的技术特点

UG NX 不仅具有强大的实体造型、曲面造型、虚拟装配和产生工程图的设计功能，而且在设计过程中可以进行机构运动分析、动力学分析和仿真模拟，提高了设计的精确度和可靠性。同时，可用创建的三维模型直接生成数控代码，用于产品的加工，其处理程序支持多种类型的数控机床。另外，它所提供的二次开发语言 UG/Open GRIP、UG/Open API 简单易学，可实现的功能多，便于用户开发专用的 CAD 系统。具体来说，该软件具有以下特点。

- 具有统一的数据库，真正实现了 CAD/CAE/CAM 各模块之间数据交换的无缝接合，可实施并行工程。
- 采用复合建模技术，可将实体建模、曲面建模、线框建模、显示几何建模与参数化建模融为一体。
- 基于特征（如孔、凸台、型腔、沟槽、倒角等）的建模和编辑方法作为实体造型的基础，形象直观，类似于工程师传统的设计方法，并能用参数驱动。
- 曲线设计采用非均匀有理 B 样条曲线作为基础，可用多样方法生成复杂的曲面，特别适合于汽车、飞机、船舶等外形复杂的曲面设计。
- 出图功能强，可以方便地从三维实体模型直接生成二维工程图。能按 ISO 标准标注名义尺寸、尺寸公差、几何公差的汉字说明等，并能直接对实体进行局部剖、旋转剖、阶梯剖和轴测图挖切等，生成各种剖视图，增强了绘图功能的实用性。
- 以 Parasolid 为实体建模核心，实体造型功能处于领先地位。目前常用的 CAD/CAE/CAM 系统均以此作为实体造型的基础。
- 内嵌模具设计导引 MoldWizard，提供注塑模向导、级进模向导、电极设计等，是模具业的首选。
- 提供了界面良好的二次开发工具 GRIP 和 UFUNC，使 UG NX 的图形功能与高级语言的计算机处理功能紧密结合起来。
- 具有良好的用户界面，绝大多数功能都可以通过图标实现。进行对象操作时，具有自动推理功能，同时在每个步骤中都有相应的信息提示，便于用户做出正确的选择。

2.4 UG NX 的常用功能模块

UG NX 系统由大量的功能模块组成，这些模块几乎涵盖了 CA×的各种技术。常用模块如图 2-1 所示。本书主要介绍基本环境、建模、制图以及装配四个模块，重点是建模模块。

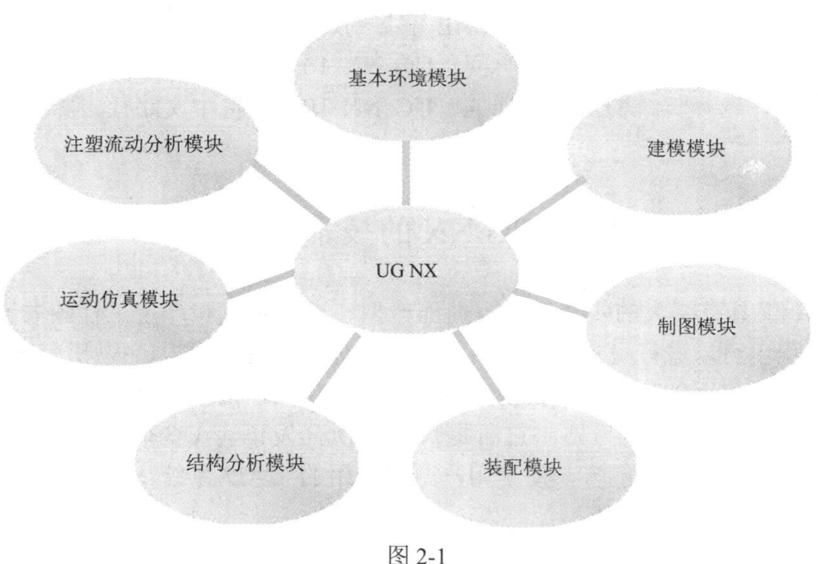

图 2-1

1. 基本环境模块

启动 UG NX 后，首先进入的就是基本环境模块，如图 2-2 所示。基本环境模块是 UG NX 的基础模块，它仅提供一些最基本的功能，如新建文件、打开文件，输入/输出不同格式的文件、层的控制、视图定义等，是其他模块的基础。

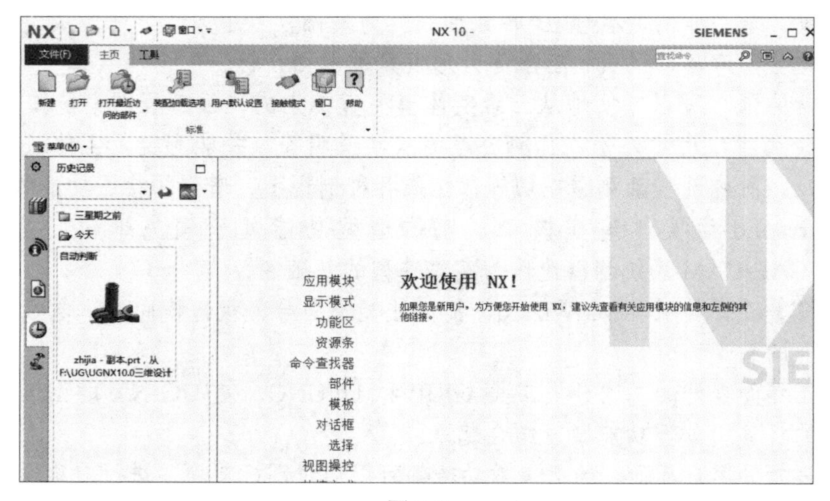

图 2-2

2. 建模模块

建模模块（图 2-3）提供了构建三维模型的工具，包括曲线工具、草图工具、成形特征、特征操作、曲面工具等。曲线工具、草图工具通常用来构建线框图；特征操作则完全整合基于约束的特征建模和显示几何建模的特性，因此可以自由地使用各种特征实体、线框架构等功能；曲面工具是架构在融合了实体建模及曲面建模技术基础之上的超强设计工具，能够设计出复杂的曲面外形。

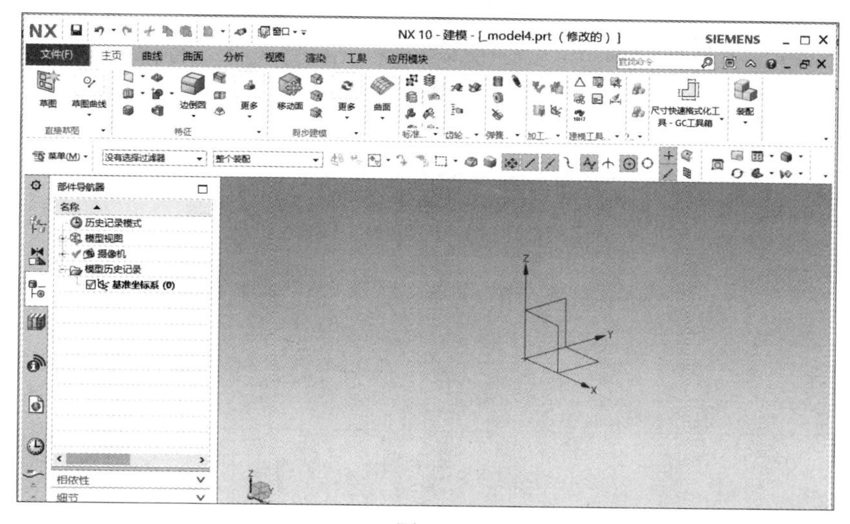

图 2-3

3. 制图模块

制图模块（图 2-4）使设计人员能方便地获得与三维实体模型相关的二维工程图。三维模型的任何改变都会同步更新到二维工程图中，不仅省去了因三维模型改变而更新二维工程图的时间，而且能确保二维工程图与三维模型完全一致。

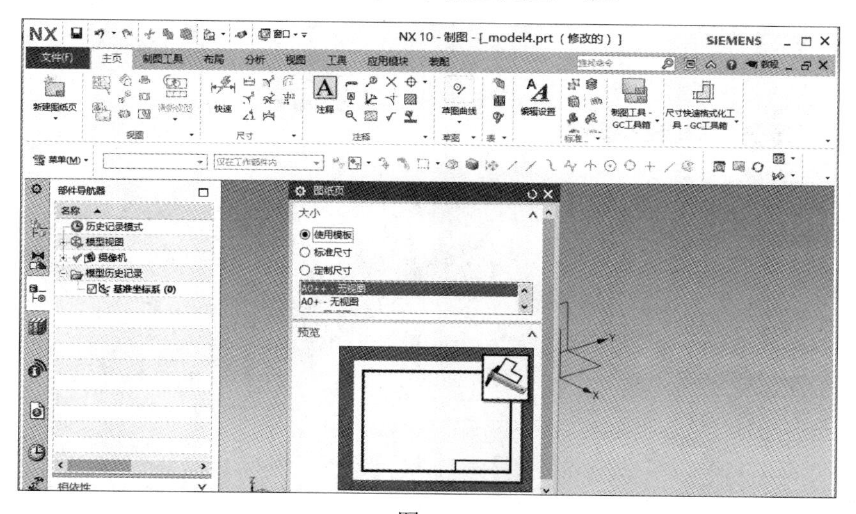

图 2-4

4. 装配模块

装配模块（图 2-5）提供了自上而下和自下而上的产品开发方法。在装配过程中可以进行零部件的设计、编辑、配对和定位，还可以对硬干涉进行检查。

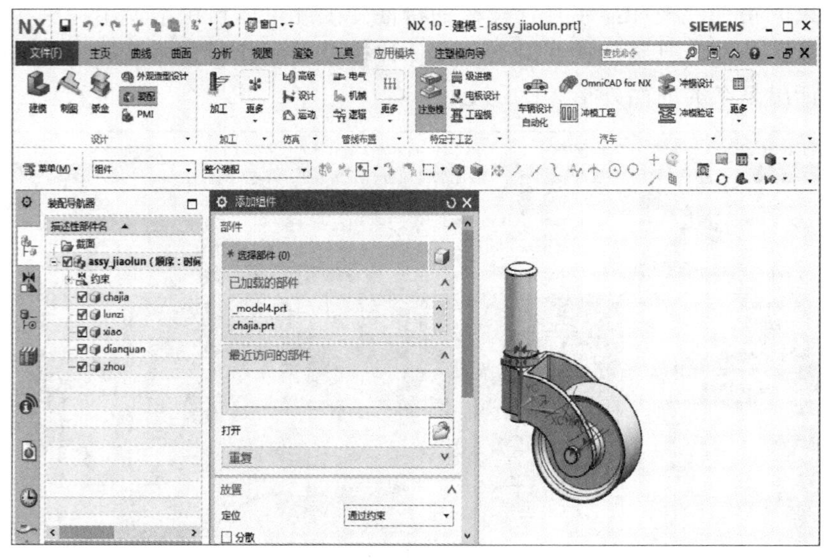

图 2-5

5. 结构分析模块

结构分析模块（图 2-6）能将几何模型转换为有限元模型，可进行线性静力、标准模态与稳态热传递、线性屈曲分析，同时还支持对装配部件，包括间隙单元的分析。分析的结果可用于评估各种设计方案，优化产品设计，提高产品质量。

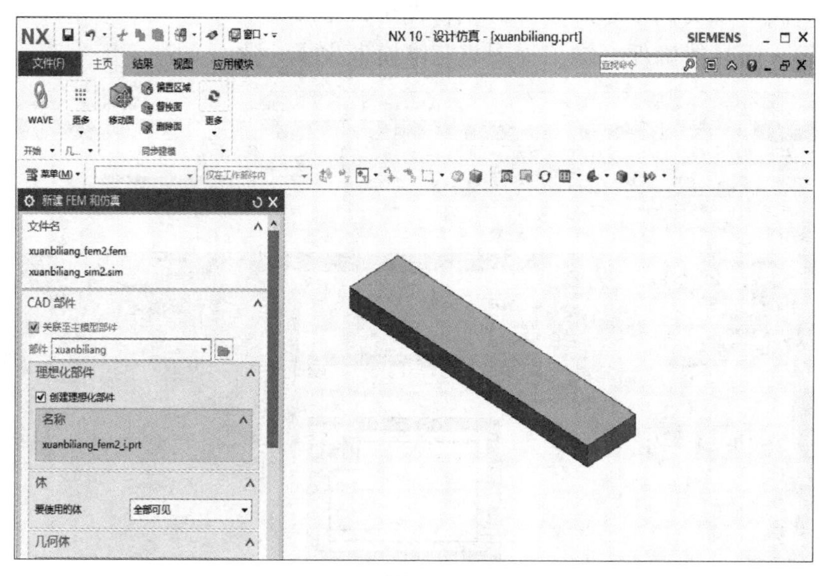

图 2-6

6. 运动仿真模块

运动仿真模块（图 2-7）可对二维或三维机构进行运动学分析、动力学分析和设计仿真，可以完成大量的装配分析，如干涉检查、轨迹包络等；还可以分析反作用力，并用图表示各构件位移、速度及加速度之间的关系等。

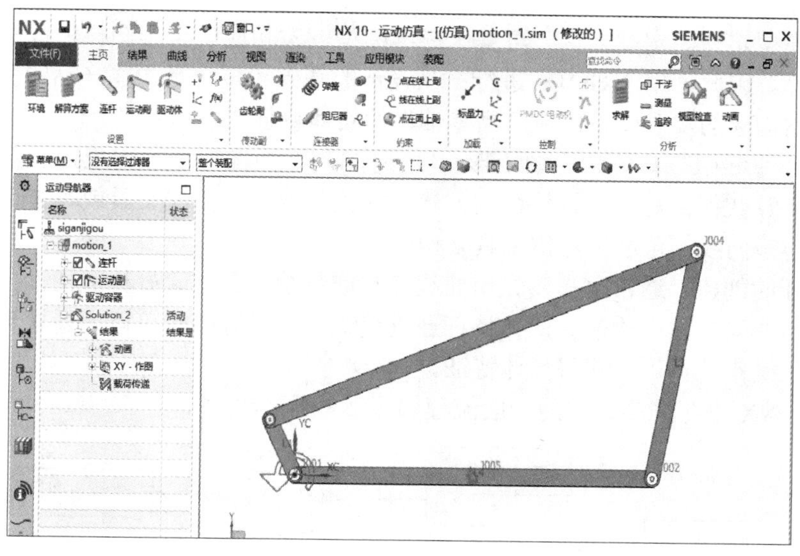

图 2-7

7. 注塑流动分析模块

模具设计人员使用注塑流动分析模块可以确定注塑模的设计是否合理，检查出不合适的注塑模几何体并予以修正。

2.5　UG NX 的工作流程

以 UG NX 10.0 为例，UG NX 的工作流程如下。

1）启动 UG NX。选择【开始】|【程序】|【Siemens NX 10.0】|【NX 10.0】或双击桌面上的 NX 10.0 图标，即可启动 UG NX。

2）新建或打开 UG NX 文件。

3）选择应用模块。UG NX 系统由十几个模块构成。要调用具体的模块，只需在【应用模块】菜单中选择相应的模块名称即可。

4）选择具体的应用工具并进行相关的设计。不同的模块具有不同的应用工具。模块的应用工具通常分布在功能区中。

5）保存文件。

6）退出 UG NX 系统。

2.6　基于UG NX的产品设计流程

基于UG NX的产品设计流程，通常是先对产品的零部件进行三维造型；在此基础上再进行结构分析、运动分析等；然后再根据分析结果，对三维模型进行修正；最终将符合要求的产品模型定型。定型之后，可基于三维模型创建相应的工程图样，或进行模具设计和数控编程等。因此，用UG NX进行产品设计的基础和核心是构建产品的三维模型，而产品三维模型构建的实质就是创建产品零部件的实体特征或片体特征。

实体特征通常由基本体素（如矩形、圆柱体等）、扫描特征等构成，或在它们的基础上通过布尔运算获得；对于扫描特征的创建，往往需要先用曲线工具或草图工具创建出相应的引导线与截面线，再利用实体工具来构建。

片体特征的创建，通常也需要先用曲线工具或草图工具创建好构成曲面的截面线和引导线，再利用曲面工具来构建。片体特征通过缝合、增厚等操作可以创建实体特征；实体特征通过析出操作等也可以获得片体特征。

使用UG NX进行产品设计的一般流程如图2-8所示。

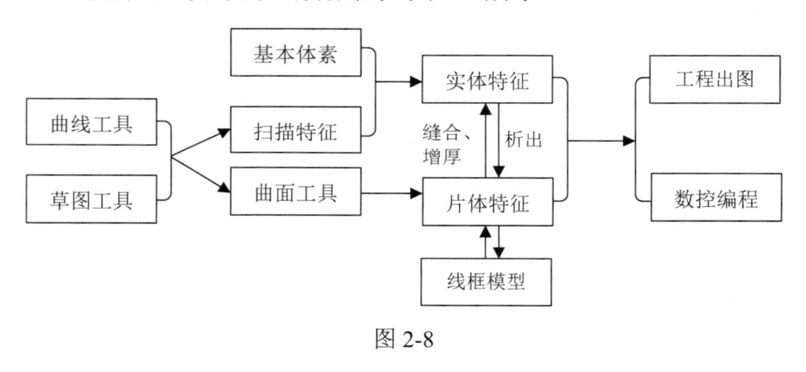

图2-8

本章小结

本章从发展史、技术特点、常用功能模块等方面对UG NX进行了介绍，使读者对UG NX有了一个概貌性的了解；然后介绍了UG NX的工作流程；最后介绍了基于UG NX的产品设计流程。

思考与练习

1. UG NX有哪些技术特点？
2. UG NX有哪些常用功能模块？各功能模块的功能是什么？
3. UG NX的工作流程一般有哪些步骤？

第3章 草图绘制

学习目标 ☞

- 了解草图环境及创建草图的一般步骤。
- 掌握创建草图与草图对象的方法。
- 了解内部草图与外部草图的区别。
- 掌握草图约束方法及技巧。
- 掌握草图操作工具和管理工具。

草图功能与曲线功能相似，用来构建二维曲线轮廓，其最大的特点是绘制二维图时只需先绘制一个大致的轮廓，然后通过约束条件来精确定义图形。当约束条件改变时，轮廓曲线自动发生改变，因而使用草图功能可以快捷、完整地表达设计者的意图。

草图是 UG NX 建立参数化模型的一个重要工具。本章将介绍创建草图与草图对象、约束草图对象、草图操作及管理与编辑草图等方面的内容。

3.1 概　　述

一个草图就是一个被创建在指定平面上的已命名的二维曲线集合。可以利用草图来满足广泛的设计需求，具体如下。

1）通过扫掠、拉伸或旋转草图来创建实体或片体。

2）创建含有成百甚至上千个草图曲线的大比例二维概念布局。

3）创建构造几何体，如运动轨迹或间隙弧。

在一般建模中，草图的第一项作用最常用，即在草图的基础上创建所需的各种特征。

3.1.1 草图与特征

草图在 UG NX 中被视为一种特征，每创建一个草图均会在部件导航器中添加一个草图特征。因此，每添加一个草图，在部件导航器中就会添加相应的一个节点。部件导航器所支持的操作对草图也同样有效。

3.1.2 草图与图层

草图位于创建草图时的工作图层上，因此在创建草图前应设置好工作图层。为保证工作空间的整洁，每个草图应分别放置在不同的图层。

当某一草图被激活时，系统自动将工作图层切换到草图所在的图层。

当退出草图状态时，若【保持图层状态】没有选中，系统会自动将工作图层切换回草图激活前的工作图层；否则，草图所在图层仍为工作图层。

当曲线添加到激活的草图中时，这些曲线也被自动移至草图所在的图层。

3.1.3 草图功能简介

在 UG NX 10.0 中，既可通过主页菜单中的【直接草图】功能区，在无须进入草图环境的情况下对草图进行直接绘制，也可使用【更多】下拉菜单中的【在草图任务环境中打开】命令进入草图环境来制作草图。

如图 3-1 所示为【直接草图】功能区。在草图绘制的过程中，用户可根据需求选择【在草图任务环境中打开】命令，使草图重新回到草图环境中进行制作。由于直接草图与草图环境中的命令完全一致，本书将以草图环境为主，对草图功能展开解析。

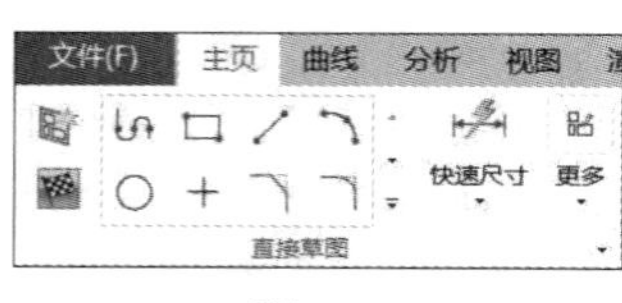

图 3-1

草图功能总体上可以分为四类：创建草图对象、约束草图、对草图进行各种操作和草图管理。其实，这四项功能本质上就是应用【直接草图】功能区和【草图任务环境】功能区中的命令进行的一系列操作。如利用【直接草图】功能区中的命令在草图中创建草图对象（如一个多边形）、设置尺寸约束和几何约束等。当用户需要修改草图对象时，可以用【直接草图】功能区中的命令进行一些操作（如镜像、移动等）。另外，还要用到【草图管理】（一般通过【直接草图】功能区中的各种命令）对草图进行定位、显示和更新等。

3.1.4 草图参数预设置

草图参数预设置是指在绘制草图之前设置一些操作规定。这些规定可以根据用户自己的要求而进行个性化设置，但是这些设置最好能体现一定的意义，如曲线的前缀名最好能体现出曲线的类型。

选择【文件】|【首选项】|【草图】，弹出如图 3-2 所示的【草图首选项】对话框。

【草图设置】选项卡主要选项介绍如下。

- 尺寸标签：标注尺寸的显示样式，共有表达式、名称和值三种方式，如图 3-3 所示。
- 屏幕上固定文本高度：在缩放草图时会使尺寸文本维持恒定的大小。如果取消选中该复选框并进行缩放，则会同时缩放尺寸文本和草图几何图形。
- 文本高度：标注尺寸的文本高度。
- 创建自动判断约束：选择该复选框后将自动创建一些可以由系统判断出来的约束。

(a)【草图设置】选项卡

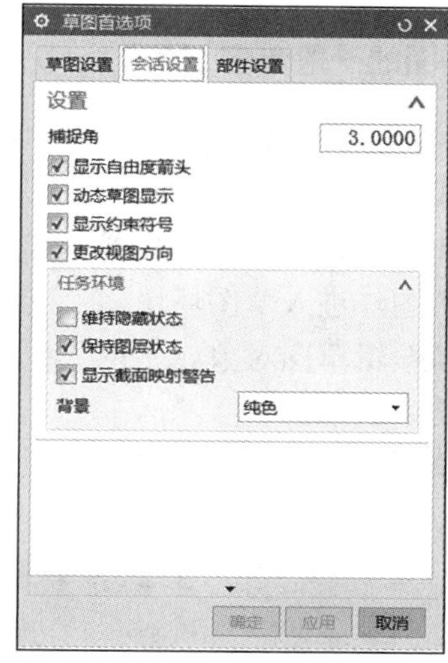

(b)【会话设置】选项卡

图 3-2

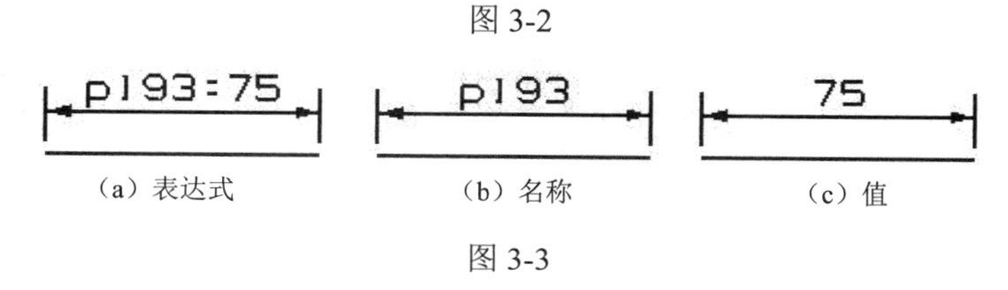

图 3-3

【会话设置】选项卡主要选项介绍如下。

- 捕捉角：设置捕捉角的大小。在绘制直线时，若直线与 XC 轴或者 YC 轴之间的夹角小于捕捉角，系统会自动将直线变为水平线或者垂直线，如图 3-4 所示。默认值为 3°，可以指定的最大值为 20°。如果不希望直线自动捕捉到水平或垂直位置，则将捕捉角设置为 0°。

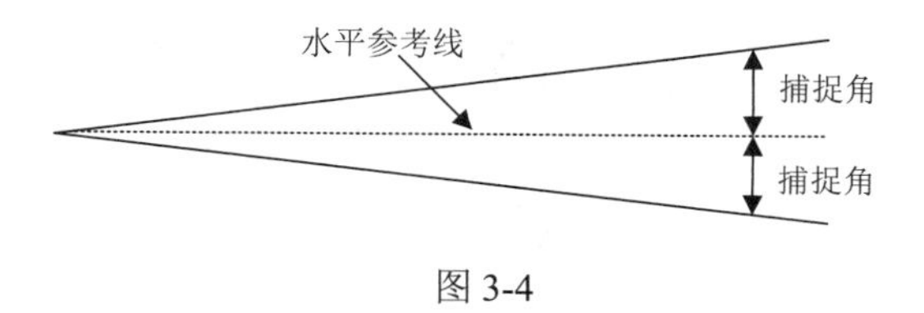

图 3-4

- 显示自由度箭头：选中该复选框，激活的草图会以箭头的形式来显示自由度。
- 动态草图显示：选中该复选框，如果相关几何体很小，则不会显示约束符号。要忽略相关几何体的尺寸查看约束，可以取消选中该复选框。
- 更改视图方向：选中该复选框，当草图被激活时，草图平面变为视图平面；退出激活状态时，视图还原为草图被激活前的状态。
- 保持图层状态：选中该复选框，激活一个草图时，草图所在的图层自动成为工作图层；退出激活状态时，工作图层还原到草图被激活前的图层。如果不选中该复选框，则当草图变为不激活状态时，这个草图所在的图层仍然是工作图层。

3.1.5 创建草图的一般步骤

创建草图的一般步骤如下。

1）新建或打开部件文件。

2）检查和修改草图参数预设置。

3）创建草图，进入草图环境。

4）创建和编辑草图对象。

5）定义约束。

6）完成草图，退出草图生成器。

3.2 草图常用命令介绍

3.2.1 创建草图

在进入草图任务环境之前，必须先新建草图或打开已有的草图。单击【直接草图】功能区中的【草图】图标，弹出【创建草图】对话框。该对话框中包含两种创建草图的类型：在平面上和基于路径。

1. 在平面上

在选定的基准平面、实体平面或以坐标系设定的平面上创建草图。图 3-5 所示对话框中各选项的含义如下。

图 3-5

1）草图平面：确定如何定义目标平面，共有四种方式。

① 自动判断：该选项为系统默认设置，根据需要自动判断要选择的平面。

② 现有平面：选取基准平面为草图平面，也可以选取实体或者片体的表平面作为草图平面。

③ 创建平面：利用【平面】对话框创建新平面作为草图平面。

④ 创建基准坐标系：首先构造基准坐标系，然后根据构造的基准坐标系创建基准平面作为草图平面。

2）参考：将草图的参考方向设置为水平或竖直。

① 水平：选择矢量、实体边、曲线等作为草图平面的水平轴（相当于 XC-YC 平面上的 XC 轴）。

② 竖直：选择矢量、实体边、曲线等作为草图平面的竖直轴（相当于 XC-YC 平面上的 YC 轴）。

2. 基于路径

在曲线轨迹路径上创建出垂直于路径、垂直于矢量、平行于矢量和通过轴的草图平面，并在草图平面上创建草图。图 3-6 所示对话框中各选项的含义如下。

1）路径：即在其上创建草图平面的曲线轨迹。

2）平面位置：指定如何定义草图平面在轨迹中的位置，共有三种方式。

① 弧长：用距离轨迹起点的单位数量指定平面位置。

② 弧长百分比：用距离轨迹起点的百分比指定平面位置。

③ 通过点：用光标或通过指定 X 和 Y 坐标的方法来选择平面位置。

3）平面方位：指定草图平面的方向，共有四种方式。

① 垂直于路径：将草图平面设置为与要在其上绘制草图的路径垂直。

② 垂直于矢量：将草图平面设置为与指定的矢量垂直。

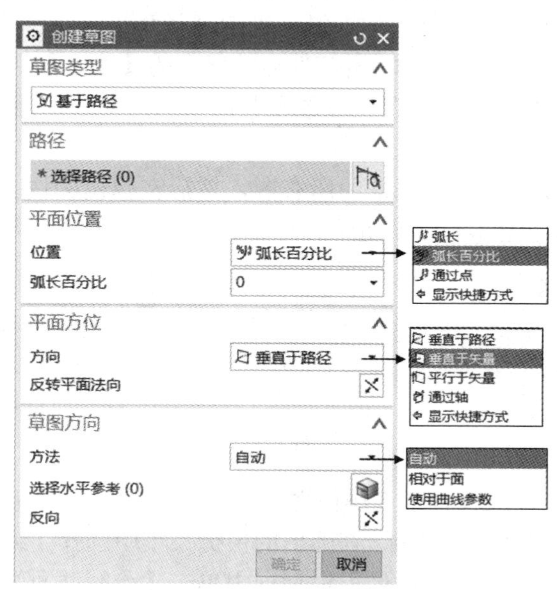

图 3-6

③ 平行于矢量：将草图平面设置为与指定的矢量平行。

④ 通过轴：使草图平面通过指定的矢量轴。

4）草图方向：确定草图平面中工作坐标系的 XC 轴与 YC 轴方向。

① 自动：系统默认的方位。

② 相对于面：以选择面来确定坐标系的方位。一般情况下，此面必须与草图平面平行或垂直。

③ 使用曲线参数：使用轨迹与曲线的参数关系来确定坐标系的方位。

3.2.2 内部草图与外部草图

1. 基本概念

根据【变化的扫掠】、【拉伸】或【旋转】等命令创建的草图都是内部草图。如果希望草图仅与一个特征相关联，可以使用内部草图。

单独使用【草图】命令创建的草图是外部草图。使用外部草图可以保持草图可见，并且可使其用于多个特征中。

2. 内部草图和外部草图的区别

内部草图只能从所属主特征访问。外部草图可以从部件导航器和图形窗口中访问。

除了草图的所有者，用户不能打开有任何特征的内部草图，除非使草图外部化。一旦使草图成为外部草图，则原来的所有者将无法控制该草图。

3. 将草图设为内部或外部

下面以一个基于内部草图的【拉伸】操作为例进行介绍。

1）要外部化一个内部草图，可右击部件导航器中的【拉伸】，并在弹出的快捷菜单中选择【将草图设为外部】命令，草图将被放在其原来的所有者前面（按时间戳记顺序），如图 3-7（a）所示。

2）要反转这个操作，可右击原来的所有者，然后在弹出的快捷菜单中选择【将草图设为内部】命令，结果如图 3-7（b）所示。

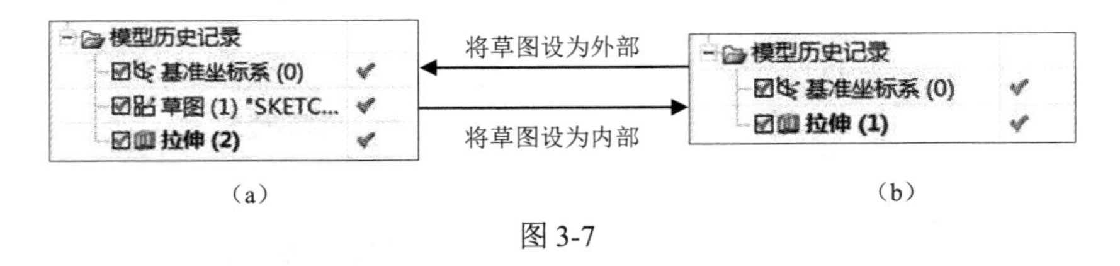

图 3-7

3）要编辑内部草图，可执行以下操作之一。

① 右击部件导航器中的【拉伸】，在弹出的快捷菜单中选择【编辑草图】命令。

② 双击【拉伸】，在弹出的【拉伸】对话框中单击【绘制截面】图标。

3.2.3　创建草图对象

草图对象是指草图中的曲线和点。建立草图工作平面后，就可以在草图工作平面中建立草图对象了。可用以下两种方式来创建草图对象。

1）在草图中直接绘制草图对象。

2）将图形窗口中的点、曲线、实体或片体上的边缘线等几何对象添加到草图中。

1. 自由手绘草图曲线

单击【草图工具】工具条中的命令图标，就会弹出相应的工具条，如图 3-8 所示。工具条的左侧为【对象类型】，右侧为【输入模式】。

图 3-8

利用【轮廓】工具可以绘制直线和圆弧（在【对象类型】中选择相应的图标即可），且以线串方式进行绘制，即上一条曲线的终点为下一条曲线的起点。

草图曲线的绘制方法与后面所述的曲线绘制方法基本相同，最大的区别是使用草图工具绘制时，不必太在意尺寸是否准确，只需绘制出近似轮廓即可。近似轮廓线绘制完成后，再进行尺寸约束、几何约束，即可精确控制它们的尺寸、形状和位置。关于草图曲线的绘制，本书不再赘述，只对草图中点的输入进行简单说明。

在草图中，单击【点】命令图标可以调出【草图点】对话框，单击【草图点】对话框中的【点对话框】命令，弹出【点】对话框，如图 3-9 所示。可以根据需要在【类型】下拉列表中选择点的类型或输入方式，也可以通过输入 X、Y、Z 坐标来确定点；在【偏置选项】下拉列表中可以选择点的偏置类型，并且可以设置点的 X、Y、Z 增量。

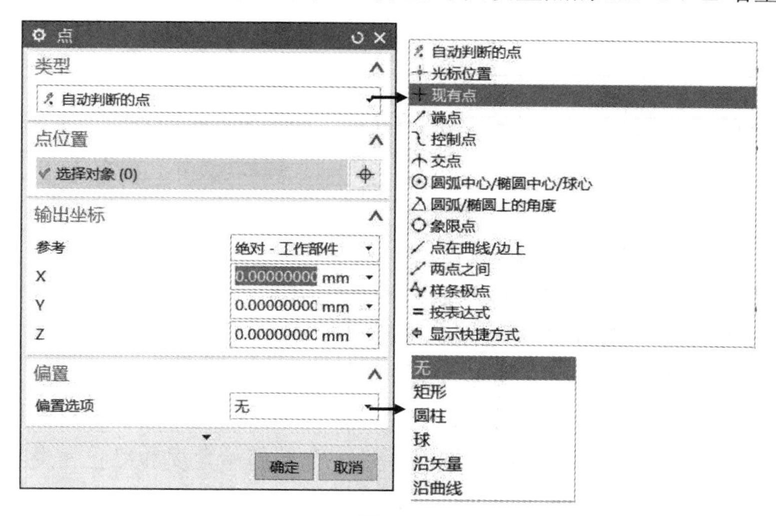

图 3-9

提 示

绘制草图对象时，点线显示与其他对象对齐；虚线显示可能的约束，按鼠标中键可锁定或解锁所建议的约束。

2. 投影曲线

曲线按照草图平面的法向进行投影，从而成为草图对象，并且原曲线仍然存在。可以投影的曲线包括所有的二维曲线、实体或片体边缘。

3.2.4 约束草图

草图的功能是指其捕捉设计意图的能力，这是通过建立规则来实现的，这些规则称为约束。草图约束限制草图的形状和大小，包括几何约束（限制形状）和尺寸约束（限制大小）。

草图约束命令如图 3-10 所示。

1. 自由度

草图的约束状态分为欠约束、完全约束和过约束三种。为了定义完整的约束，读者应该了解草图对象的自由度，如图 3-11 所示。

① 点仅在 X 方向上可以自由移动。

② 点仅在 Y 方向上可以自由移动。

③ 点在 X 和 Y 方向上都可以自由移动。

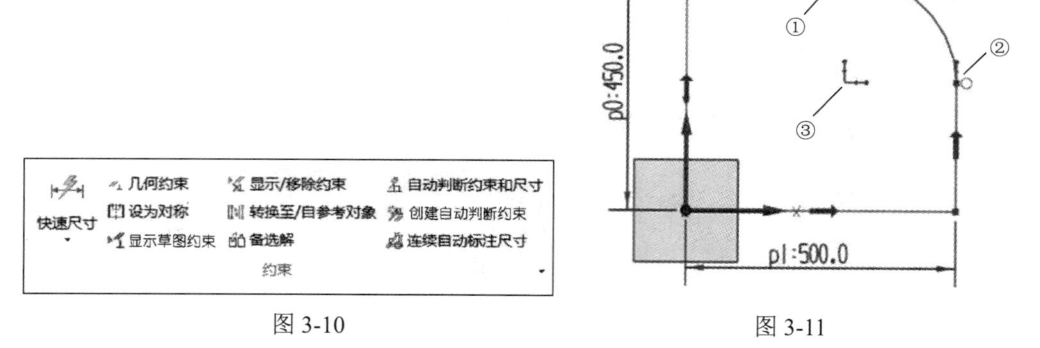

图 3-10

图 3-11

图 3-12 给出了一般对象的自由度（尚未添加约束）。

- 点：两个自由度，即沿 X 和 Y 方向移动。
- 直线：四个自由度，其中每端各两个。
- 圆：三个自由度，其中圆心两个、半径一个。
- 圆弧：五个自由度，其中圆心两个、半径一个、起始角度和终止角度各一个。
- 椭圆：五个自由度，其中中心两个、方向上一个、主半径和次半径各一个。
- 部分椭圆：七个自由度，其中中心两个、方向上一个、主半径和次半径各一个、起

始角度和终止角度各一个。

- 二次曲线：六个自由度，其中每个端点各有两个、锚点处有两个。
- 极点样条：四个自由度，其中每个端点各有两个。
- 过点样条：在它的每个定义点处均有两个自由度。

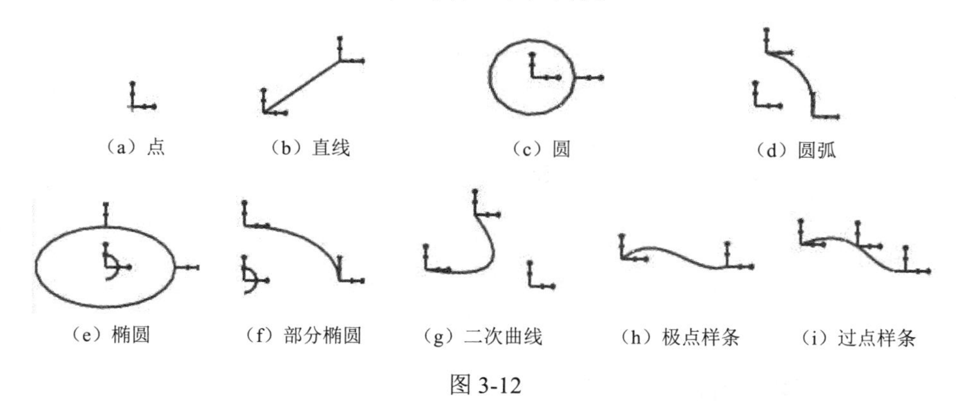

图 3-12

提 示

调用【约束】命令后，系统会在未约束的草图曲线定义点处显示自由度箭头符号，也就是相互垂直的红色小箭头，红色小箭头会随着约束的增加而减少。当草图曲线完全约束后，自由度箭头符号也会全部消失，并在状态栏中提示“草图已完全约束”。

2. 几何约束

（1）约束

建立草图对象的几何特性（如要求一条线水平或垂直等）或指定在两个或更多的草图对象间的关系类型（如要求两条线正交或平行等）。

表 3-1 中描述了常见的几何约束。

表 3-1　常见的几何约束

符　　号	约 束 类 型	描　　述
	水平	使选择的单条或多条直线平行于草图的 X 轴
	竖直	使选择的单条或多条直线平行于草图的 Y 轴
	共线	定义两条或多条位于相同直线上或穿过同一直线的直线
	相切	定义两条或多条直线，使其相切
	平行	约束两个或多个线性对象或圆/圆弧相互平行
	垂直	约束两个或多个线性对象或圆/圆弧相互垂直
	等长	定义两条或多条直线，使其长度相同
	等半径	定义两个或多个圆或圆弧，使其有相同的半径
	点在曲线上	约束一个点，使其位于曲线上或曲线的延长线上

续表

符　　号	约 束 类 型	描　　述
[icon]	中点	定义一点的位置，使其与直线或圆弧的两个端点等距
[icon]	重合	定义两个或多个具有相同位置的点
[icon]	同心	定义两个或多个具有相同中心的圆或椭圆弧

（2）手工添加约束

手工添加约束就是用户自行选择对象并为其指定约束。其操作步骤如下。

1）单击【约束】功能区中的【几何约束】命令，弹出如图 3-13（a）所示的【几何约束】对话框。

2）单击【相切】命令图标，将图 3-13（b）所示的圆约束到直线上。

3）选择要约束的对象（选择圆），选择要约束到的对象（选择直线），将圆约束到直线上，如图 3-13（c）所示。

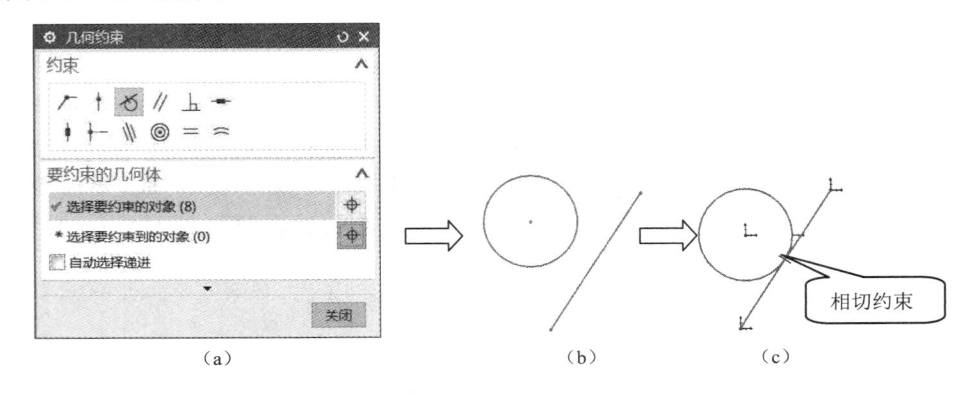

图 3-13

（3）自动判断约束

使用草图创建对象时，会出现自动判断的约束符号，按住键盘上的 Alt 键可临时禁止自动判断约束。如图 3-14 所示，光标附近的符号表示自动判断约束。

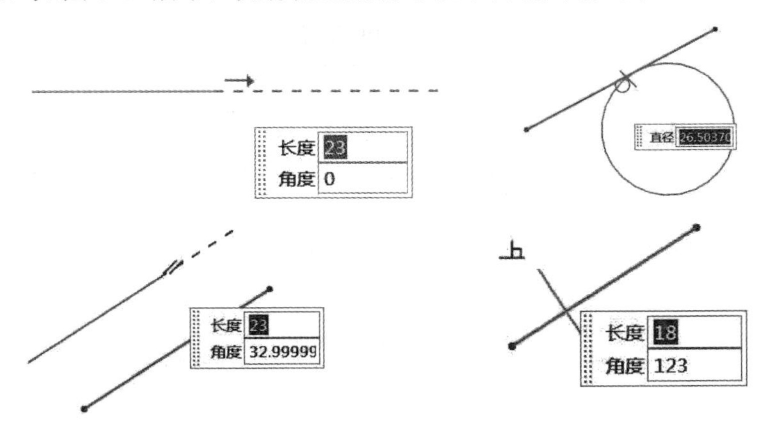

图 3-14

单击【约束】功能区中的【自动判断约束和尺寸】命令，弹出如图 3-15 所示的对话框。在该对话框中可以选择需要系统自动判断和应用的约束。

（4）创建自动判断约束

使用【创建自动判断约束】命令可以在创建或编辑草图几何图形时，启用或禁用【自动判断约束】。如果激活这个选项，在创建对象时，实际创建系统自动判断的约束；相反，则不创建约束，如图 3-16 所示。

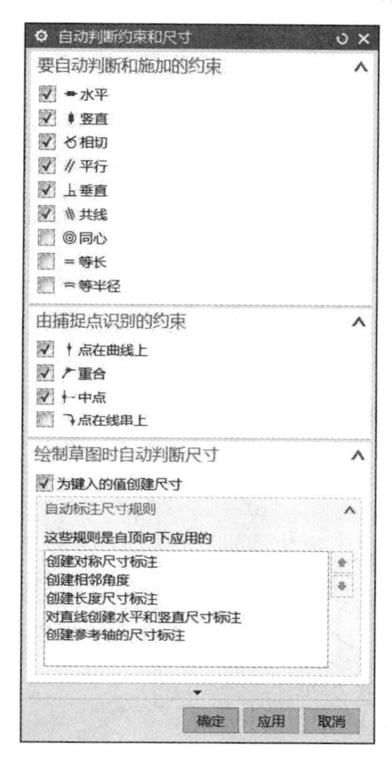

图 3-15

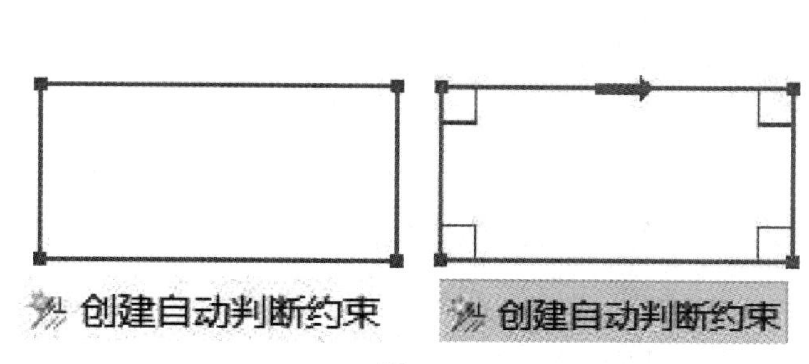

图 3-16

（5）显示草图约束

使用【显示草图约束】命令可在图形窗口中显示和隐藏约束符号。当这个命令处于激活状态时，显示草图中的所有约束；当命令处于关闭状态时，不显示约束，如图 3-17 所示。

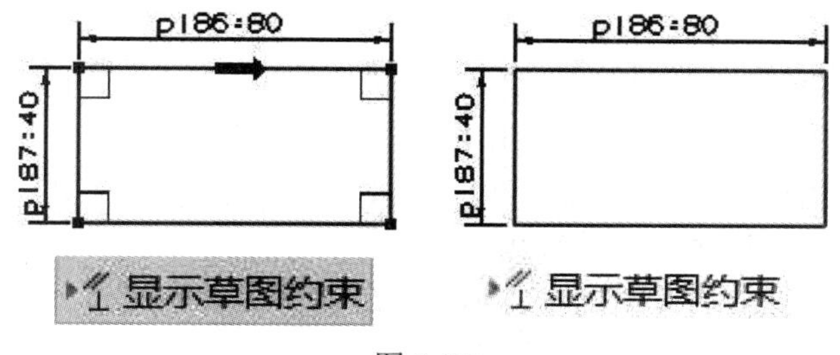

图 3-17

提 示

如果缩小草图，某些符号可能不显示，放大草图即可显示。

（6）显示/移除约束

使用【显示/移除约束】命令可以显示与所选草图几何体或整个草图相关的几何约束，也可以移除指定的约束，或在信息窗口中列出关于所有几何约束的信息。

【显示/移除约束】对话框如图 3-18 所示。

（7）备选解

使用【备选解】命令可以针对尺寸约束和几何约束显示备选解，并选择一个结果，如图 3-19 和图 3-20 所示。

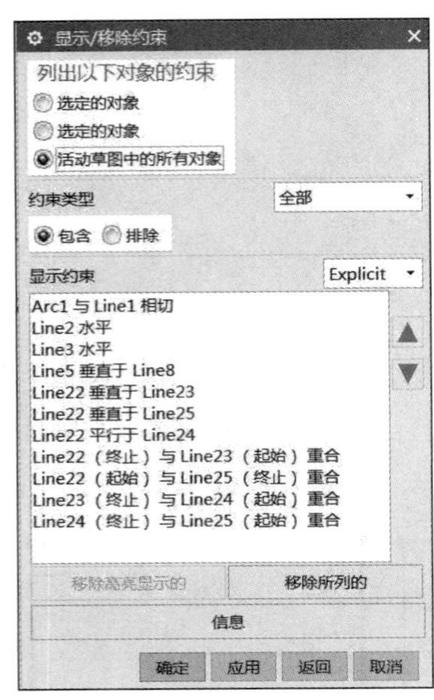

图 3-18

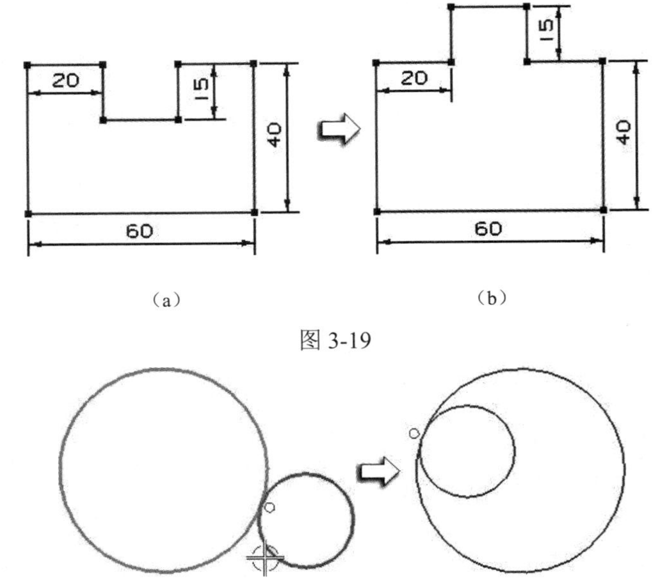

图 3-19

图 3-20

（8）转换至/自参考对象

使用【转换至/自参考对象】命令可以将草图曲线（但不是点）或草图尺寸由活动对象转换为参考对象，或由参考对象转换回活动对象。参考尺寸并不控制草图几何图形。默认情况下，用双点划线显示参考曲线。

3. 尺寸约束

尺寸约束用于建立一个草图对象的尺寸（如一条线的长度、一个圆弧的半径等）或两个对象间的关系（如两点间的距离），如图 3-21 所示。

（1）尺寸约束类型

UG NX 草图中具有五种尺寸约束类型。

1）快速尺寸：通过基于选定的对象和光标位置自动判断尺寸类型来创建尺寸约束。

2）线性尺寸：在两个对象或点位置之间创建线性距离约束。

3）径向尺寸：创建圆形对象的直径或半径约束。

4）角度尺寸：在两条不平行的直线之间创建角度约束。

5）周长尺寸：创建周长约束以控制被选定直线和圆弧的长度之和。

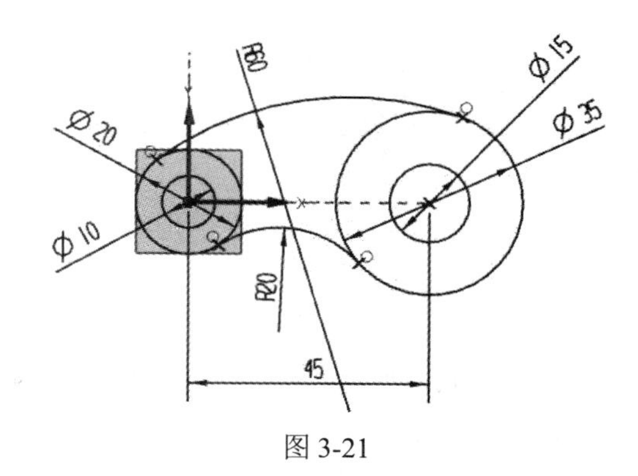

图 3-21

其中，【快速尺寸】对话框中可选择的测量方法共有九种。

1）自动判断的尺寸：根据光标位置和选择的对象智能地推断尺寸约束类型。

2）水平：在两点间建立一平行于 XC 轴的尺寸约束。

3）竖直：在两点间建立一平行于 YC 轴的尺寸约束。

4）点到点：在两点间建立一平行于两点连线的尺寸约束。平行尺寸是指两点间的最短距离。

5）垂直：建立从一直线到一点的正交距离约束。

6）圆柱坐标系：采用圆柱坐标对所选对象建立约束。

7）斜角：约束所选两条直线之间的夹角。

8）径向：建立一个圆或圆弧的半径约束。

9）直径：建立一个圆或圆弧的直径约束。

提 示

周长尺寸不会在图形中显示出来，而只以 Perimeter 为前缀的尺寸表达式值放置在尺寸列表框中。要修改此类尺寸，需在尺寸列表框中选取尺寸表达式，然后修改表达式的值。

（2）尺寸约束步骤

尺寸约束的操作步骤如下。

1）单击【约束】功能区中的【快速尺寸】图标，弹出【快速尺寸】对话框，测量方法选择【自动判断】或者相应尺寸约束类型。

2）选择要约束的对象（可以是一个对象，也可以是两个对象）。

3）输入表达式的名称和表达式的值，如图 3-22 所示。

4）按鼠标中键确定。

（3）修改尺寸约束

在草图环境下双击待修改的尺寸，然后在弹出的【尺寸】对话框中修改尺寸值即可。

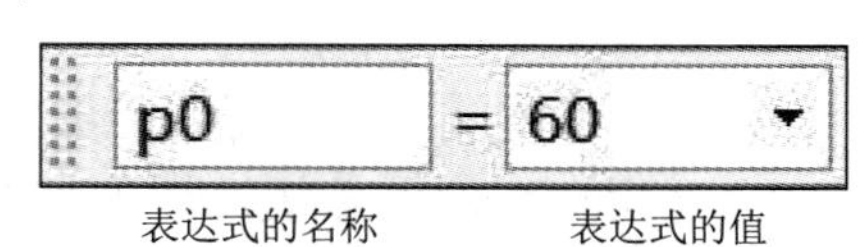

表达式的名称　　表达式的值

图 3-22

提 示

若已经离开了草图环境，也可以通过【工具】|【表达式】来调用【表达式】对话框，再进行相应的编辑。

4. 约束技巧与提示

（1）建立约束的次序

对于建立约束的次序有以下几点建议。

1）添加几何约束，固定一个特征点。

2）按设计意图添加充分的几何约束。

3）按设计意图添加少量尺寸约束（会频繁更改的尺寸）。

（2）约束状态

草图的约束状态有以下三种。

1）欠约束状态。在约束创建过程中，系统对欠约束的曲线或点显示自由度箭头，并在提示栏显示“草图需要 N 个约束”，且默认情况下部分约束的曲线为栗色。

2）完全约束状态。当完全约束一个草图时，在约束创建过程中自由度箭头不会出现，并在提示栏显示“草图已完全约束”，且默认情况下几何图形更改为浅绿色。

3）过约束状态。当对几何对象应用的约束超过了对其控制所需的约束时，几何对象就过约束了。在这种情况下，提示栏显示“草图包含过约束的几何体”，且与之相关的几何对象及任何尺寸约束的颜色默认情况下都会变为红色。

提 示

约束也会相互冲突。如果发生这种情况，则发生冲突的尺寸和几何图形的颜色默认情况下会变为洋红色。因为根据当前给定的约束不能对草图求解，系统将其显示为上次求解的情况。

（3）约束技巧

尽管不完全约束草图也可以用于后续的特征创建，但最好还是通过尺寸约束和几何约束完全约束特征草图。完全约束的草图可以确保设计更改期间，解决方案能始终一致。针对如何约束草图及如何处理草图过约束，可以参照以下技巧。

1）一旦遇到过约束或发生冲突的约束状态，应该通过删除某些尺寸或约束的方法解决问题。

2）尽量避免零值尺寸。用零值尺寸会导致相对其他曲线位置不明确的问题。零值尺寸在更改为非零值尺寸时，会引起意外的结果。

3）避免链式尺寸。尽可能尝试基于同一对象创建基准线尺寸。

4）用直线而不是线性样条来模拟线性草图片段。尽管它们从几何角度看上去是相同的，但是直线和线性样条在草图计算时是不同的。

3.2.5 草图操作

草图环境中提供了多种草图曲线的编辑功能与操作工具，如编辑曲线、编辑定义线串、偏置曲线、镜像曲线等。接下来将对偏置曲线和镜像曲线进行介绍。

1. 偏置曲线

在距已有曲线或边缘一恒定距离处创建曲线，并生成偏置约束，如图 3-23 所示。修改原先的曲线，将会更新偏置的曲线。

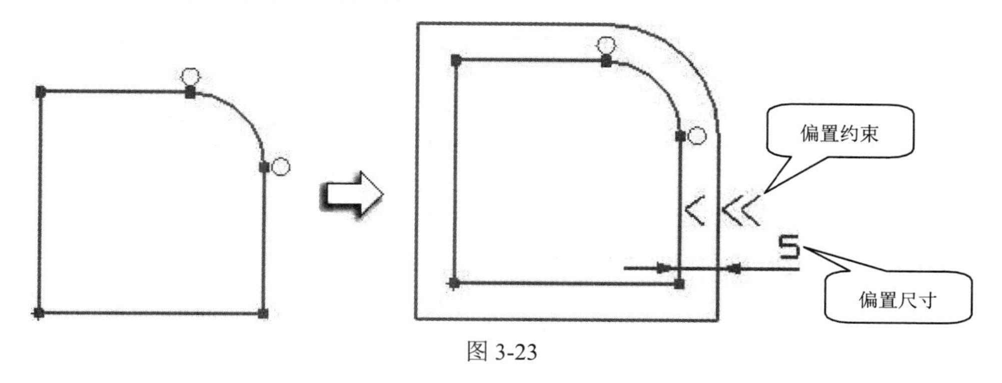

图 3-23

2. 镜像曲线

通过指定的草图直线创建草图几何体的镜像副本，并将此镜像中心线转换为参考线，且作用镜像几何约束到所有与镜像操作相关的几何体，如图 3-24 所示。

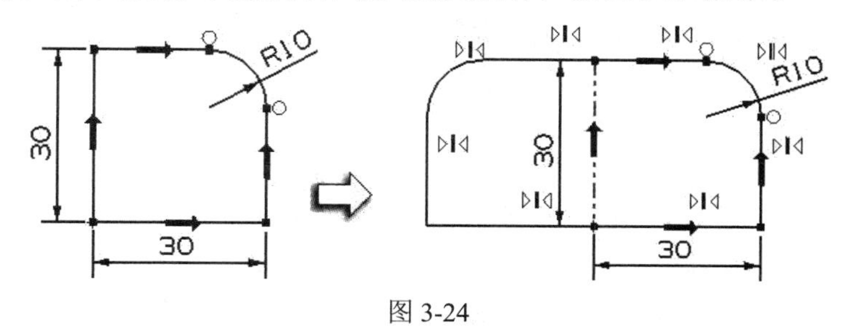

图 3-24

3.2.6 草图管理

草图管理主要是指利用【草图】功能区中的一些命令进行操作，如图 3-25 所示。

1. 完成草图

通过【完成草图】命令可以退出草图环境并返回到使用草图生成器之前的应用模块或命令。

2. 草图名

UG 在创建草图时会自动进行名称标注。通过【草图名】（带下拉箭头的文本框）命令可以重新定义草图名称，也可以改变激活的草图。

如图 3-26 所示，草图名称包括三个部分：草图+阿拉伯数字+“SKETCH_阿拉伯数字”。修改时只可修改最后一部分。

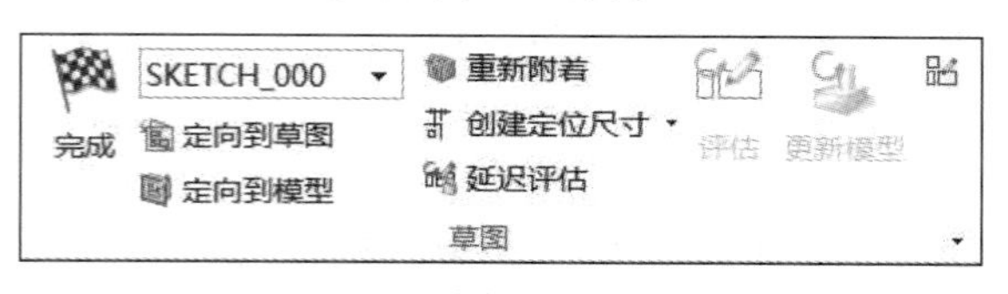

图 3-25

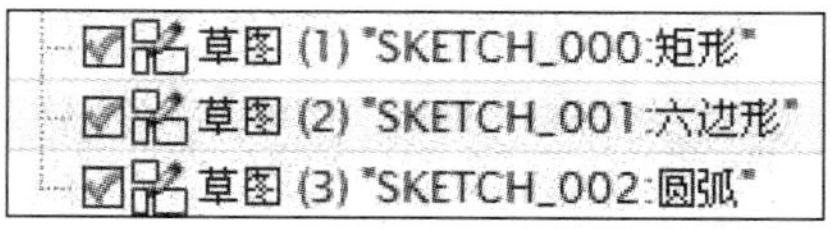

草图 (1) "SKETCH_000:矩形"
草图 (2) "SKETCH_001:六边形"
草图 (3) "SKETCH_002:圆弧"

图 3-26

3. 定向视图到草图

通过【定向视图到草图】命令，可以直接从草图平面的法线方向进行查看。当创建草图过程中视图发生了变化，不便于对象的观察时，可通过此命令调整视图。

4. 定向视图到模型

通过【定向视图到模型】命令可以将视图调整为进入草图之前的视图。这也是为了便于观察绘制的草图与模型间的关系。

5. 重新附着

通过【重新附着】命令可以实现以下功能。

1）重新附着已存草图到另一表平面、基准平面或路径。

2）将平面上的草图切换到路径上，反之亦可。

3）改变路径上的草图沿路径附着的位置。

4）更改水平或竖直参考。

重新附着草图的操作步骤如下。

1）打开草图。

2）单击【草图】功能区中的【重新附着】命令。

3）选择新的目标基准平面或表平面。

4）选择参考方向，可选水平或垂直。

5）单击【确定】按钮。

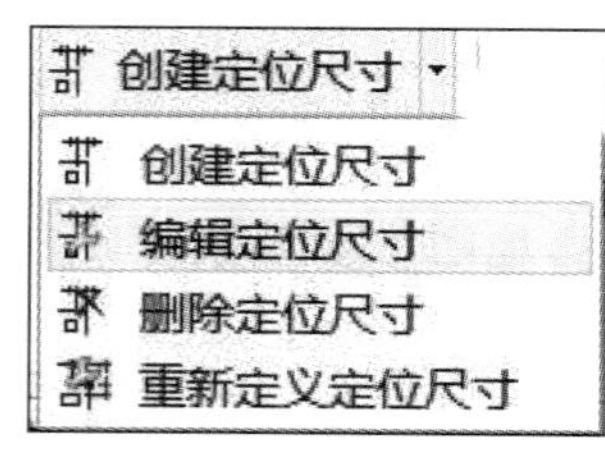

图 3-27

6. 创建定位尺寸

通过【定位尺寸】可以定义、编辑草图曲线与目标对象之间的定位尺寸。它包括创建定位尺寸、编辑定位尺寸、删除定位尺寸和重新定义定位尺寸四个选项，如图 3-27 所示。

7. 评估草图

（1）延迟评估

通过【延迟评估】命令，可以将草图约束评估延迟到选择【评估】命令时进行。

1）创建曲线时，系统不显示约束。

2）定义约束时，在选择【评估】命令之前，系统不更新几何图形。

提 示

拖动曲线或者使用【快速修剪】或【快速延伸】命令时，不会延迟评估。

（2）评估

【评估】命令只有在使用【延迟评估】命令后才可使用。创建完约束后，单击【评估】命令可以对当前草图进行分析，以实际尺寸改变草图对象。

8. 更新模型

当前草图如果已经被用于拉伸、旋转等特征，在改变尺寸约束后，拉伸、旋转后的特征并不会马上进行改变，需要单击【更新模型】命令才能更改使用当前草图创建的其他特征。

3.3 入门实例

入门实例

1. 创建文件

单击【主页】功能区的【新建】命令，或者选择【文件】|【新建】命令，选择【建模】类型，并指定部件的存储位置、名称、单位（毫米），最后单击对话框中的【确定】按钮。

2. 创建草图

单击【直接草图】功能区中的【草图】命令，弹出【创建草图】对话框，指定草图的工作平面。在【平面方法】下拉列表中选择【现有平面】，然后选择 XC-YC 作为草图的工作平面，按鼠标中键确定后，绘图区自动生成草图所需的基准平面和坐标，使用【直接草图】功能区中【更多】下拉菜单中的【在草图任务环境中打开】命令进入草图环境来制作草图。

3. 初始化设置

打开【创建自动判断约束】，关闭【连续自动标注尺寸】，在添加约束时会更灵活，如图 3-28 所示。

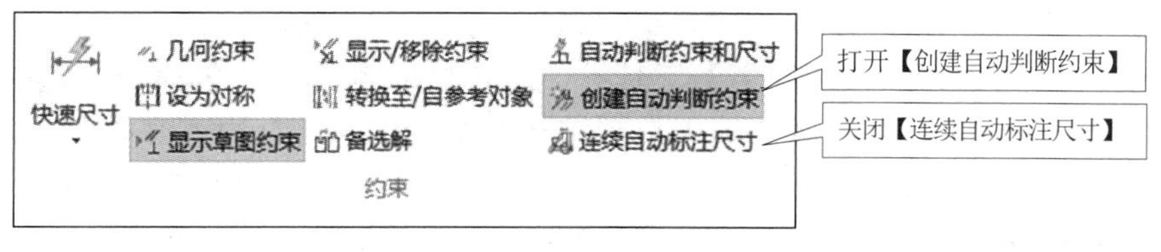

图 3-28

4. 绘制二维轮廓线

单击【曲线】功能区中的【轮廓】命令，在绘图区左上角会弹出绘制轮廓线的工具条，如图 3-29（a）所示。【对象类型】选择直线、【输入模式】选择直角坐标方式，然后绘制如图 3-29（b）所示的轮廓线，最后按鼠标中键退出绘制轮廓线模式。

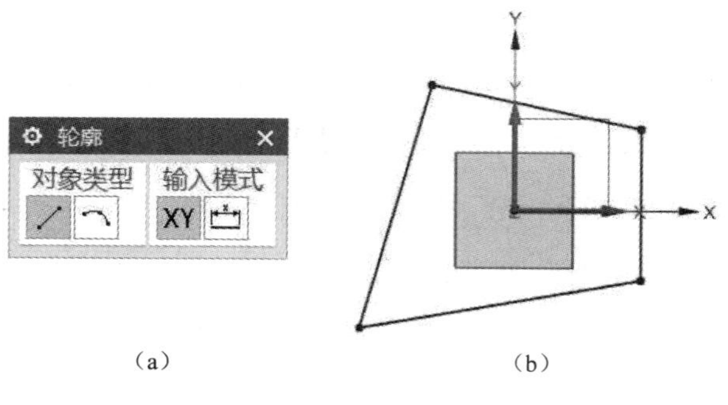

（a）　　（b）

图 3-29

5. 添加几何约束

本例中，几何约束的目的是为 Line1、Line3 添加水平约束。

1）单击【约束】功能区中的【约束】命令，绘图区中草图线条端点处出现约束箭头，如图 3-30（a）所示。选中 Line1，绘图区左上角会弹出【几何约束】对话框，选择【水平】图标[图 3-30（b）]，即可水平约束 Line1。

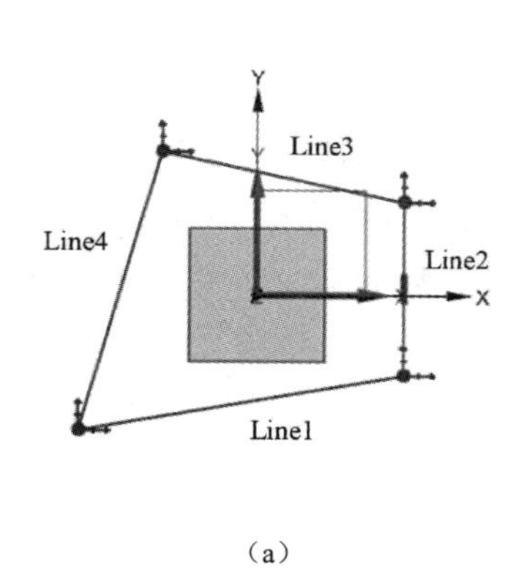

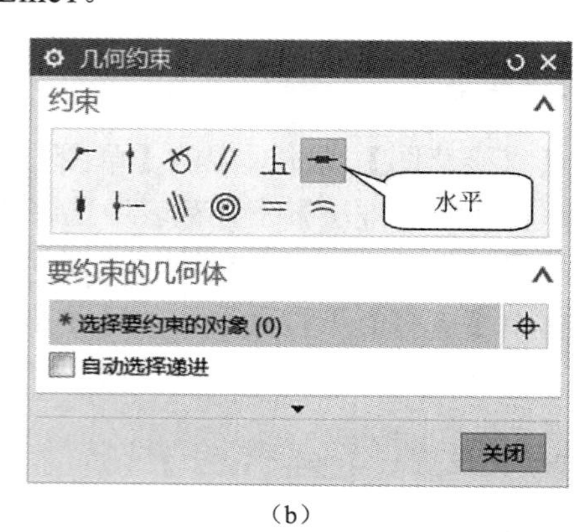

（a）　　（b）

图 3-30

2）同理，将线条 Line3 水平约束，最终结果如图 3-31 所示。

3）检查几何约束：选择【约束】工具条中的【显示/移除约束】命令，选中【活动草图中的所有对象】单选按钮，列表框中会列出当前草图中的所有约束，如图 3-32 所示。由于我们只添加了两个水平约束，可见“Line2 竖直”约束是系统自动添加的，若不需要该约束，则需手动删除。选中该约束，【移除高亮显示的】按钮会自动激活，单击该按钮即可删除所选约束。

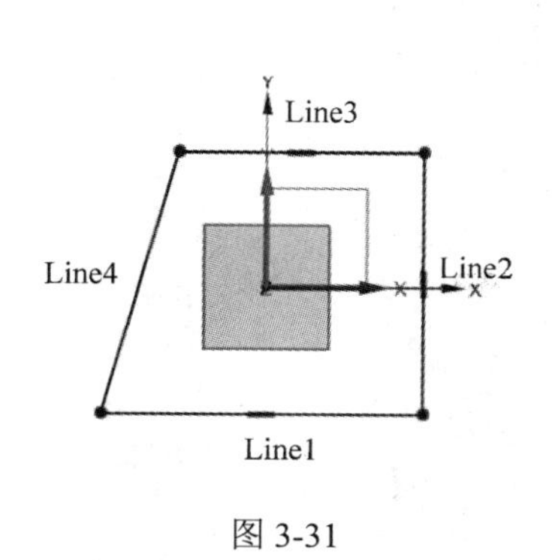

图 3-31

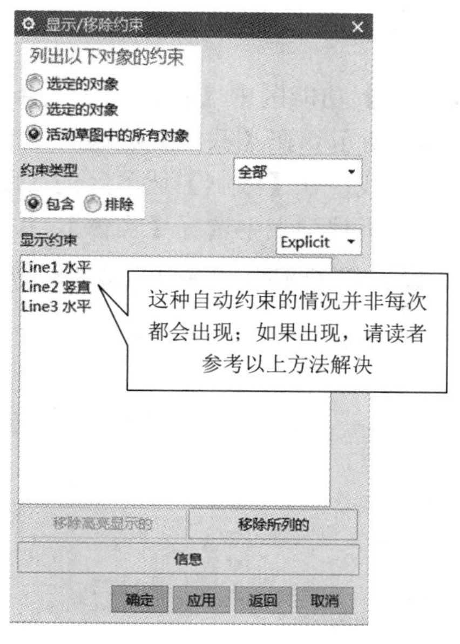

图 3-32

6. 添加尺寸约束

本例中，尺寸约束的目的是整个轮廓线尺寸关于 Y 轴中心对称，且通过修改标注尺寸，整个轮廓形状可改变。

1）单击【约束】工具条中的【快速尺寸】命令，然后依次标注如图 3-33 所示的尺寸。

2）定义尺寸：选中 p9 尺寸，将其表达式改为 p12*2；选中 p14 尺寸，将其表达式改成 p13*2；选中 p11 尺寸，将其表达式改成 p10*2；选择 p12 尺寸，将表达式的值修改为 30；选择 p13 尺寸，将表达式的值修改为 50；选择 p10 尺寸，将表达式的值修改为 20。

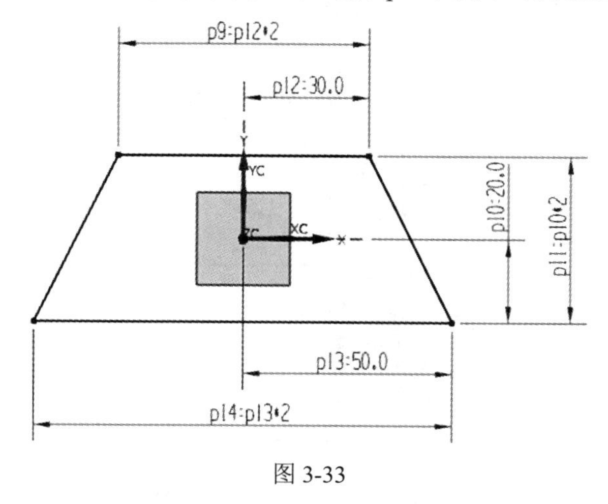

图 3-33

7. 退出草图

单击【草图】工具条中的【完成】命令，退出草图模式，回到【建模】模块。

8. 生成拉伸体

选择【主页】功能区中【特征】工具条中的【拉伸】命令，弹出【拉伸】对话框，如图 3-34（a）所示。在【截面】选项区中的【选择曲线】按钮处于激活状态时，选择刚创建的二维轮廓线；在【限制】选项区的【距离】文本框中设置“–30”；在【设置】选项区的【体类型】下拉列表中选择【实体】。按鼠标中键后生成如图 3-34（b）所示的实体。

（a）

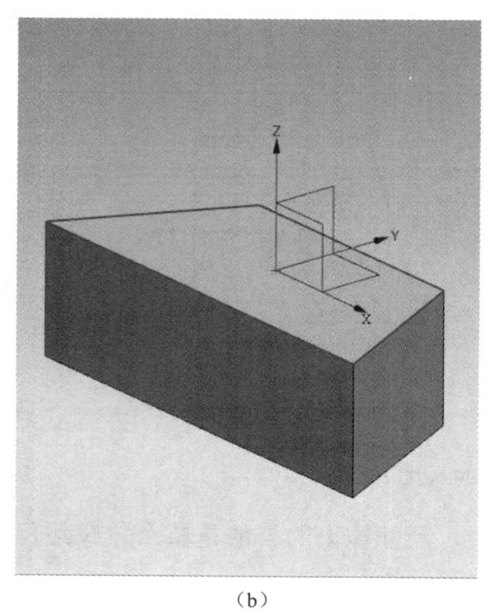

（b）

图 3-34

9. 编辑拉伸轮廓线

1）重新进入草图，在【部件导航器】中双击草图节点【草图(1)：SKETCH_000】，即可重新进入草图。

2）将草图中 p12 的值由 30 改为 5，如图 3-35 所示。

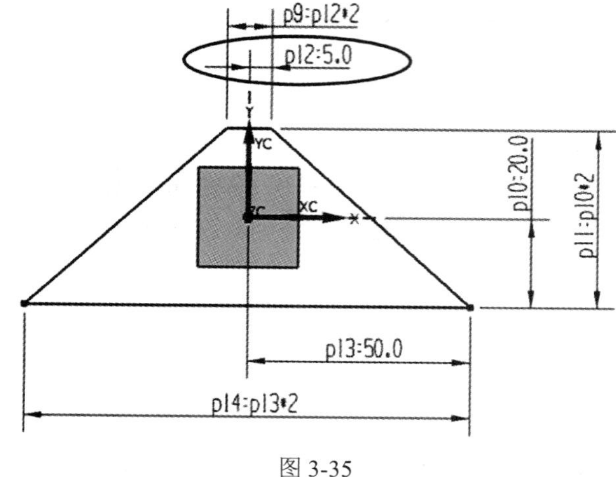

图 3-35

10. 更新模型

再次单击【完成】按钮后可以发现，拉伸体因为草图内尺寸的变化也发生了相应的改变，具体如图 3-36 所示。

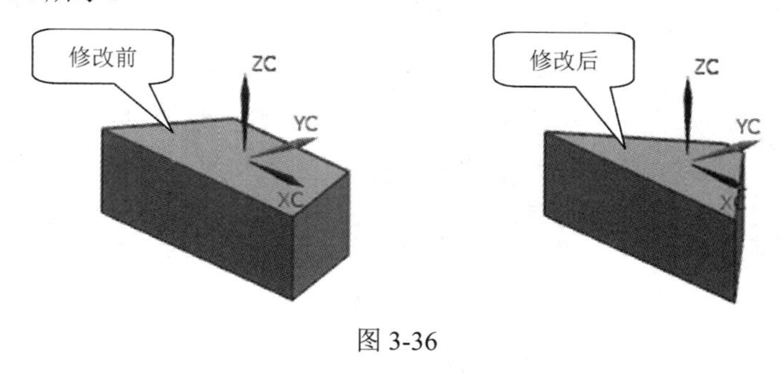

图 3-36

3.4 端盖草图的绘制

本节绘制的是端盖草图，如图 3-37 所示为端盖的图样。运用草图中表达式来绘制端盖草图的步骤如下。

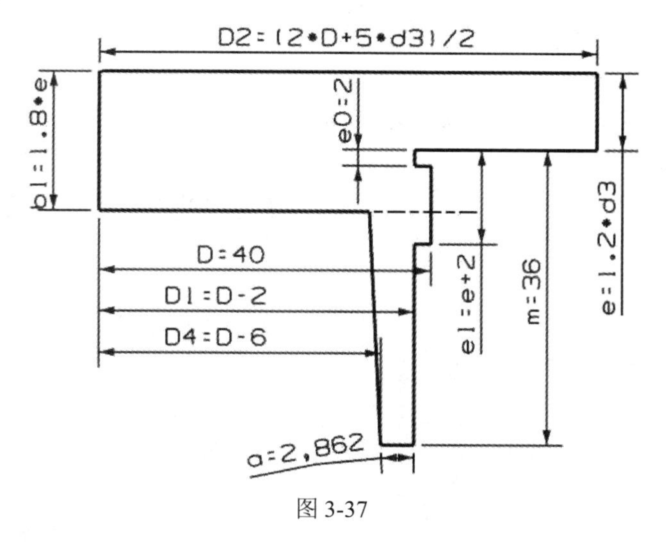

图 3-37

1. 创建文件

选择【文件】|【新建】命令，在弹出的【新建】对话框中输入草图名称，选择【单位】为【毫米】，单击【确定】按钮。

2. 创建草图

单击【直接草图】功能区中的【草图】命令，弹出【创建草图】对话框，指定草图的工作平面。在【平面方法】下拉列表中选择【现有平面】，然后选择 XC-YC 作为草图的工作平面，按鼠标中键确定后，绘图区自动生成草图所需的基准平面和坐标，使用【直接草图】功能区中【更多】下拉菜单中的【在草图任务环境中打开】命令进入草图环境来绘制草图。

3. 绘制端盖的轮廓曲线

单击【曲线】功能区中的【轮廓】命令，根据图 3-38 绘制端盖的轮廓曲线。

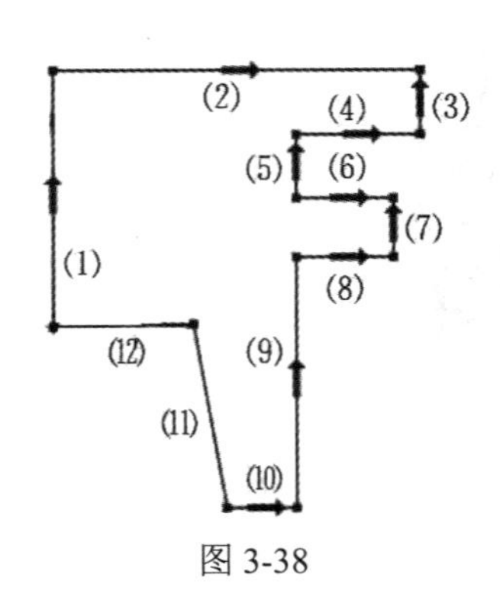

图 3-38

提 示

在绘制图 3-38 所示草图曲线的过程中，系统自动为部分线段添加了水平约束和竖直约束，并在相邻线段之间添加了重合约束。

4. 设置几何约束

1）选择线段（1）和基准坐标系的 Y 轴，使它们具有共线约束。

2）选择线段（12）和基准坐标系的 Y 轴，使它们具有共线约束。

3）选择线段（5）和线段（9），使它们具有共线约束。

完成几何约束后的草图如图 3-39 所示。

5. 显示约束

1）选择【约束】功能区中的【显示/移除约束】命令，弹出【显示/移除约束】对话框，如图 3-40 所示。

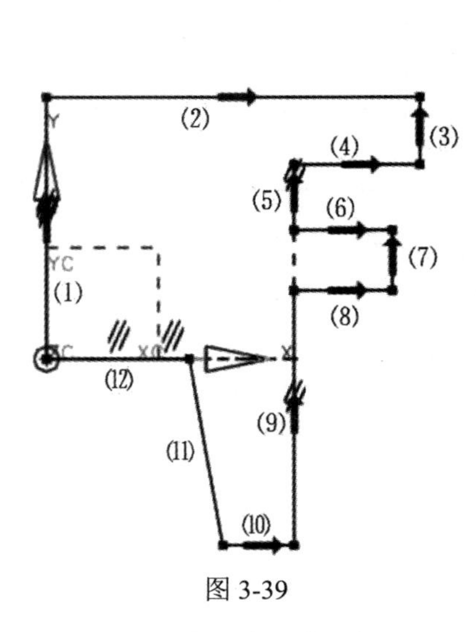

图 3-39

图 3-40

2）选择【活动草图中的所有对象】单选按钮，则所有的几何约束都被列于列表框中。

6. 表达式

1）选择【工具】|【表达式】命令，弹出【表达式】对话框。

2）在【名称】文本框中输入 d3，在【公式】文本框中输入 8，如图 3-41 所示。按 Enter 键，表达式被列入列表框中。

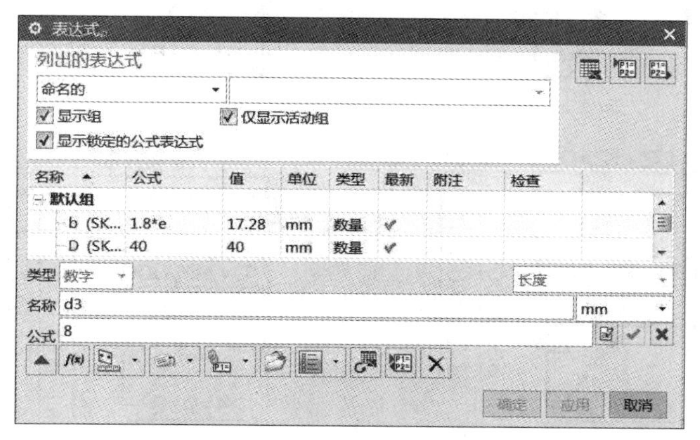

图 3-41

3）单击【确定】按钮，退出【表达式】对话框。

7. 设置尺寸约束

1）选择【约束】功能区中的【快速尺寸】命令，选择线段（1）和线段（7），输入尺寸名为“D”、表达式为“40”，如图 3-42 所示。

2）选择线段（1）和线段（9），输入尺寸名为“D1”，表达式为“D-2”，如图 3-43 所示。

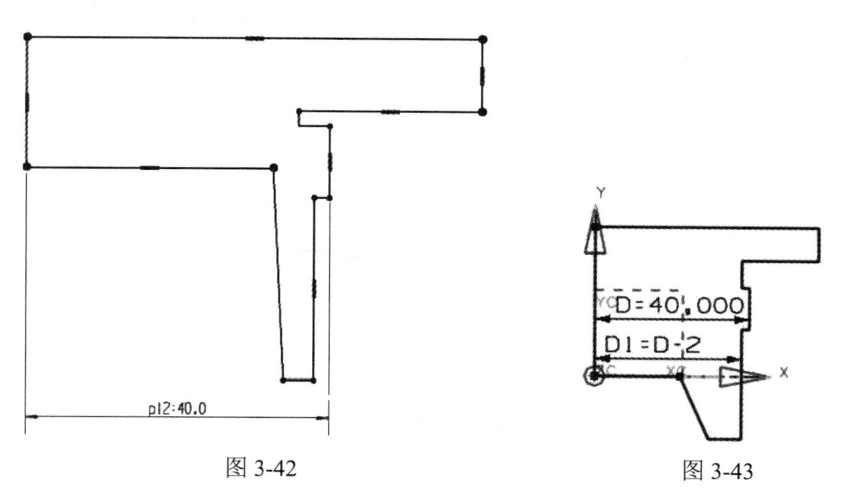

图 3-42　　图 3-43

3）其他直线段的尺寸名称和尺寸表达式如图 3-44～图 3-49 所示。

4）选择线段（9）和斜线（11），输入尺寸名称为“a”，尺寸表达式为“arctan（1/20）”，将两线的夹角设置为如图 3-50 所示的“2.862”（系统根据表达式算出的值）。

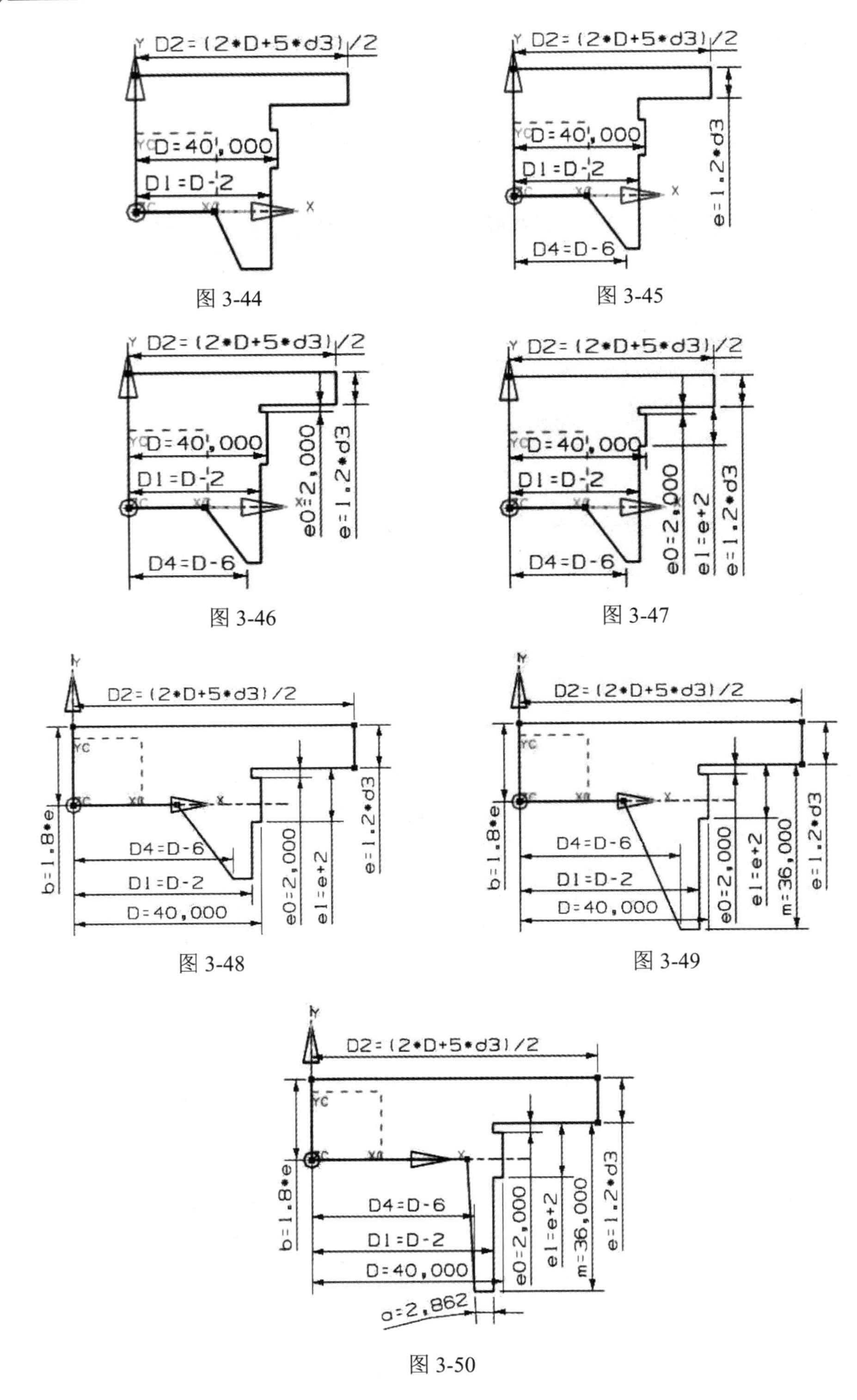

图 3-44

图 3-45

图 3-46

图 3-47

图 3-48

图 3-49

图 3-50

5）检查、描深图线，完成作图（图 3-37）。

6）选择【草图】功能区中的【完成】命令，退出草图绘制环境。

3.5 垫片零件草图的绘制

本节绘制的是金属垫片草图，如图 3-51 所示为金属垫片的图样。

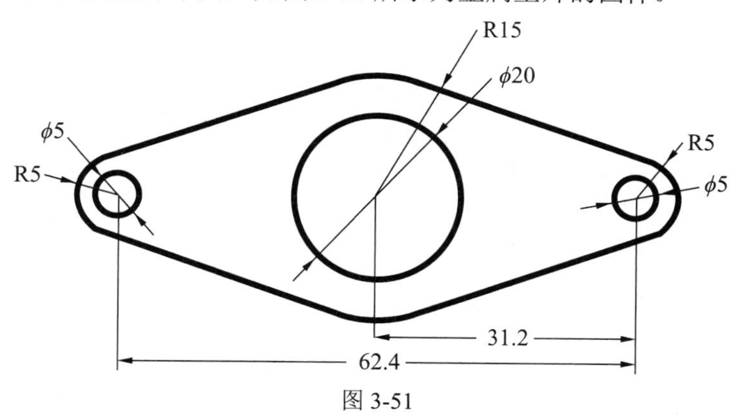

图 3-51

绘制草图的思路是：首先确定整个草图的定位中心，接着根据由内向外、由主定位中心到次定位中心的绘制步骤逐步绘制出草图曲线。

绘制垫片零件草图的步骤如下。

1）进入草图环境。

2）确定整个草图的定位中心。

3）确定次定位中心。

4）绘制相切线。

5）整理草图。

下面详细讲解绘制垫片零件草图的步骤。

1. 进入草图环境

（1）新建一个文件

选择【主页】功能区中的【新建】命令，或者选择【文件】|【新建】命令，选择【建模】类型，并指定部件的存储位置、名称、单位(毫米)，最后单击对话框中的【确定】按钮。

（2）新建草图

单击【直接草图】功能区中的【草图】命令，弹出【创建草图】对话框，指定草图的工作平面。在【平面方法】下拉列表中选择【现有平面】，然后选择 XC-YC 作为草图的工作平面，按鼠标中键确定后，绘图区自动生成草图所需的基准平面和坐标，使用【直接草图】功能区中【更多】下拉菜单中的【在草图任务环境中打开】命令进入草图环境来制作草图。

2. 确定整个草图的定位中心

（1）绘制定位圆

1）单击【曲线】功能区中的【圆】命令，在基准坐标系附近绘制一个圆，如图 3-52

所示。

2）单击【约束】功能区中的【几何约束】命令，依次选择圆的圆心和基准坐标系的原点，弹出如图 3-53 所示的【几何约束】对话框。单击对话框中的【重合】图标按钮，使圆心与基准坐标系的原点重合，如图 3-54 所示。

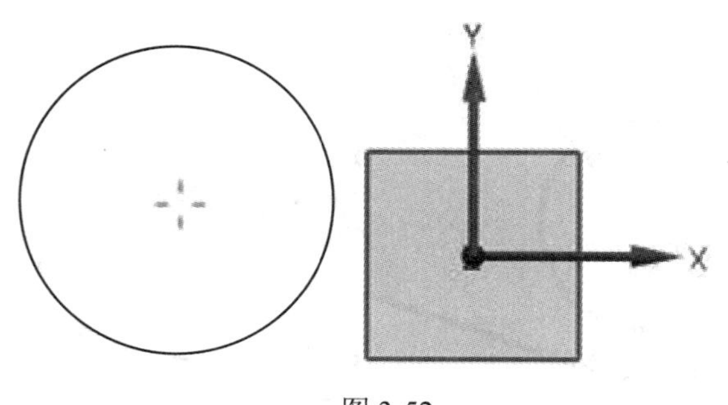

图 3-52

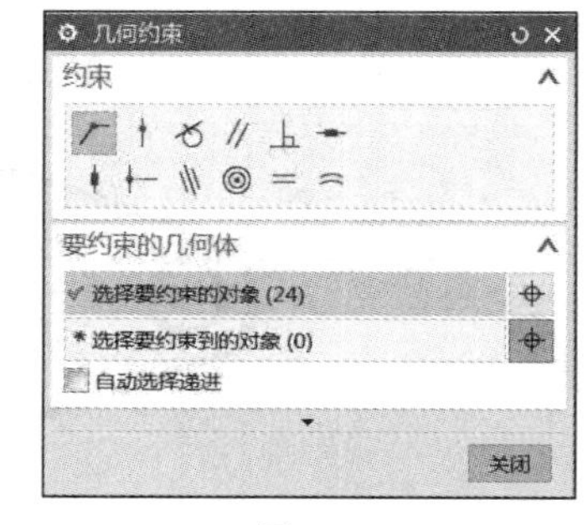

图 3-53

3）单击【约束】功能区中的【快速尺寸】命令，选择刚绘制的圆，对其进行尺寸标注，结果如图 3-55 所示。

（2）绘制同心圆

以同样的方式绘制一个同心圆，直径为 30，如图 3-56 所示。

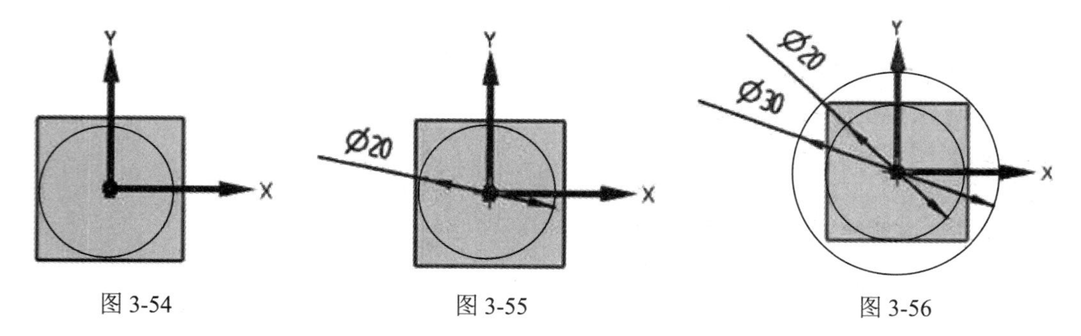

图 3-54　　图 3-55　　图 3-56

3. 确定次定位中心

（1）绘制两个同心圆

1）使用【圆】工具绘制两个同心圆。

2）单击【约束】功能区中的【几何约束】命令，依次选择圆的圆心和基准坐标系的 X 轴，弹出如图 3-57 所示的【几何约束】对话框。单击对话框中的【点在曲线上】图标按钮，使圆心位于基准坐标系的 X 轴上。

3）标注尺寸，如图 3-58 所示。

（2）镜像同心圆

1）单击【曲线】功能区中的下拉菜单，选择【镜像曲线】命令，弹出如图 3-59 所示的【镜像曲线】对话框。

2）选择基准坐标系的 Y 轴作为【镜像中心线】。

3）选择刚绘制的两个同心圆作为【要镜像的曲线】。

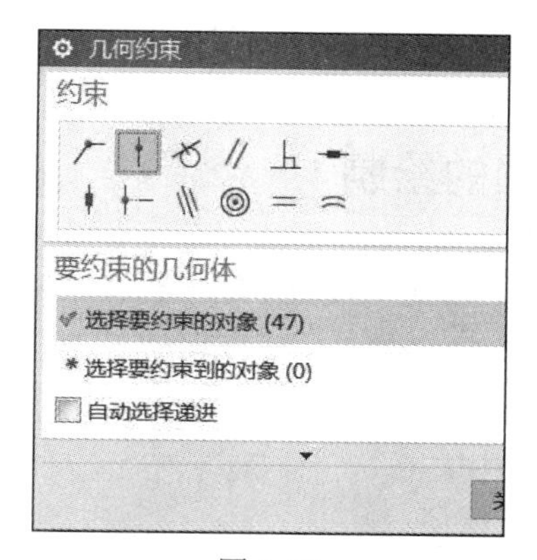

图 3-57

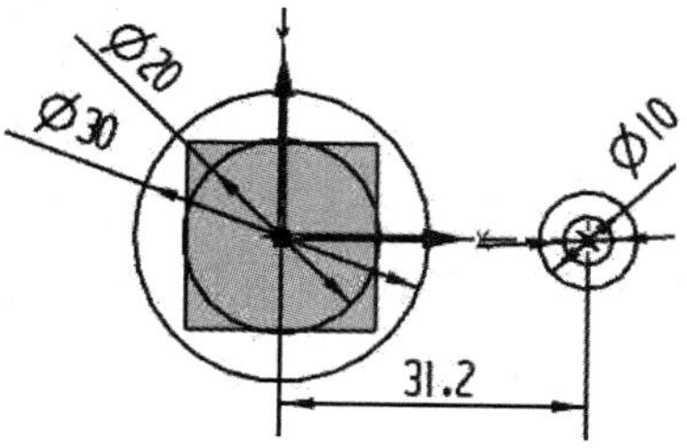

图 3-58

4）按鼠标中键，结果如图 3-60 所示。

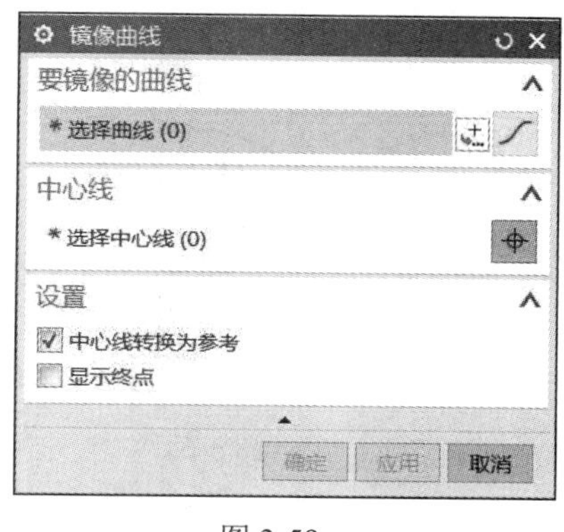

图 3-59

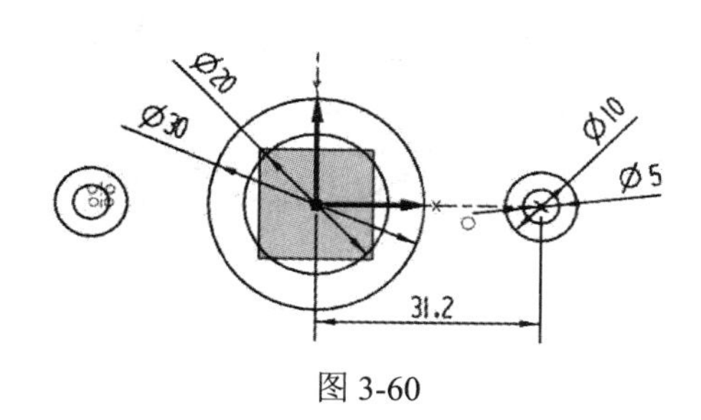

图 3-60

4. 绘制相切线

使用【直线】工具绘制四条相切线，如图 3-61 所示。

5. 整理草图

1）单击【曲线】功能区中的【快速修剪】命令，在需要修剪的部分单击鼠标左键，即可将草图中多余的曲线修剪掉。

2）检查尺寸标注是否正确，草图是否已经完全约束。检查无误后，垫片草图的最终结果如图 3-62 所示。检查、描深图线，完成作图（图 3-51）。

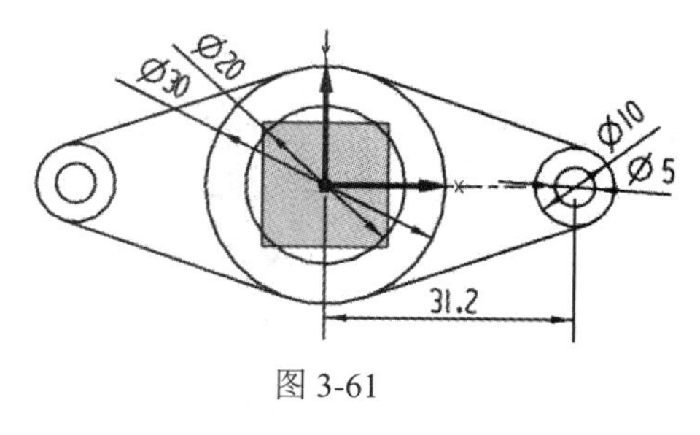

图 3-61

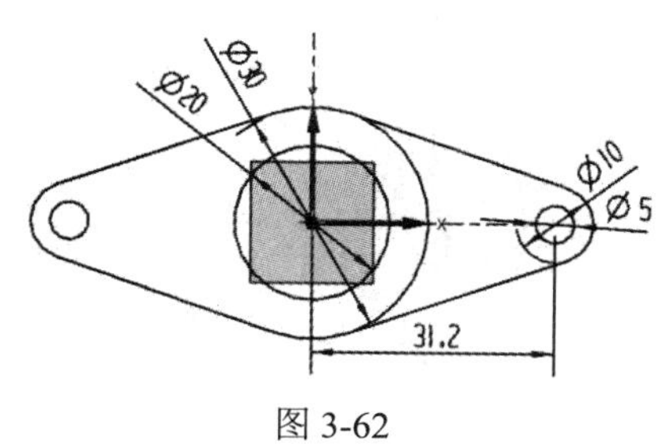

图 3-62

3）单击【草图】功能区中的【完成】命令，退出草图环境。

3.6 吊钩零件草图的绘制

本节绘制的是吊钩零件草图，如图 3-63 所示为吊钩零件的图样。

绘制吊钩零件草图的步骤如下。

1）确定整个草图的定位中心，如图 3-64 所示。

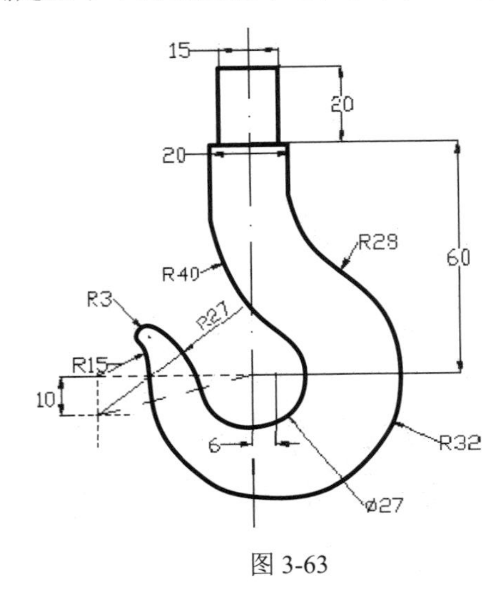

图 3-63

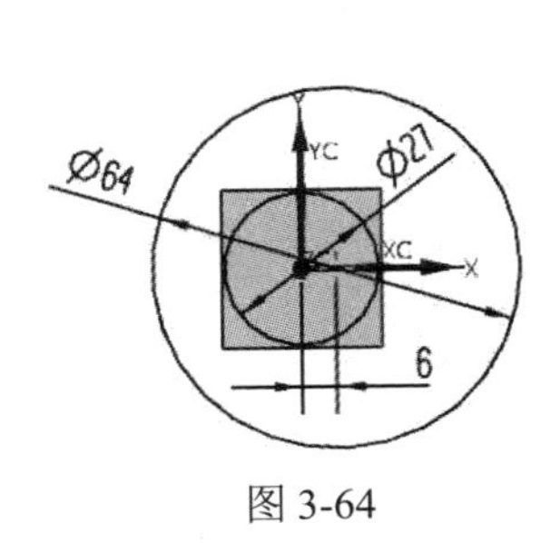

图 3-64

2）绘制矩形并添加约束，如图 3-65 所示。

3）倒圆角，如图 3-66 所示。

4）绘制两段圆弧，如图 3-67 所示。

5）修剪曲线并倒圆角，如图 3-68 所示。

6）检查、描深图线，完成作图（图 3-63）。

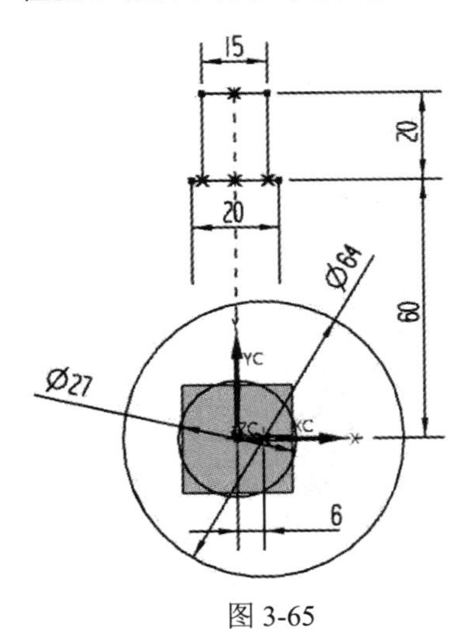

图 3-65

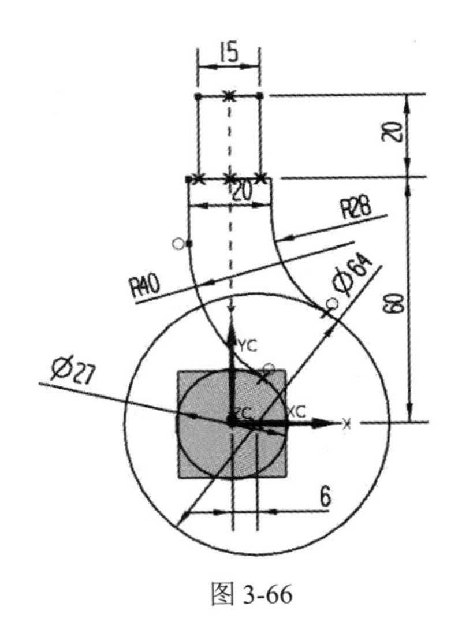

图 3-66

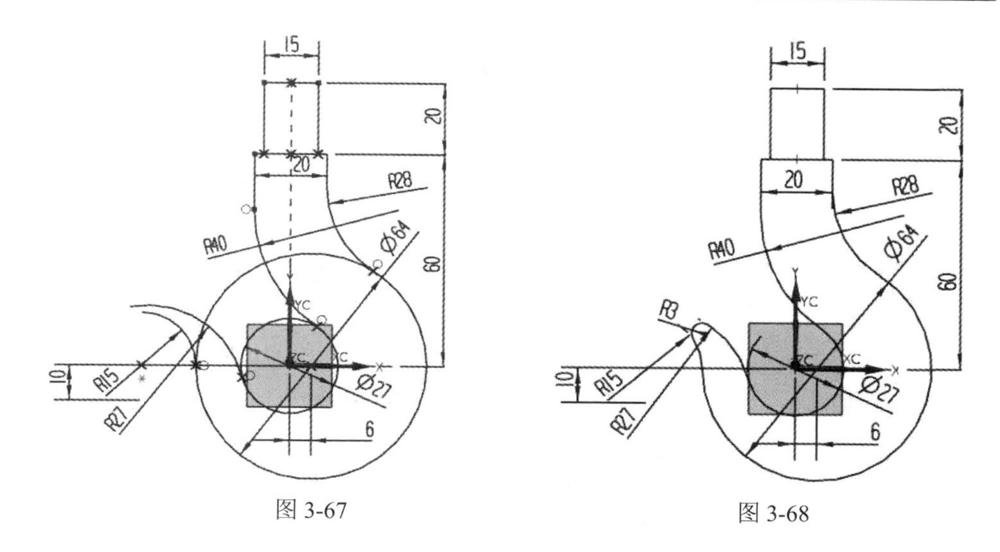

图 3-67　　　　图 3-68

3.7 机械零件草图的绘制 1

本节绘制的是机械零件草图，如图 3-69 所示为机械零件的图样。

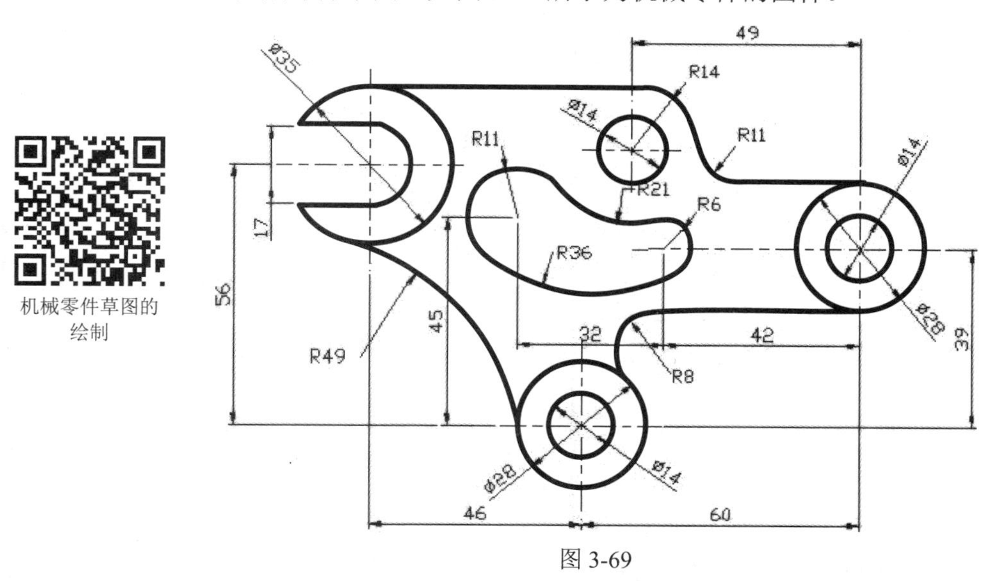

机械零件草图的绘制

图 3-69

绘制该机械零件草图的步骤如下。

1）确定整个草图的定位中心，如图 3-70 所示。

2）确定次定位中心，如图 3-71 所示。

3）绘制外部轮廓，如图 3-72 所示。

4）绘制细节部分，如图 3-73 所示。

5）检查、描深图线，完成作图（图 3-69）。

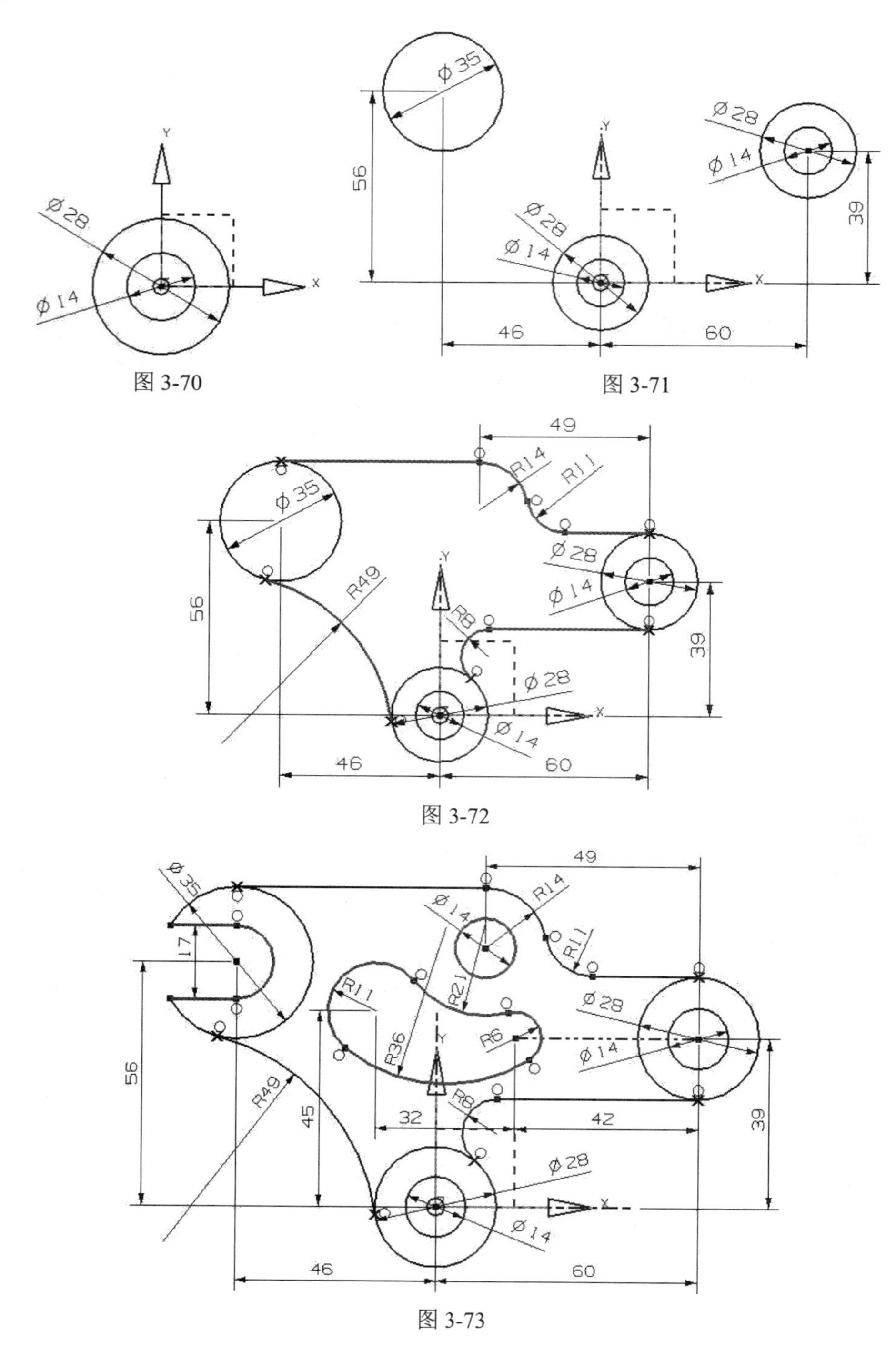

图 3-70

图 3-71

图 3-72

图 3-73

3.8 机械零件草图的绘制 2

本节绘制的是机械零件草图，如图 3-74 所示为机械零件的图样。

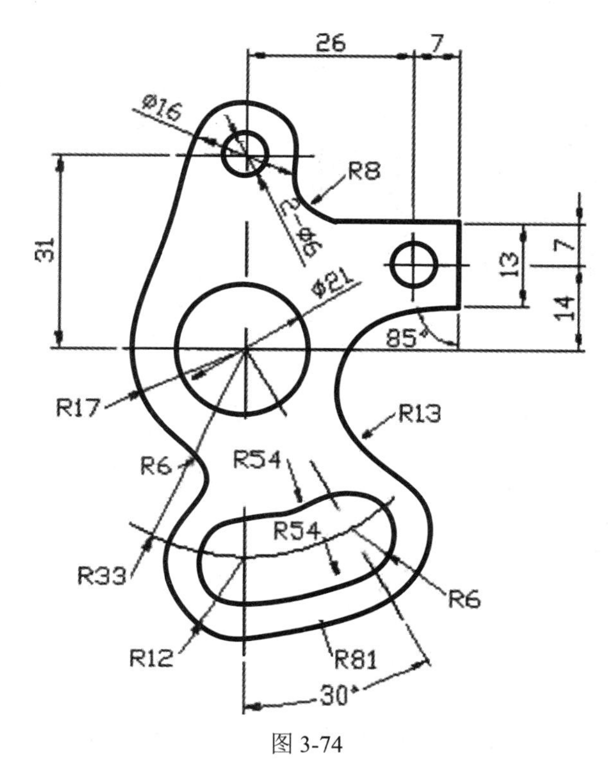

图 3-74

绘制机械零件草图的步骤如下。

1）确定草图的定位中心，如图 3-75 所示。

2）绘制两同心圆并标注尺寸，且与定位中心的圆在同一轴线上，如图 3-76 所示。

3）绘制矩形和圆并添加约束，如图 3-77 所示。

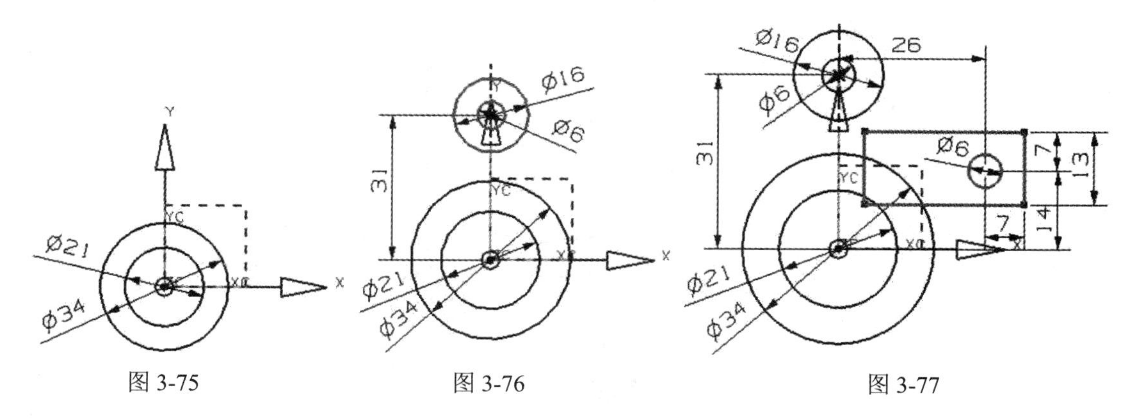

图 3-75　　图 3-76　　图 3-77

4）绘制其余草图曲线，如图 3-78 所示。

5）绘制相切线和倒圆角，如图 3-79 所示。

6）检查、描深图线，完成作图（图 3-74）。

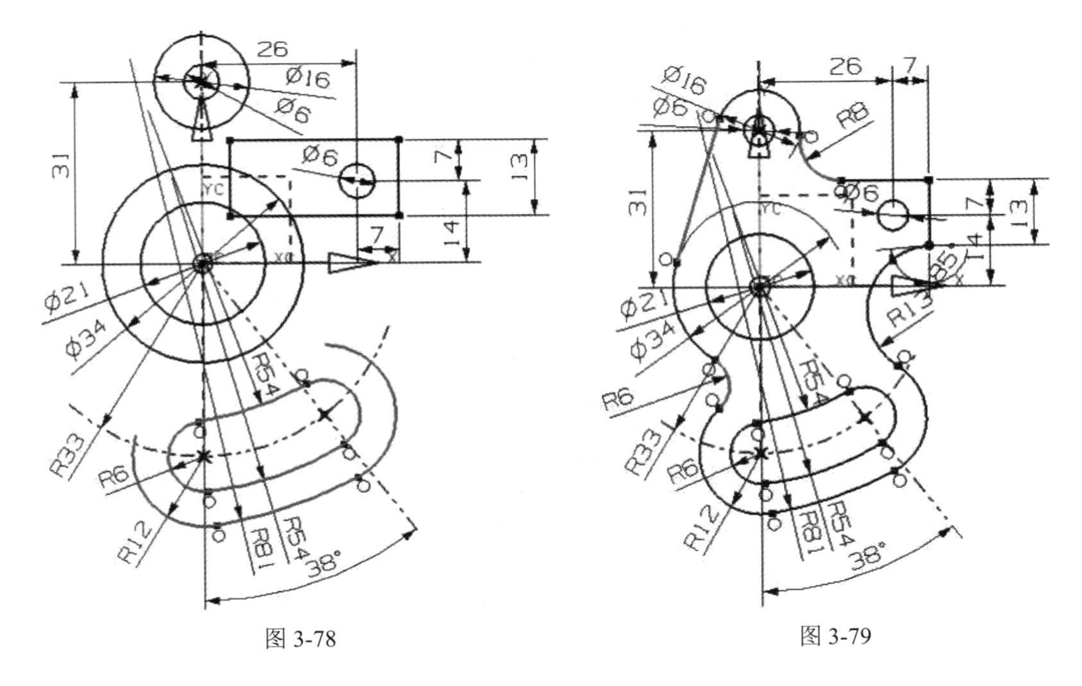

图 3-78　　　　图 3-79

3.9　机械零件草图的绘制 3

本节绘制的是机械零件草图，如图 3-80 所示为机械零件的图样。

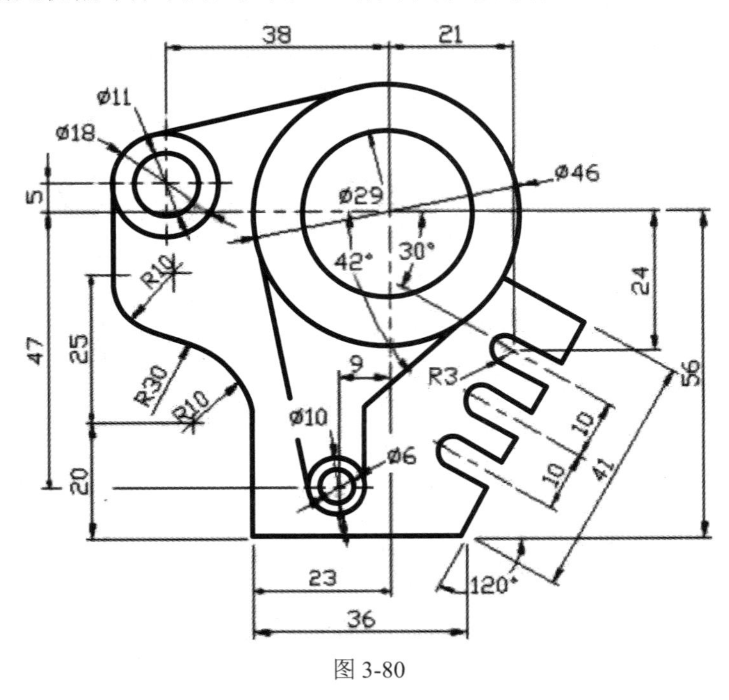

图 3-80

绘制机械零件草图的步骤如下。

1）确定草图的定位中心，如图 3-81 所示。

2）绘制草图曲线并标注，如图 3-82 所示。

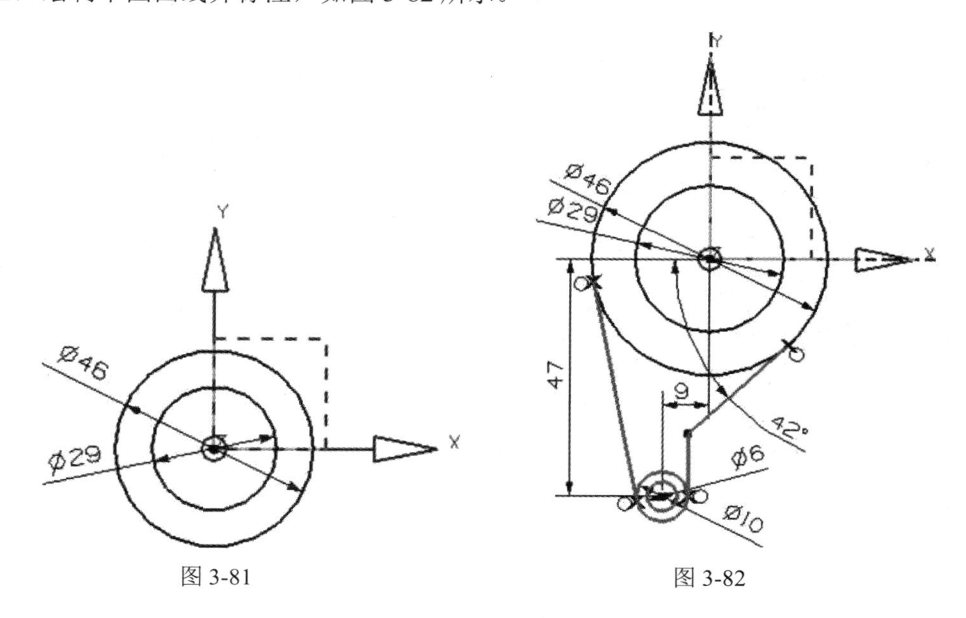

图 3-81　　图 3-82

3）绘制两个圆，如图 3-83 所示。

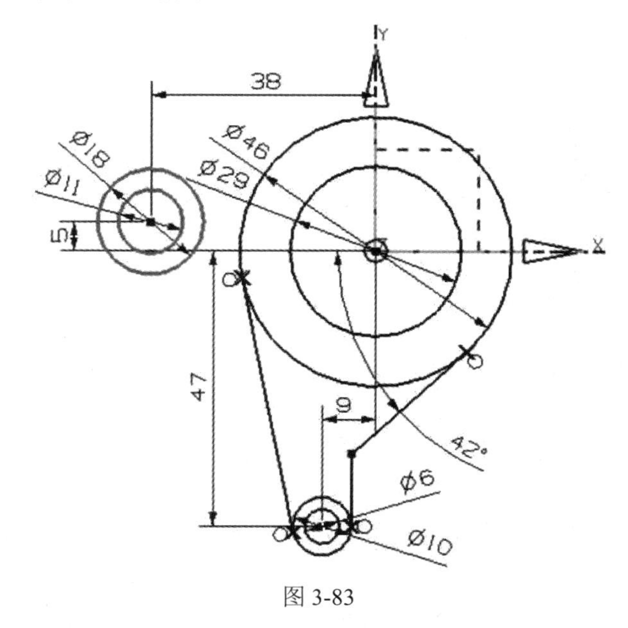

图 3-83

4）绘制大致轮廓，如图 3-84 所示。

5）添加约束并标注尺寸，如图 3-85 所示。

6）绘制细节部分并添加约束，如图 3-86 所示。最终完成的草图，如图 3-87 所示。

7）检查、描深图线，完成作图（图 3-80）。

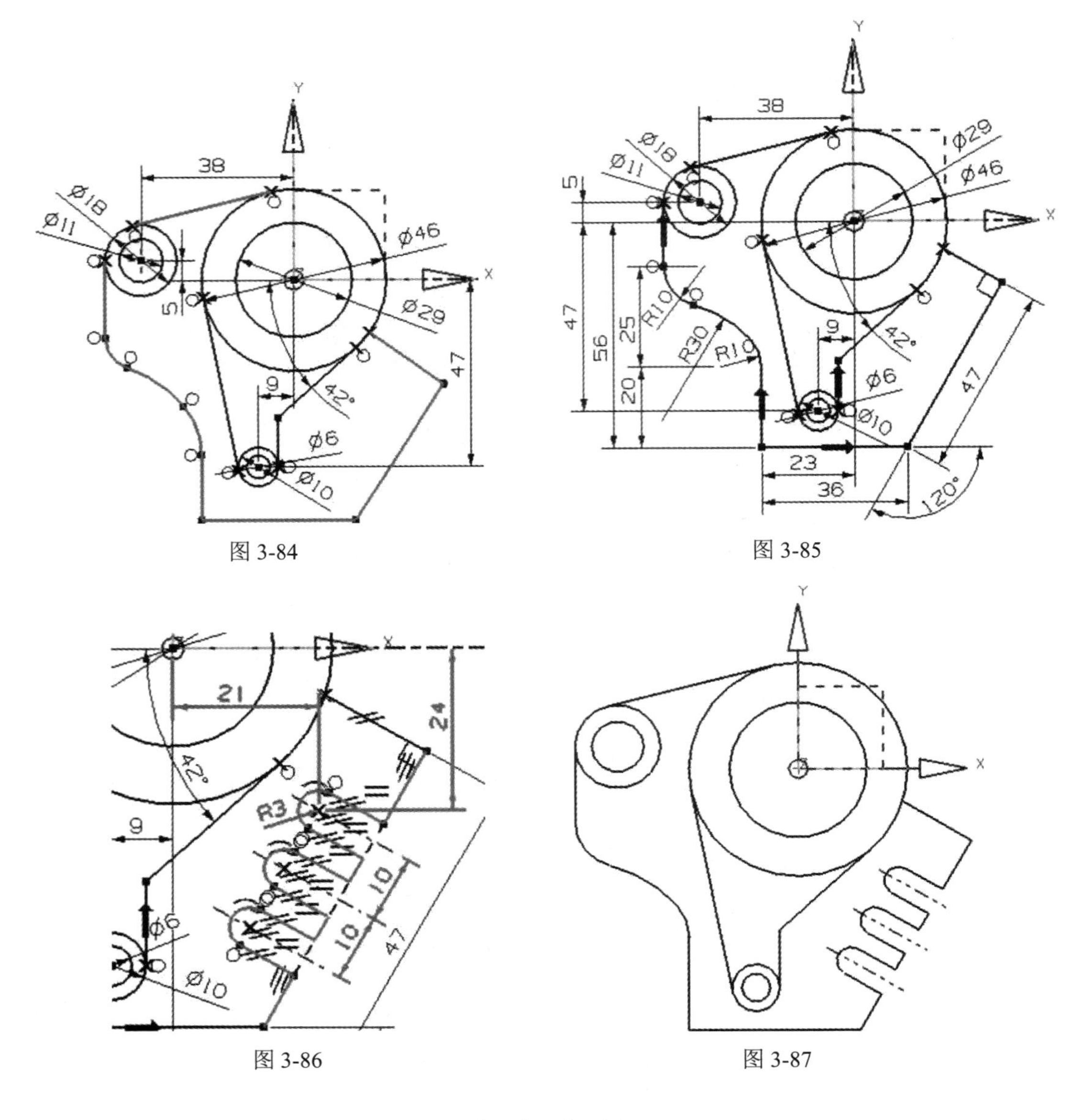

图 3-84

图 3-85

图 3-86

图 3-87

本 章 小 结

本章主要介绍了草图与草图对象的创建方法、约束草图对象、草图操作及管理与编辑草图等方面的内容。其中约束草图是重点，需要熟练掌握。二维草图是基础，也是建模环节中重要的一环，学好二维草图，对绝大部分复杂的结构模型都能轻松地设计。

思考与练习

1. 什么是草图？草图最大的特点是什么？
2. 简述创建草图的基本步骤。

3．简述建立约束的次序。

4．约束状态有哪几种？各有什么特征？

5．应如何检查系统自动添加的约束？应如何删除系统自动添加的约束？

6．绘制如图 3-88～图 3-90 所示的草图。

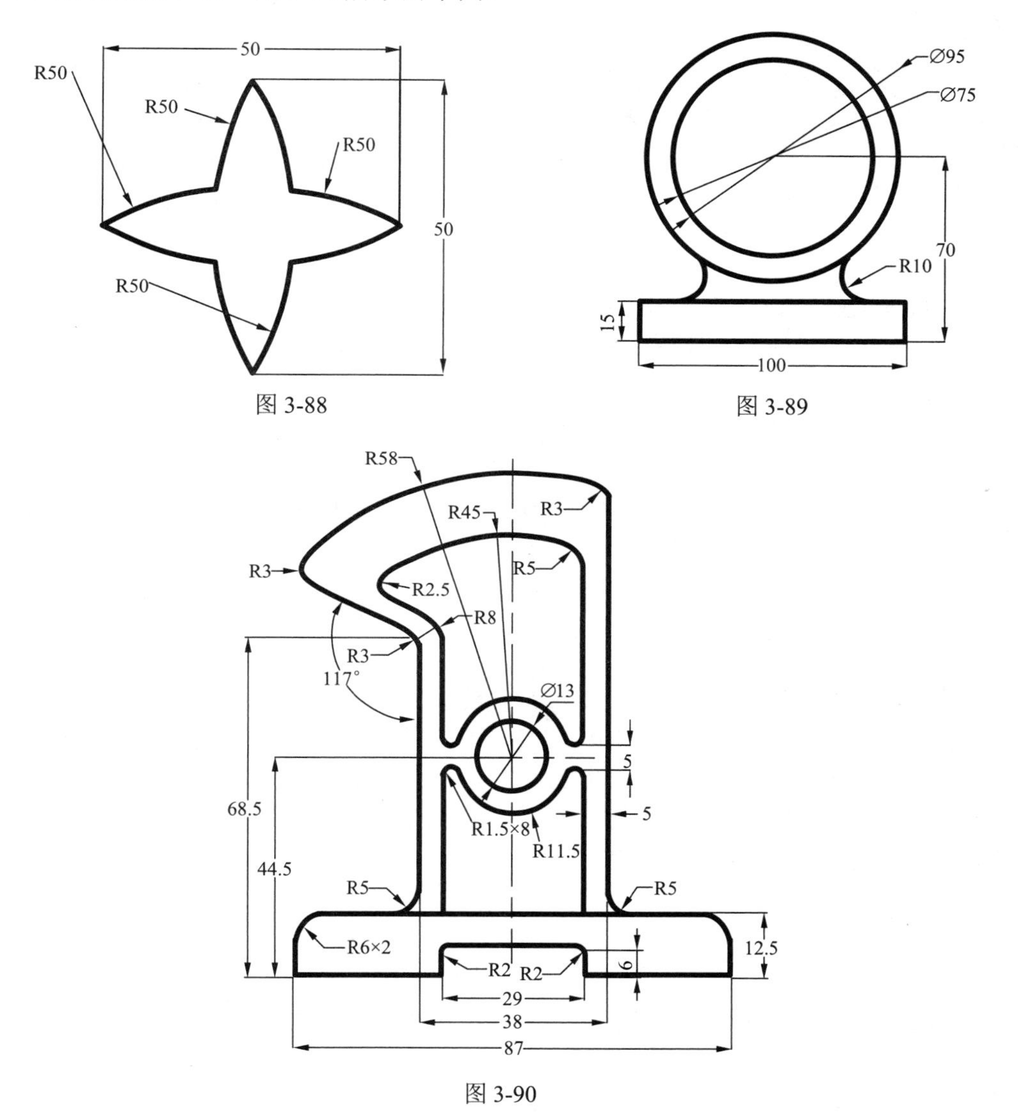

图 3-88

图 3-89

图 3-90

第4章 实体建模

学习目标

- 掌握布尔操作工具：合并、减去、相交等。
- 掌握扫掠法构建实体工具：拉伸、回转、管道等。
- 掌握成形特征工具：孔、凸台、垫块、键槽等。
- 掌握特征操作工具：拔模、倒斜角、边倒圆、镜像特征、修剪体、缝合、抽壳、偏置面等。
- 掌握特征编辑方法：编辑特征参数、移除参数、抑制特征、特征回放等。
- 掌握同步建模相关命令：偏置区域、替换面、删除面、调整圆角大小等。

实体模型可以将用户的设计概念以真实的模型在计算机上呈现出来，因此更符合人们的思维方式，同时也弥补了传统的面结构、线结构的不足。采用实体模型，可以方便地计算出产品的体积、面积、质心、质量、惯性矩等，让人们真实地了解产品。实体模型还可用于装配间隙分析、有限元分析和运动分析等，从而让设计人员在设计阶段就能发现问题。因此，直接创建三维实体模型也越来越重要。

4.1 实体建模概述

实体建模就是利用实体模块所提供的功能，将二维轮廓图延伸成为三维的实体模型，然后在此基础上添加所需的特征，如抽壳、孔、倒圆角等。除此之外，UG NX 实体模块还提供了将自由曲面转换成实体的功能，如将一个曲面增厚成为一个实体，将若干个围成封闭空间的曲面缝合为一个实体等。

4.1.1 基本术语

基本术语介绍如下。

- 特征：特征是由具有一定几何、拓扑信息及功能和工程语义的信息组成的集合，是定义产品模型的基本单元，如孔、凸台等。特征的基本属性包括尺寸属性、精度属性、装配属性、功能属性、工艺属性、管理属性等。特征建模技术提高了表达

设计的层次，使实际信息可以用工程特征来定义，从而提高了建模速度。
- 片体：指一个或多个没有厚度概念的面的集合。
- 实体：具有三维形状和质量的，能够真实、完整和清楚地描述物体的几何模型。在基于特征的造型系统中，实体是各类特征的集合。
- 体：包括实体和片体两大类。
- 面：由边缘封闭而成的区域。面可以是实体的表面，也可以是一个壳体。
- 截面线：即扫描特征截面的曲线，可以是曲线、实体边缘、草图。
- 对象：包括点、曲线、实体边缘、表面、特征、曲面等。

4.1.2 UG NX 特征的分类

在 UG NX 中，特征可分为三大类。

1. 参考几何特征

在 UG NX 中，三维建模过程中使用的辅助面、辅助轴线等是一种特征，这些特征就是参考几何特征。由于这类特征在最终产品中并没有体现，所以又称为虚体特征。

2. 实体特征

零件的构成单元，可通过各种建模方法得到，如拉伸、回转、扫掠、孔、倒角、圆角、拔模以及抽壳等，如图 4-1 所示。

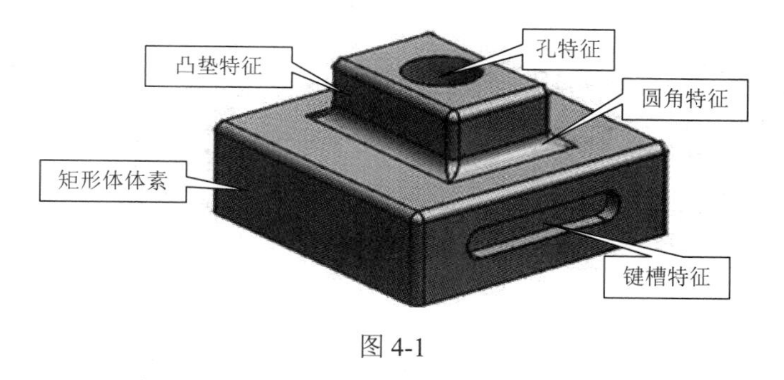

图 4-1

3. 高级特征

高级特征包括通过曲线建模、曲面建模等生成的特征。

本章将详细介绍参考几何特征和实体特征这两类特征的创建方法与编辑方法。

4.1.3 UG NX 实体特征工具

UG NX 实体特征工具包括造型特征、特征操作和特征编辑。

1. 造型特征

造型特征是 UG NX 构造实体特征的主要方法，包括以下内容。
- 扫描特征：通过拉伸、旋转截面线或沿引导线扫掠等方法创建实体，所创建的实体与截面线相关。

- 成形特征：在一个已存在的实体模型上，添加具有一定意义的特征，如孔、旋转槽、腔体、凸台等。用户还可以用“自定义特征”的方式建立部件特征库，以提高建模速度。
- 参考特征：包括基准平面及基准轴两个参考特征，主要起辅助创建实体的作用。
- 体素特征：利用基本体素（矩形体、圆柱体、圆锥体、球体）等快速生成简单几何体。

造型特征工具位于【插入】菜单的【设计特征】、【关联复制】中，也可直接在【特征】功能区中调用。更多操作命令隐藏在功能区对应的下拉菜单中。

2. 特征操作

特征操作是指对实体进行修饰操作，如拔模、实体倒圆角、抽壳及执行布尔操作等。特征操作工具集中在【插入】菜单中的【组合】、【修剪】、【偏置/缩放】及【细节特征】中。

造型特征与特征操作这两类工具主要集中在【特征】功能区中。更多操作命令隐藏在功能区对应的下拉菜单中，如图 4-2 所示。

3. 特征编辑

特征编辑包括编辑特征参数、编辑定位尺寸、移动特征、特征重排序、删除特征等。特征编辑工具集中在【编辑】|【特征】中。特征编辑工具也可从【编辑特征】功能区中调用。【编辑特征】功能区如图 4-3 所示。

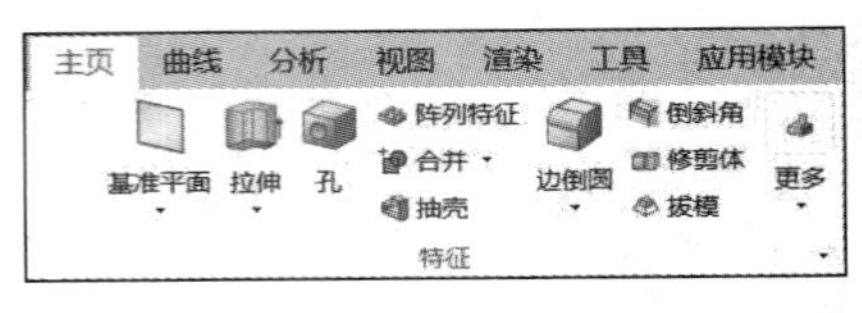

图 4-2

图 4-3

4.1.4 建模流程

UG NX 的特征建模实际上是一个仿真零件加工的过程，如图 4-4 所示，图中表达了零件加工与特征建模的一一对应关系。

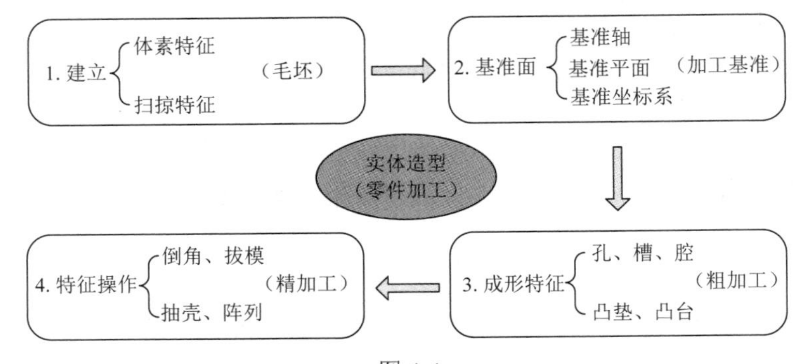

图 4-4

4.2 实体建模常用命令介绍

4.2.1 布尔运算

布尔操作用于组合先前已存在的实体和片体。布尔操作包括合并（unite）、减去（subtract）和相交（intersect）。

每个布尔操作选项都将提示用户选择一个目标体和一个或多个工具体。目标体被工具体修改，操作结束时，工具体将成为目标体的一部分。可用相应选项来控制是否保留目标体和工具体未被修改的备份。

1. 合并

使用【合并】命令可以将两个或多个工具实体的体积组合为一个目标体。

【例 4-1】 利用【合并】命令，将多个实体组合成为一个实体。

合并

1）打开素材包中的 ch4\Unite.prt，然后单击【特征】功能区中的【合并】命令，弹出【合并】对话框，如图 4-5（a）所示。

2）如图 4-5（b）所示，选择一个目标体和四个工具体。注意：目标体只有一个，工具体可以有几个。

3）在【合并】对话框中单击【确定】按钮，结果如图 4-5（c）所示。

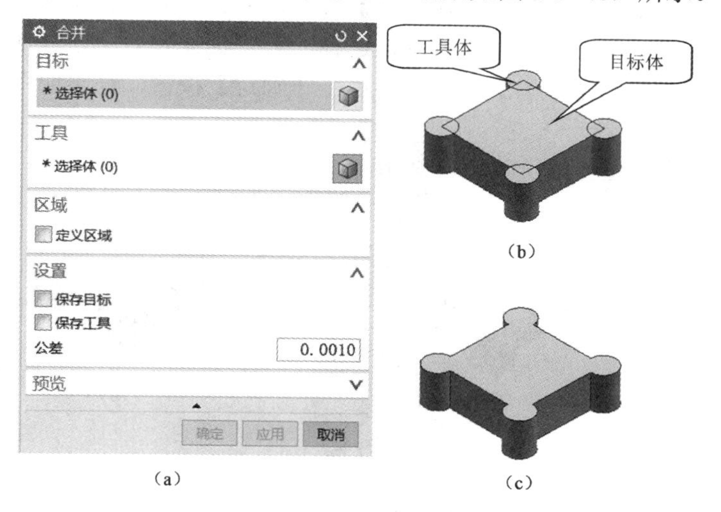

（a）（b）（c）

图 4-5

提 示

运用【合并】命令时要注意，目标体和工具体之间必须有公共部分。如图 4-6 所示的情况，这两个体之间正好相切，其公共部分是一条线，即相交的体积是 0，这种情况下是不能合并的，系统会提示工具体完全在目标体外，这个要注意。

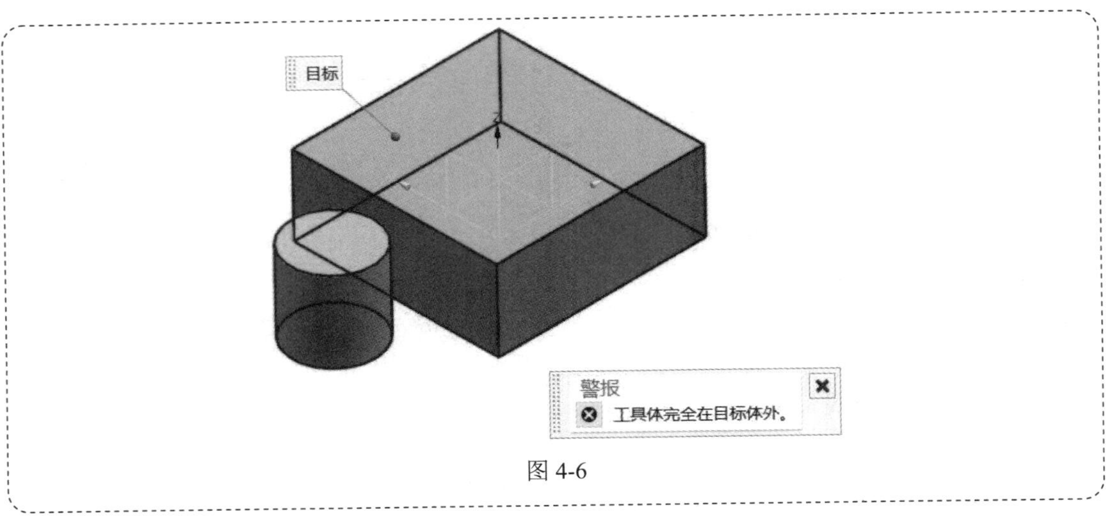

图 4-6

2. 减去

从目标体中减去工具体的体积，即将目标体与工具体相交的部分去掉，从而生成一个新的实体，如 4-7 所示。

减去

【例 4-2】 利用【减去】命令，从一个目标体中减去四个工具体。

1）打开素材包中的 ch4\Subtract.prt，然后单击【特征】功能区中的【合并】下拉菜单中的【减去】命令，弹出【减去】对话框。

2）如图 4-7（a）所示，选择一个目标体和四个工具体。

3）在【减去】对话框中单击【确定】按钮，结果如图 4-7（b）所示。

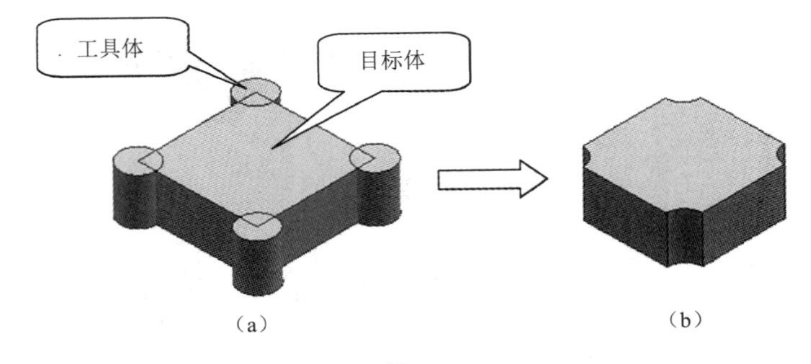

图 4-7

提 示

减去时，目标体与工具体之间必须有公共的部分，相交体积不能为 0。

3. 相交

使用【相交】命令可以创建包含目标体与一个或多个工具体的相交体积或区域的实体。

【例 4-3】　利用【相交】命令求两个实体的共同部分。

相交

1）打开素材包中的 ch4\Intersect.prt，然后单击【特征】功能区中【合并】下拉菜单中的【相交】命令，弹出【相交】对话框。

2）选择目标体和工具体，如图 4-8（a）所示。

3）单击鼠标中键，即可获得目标体与工具体的公共部分，如图 4-8（b）所示。

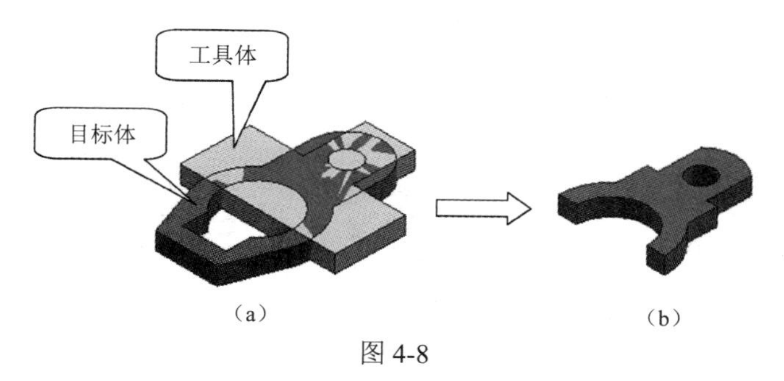

图 4-8

4.2.2　扫掠特征

扫掠特征是构成非解析形状毛坯的基础。可以通过拉伸、旋转或管道建立扫掠特征。

1. 拉伸

使用【拉伸】命令可以沿指定方向扫掠曲线、边、面、草图或曲线特征的二维或三维部分一段直线距离，由此来创建体，如图 4-9 所示。拉伸过程中需要指定截面线、拉伸方向、拉伸距离。

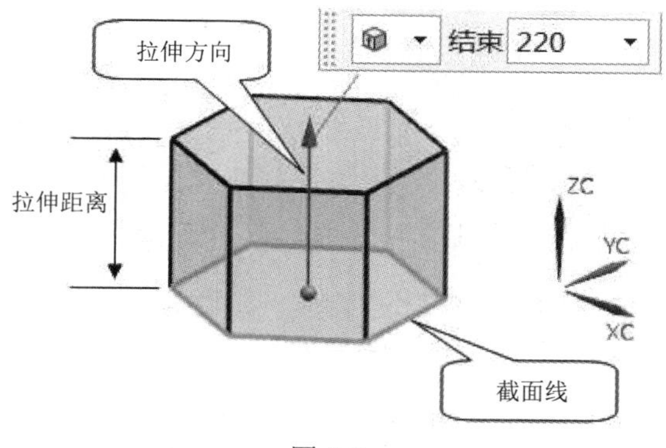

图 4-9

单击【特征】功能区中的【拉伸】命令，弹出如图 4-10 所示的【拉伸】对话框。【拉伸】对话框中主要选项的含义如下。

- 截面：指定要拉伸的曲线或边。
- 方向：指定要拉伸截面曲线的方向。默认方向为选定截面曲线的法向，也可通过【矢量构造器】和【自动判断】类型列表中的方法构造矢量。
- 限制：定义拉伸特征的整体构造方法和拉伸范围，如图 4-11 所示。

- 布尔：在创建拉伸特征时，还可以与存在的实体进行布尔运算。如果当前界面只存在一个实体，选择布尔运算时，自动选中实体；如果存在多个实体，则需要选择进行布尔运算的实体。
- 拔模：对拉伸体设置拔模角度，如图4-12所示。

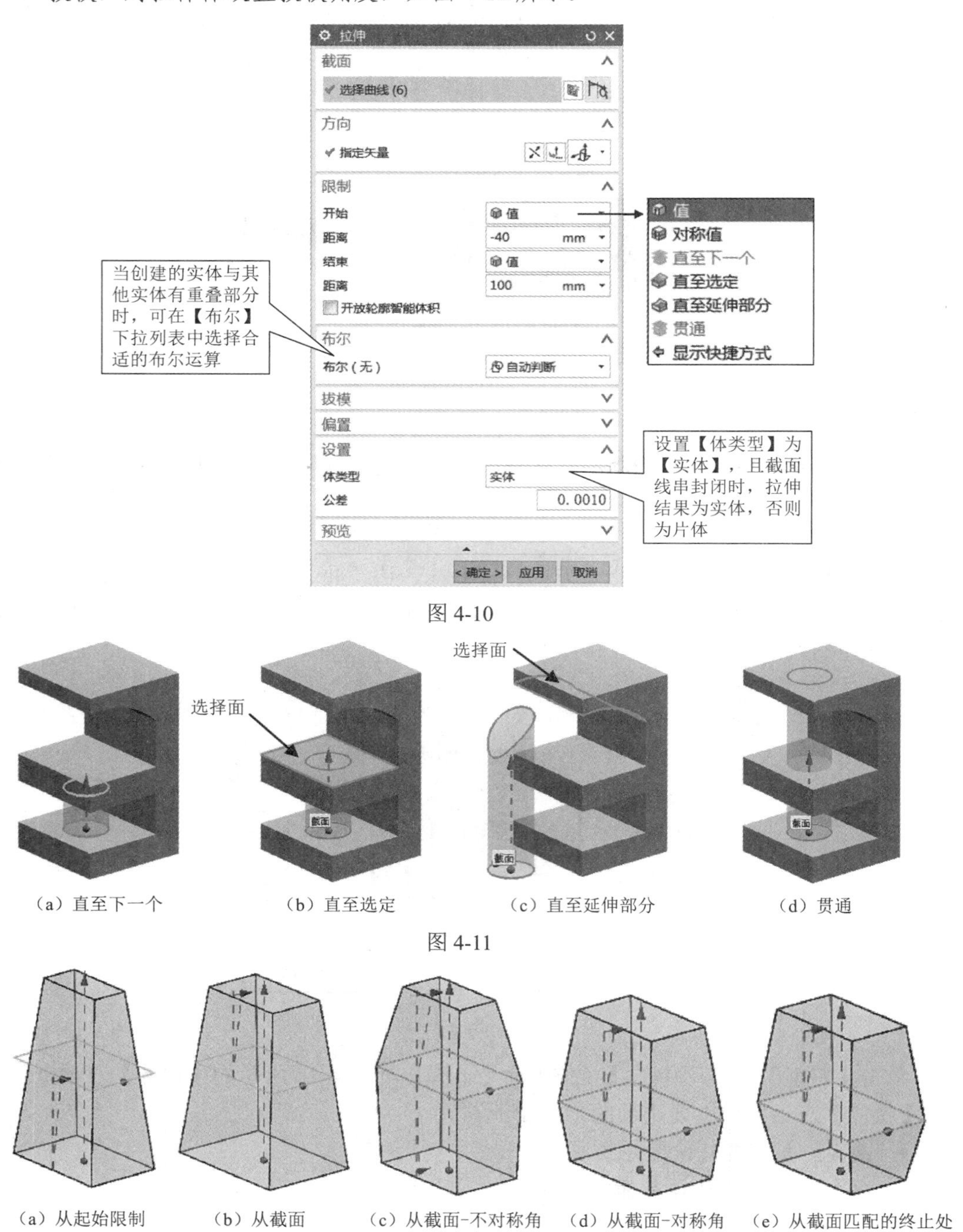

图4-10

（a）直至下一个　（b）直至选定　（c）直至延伸部分　（d）贯通

图4-11

（a）从起始限制　（b）从截面　（c）从截面-不对称角　（d）从截面-对称角　（e）从截面匹配的终止处

图4-12

- 偏置：用于设置拉伸对象在垂直于拉伸方向上的延伸，如图 4-13 所示。

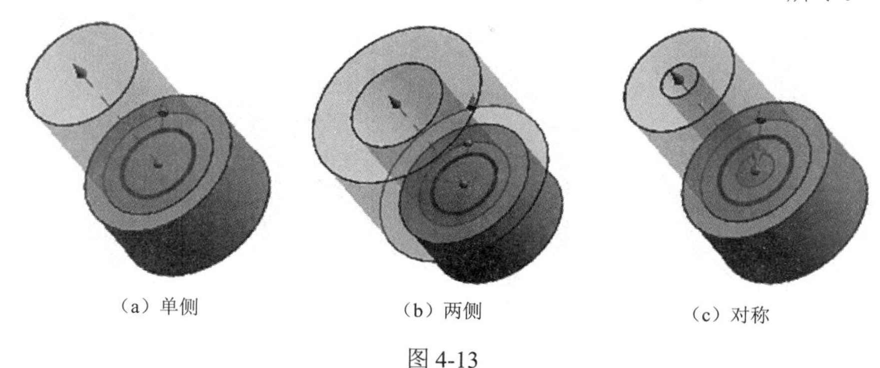

（a）单侧　（b）两侧　（c）对称

图 4-13

- 设置：用于设置拉伸特征为片体或实体。要获得实体，截面曲线必须为封闭曲线或带有偏置的非闭合曲线。

【例 4-4】　利用【拉伸】命令创建拉伸体。

拉伸

1）打开素材包中的 ch4\Extrude.prt，然后调用【拉伸】工具。

2）选择如图 4-14（a）所示的截面线串。

3）接受系统默认的方向，默认方向为选定截面曲线的法向。

4）在【限制】选项区中设置【开始】为【值】、【距离】为 0、【结束】为【直至选定】，选择长方体的背面。

5）设置【布尔】为【减去】，系统自动选中长方体。

6）设置【拔模】为【从起始限制】，输入【角度】为-2。

7）设置【偏置】为【单侧】，输入【结束】为-2，如图 4-14（b）所示。

8）设置【体类型】为【实体】，其余参数保持默认值。

9）单击【确定】按钮，结果如图 4-14（c）所示。

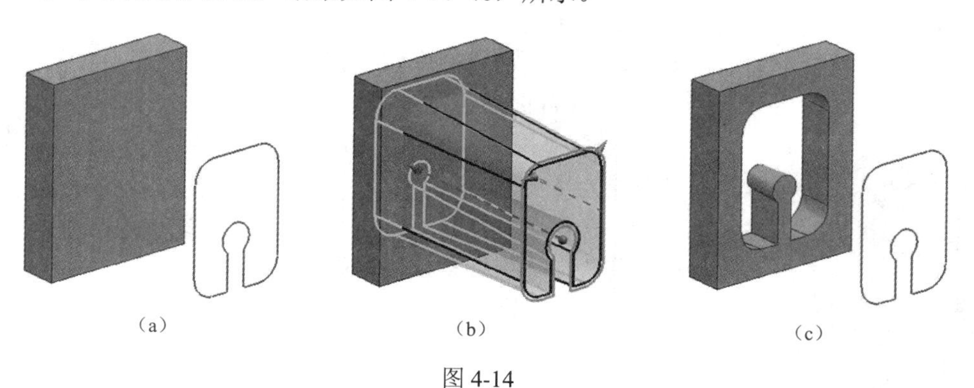

（a）　（b）　（c）

图 4-14

2. 旋转

使用【旋转】命令可以使截面曲线绕指定轴回转一个非零角度，以此创建一个特征，如图 4-15 所示。

单击【特征】功能区中【拉伸】下拉菜单中的【旋转】命令，弹出如图 4-16 所示的

【旋转】对话框。

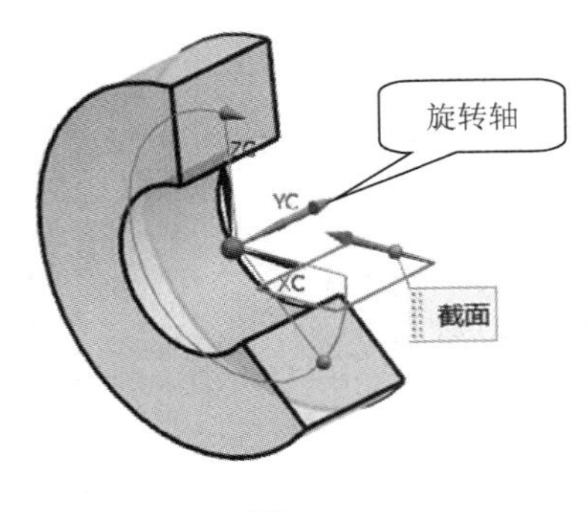

图 4-15

图 4-16

【旋转】对话框中主要选项的含义如下。

- 截面：截面曲线可以是基本曲线、草图、实体或片体的边，并且可以封闭也可以不封闭。截面曲线必须在旋转轴的一边，不能相交。
- 轴：指定旋转轴和旋转中心点。

其他选项与【拉伸】对话框中的选项类似，此处不再赘述。

【例 4-5】　利用【旋转】命令创建旋转体。

旋转

1）打开素材包中的 ch4\Revolve.prt，然后调用【旋转】工具。

2）选择截面曲线。

3）选择基准坐标系的 Y 轴为【指定矢量】，选择原点为【指定点】。

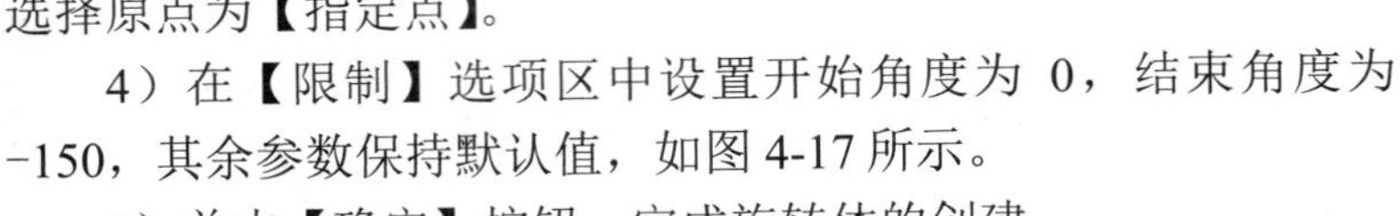

4）在【限制】选项区中设置开始角度为 0，结束角度为 -150，其余参数保持默认值，如图 4-17 所示。

5）单击【确定】按钮，完成旋转体的创建。

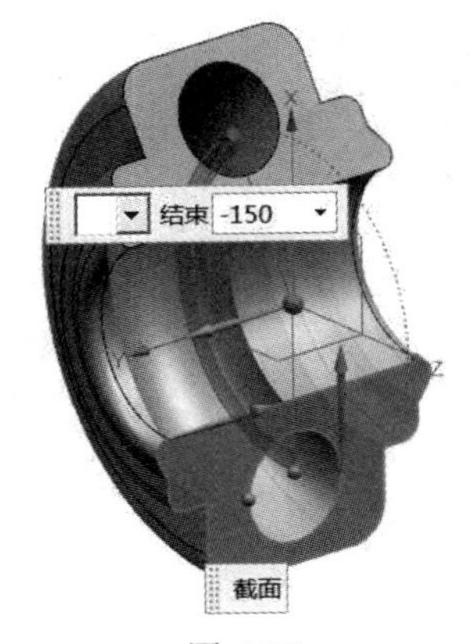

图 4-17

3. 管道

使用【管道】命令，可以通过沿着一个或多个相切连续的曲线或边扫掠一个圆形横截面来创建单个实体。【管道】对话框如图 4-18（a）所示。

管道有两种输出类型。

1）单段：在整个样条路径长度上只有一个管道面（存在内直径时为两个）。这些表面是B曲面，如图4-18（b）所示。

2）多段：多段管道用一系列圆柱和圆环面沿路径逼近管道表面，如图4-18（c）所示。其依据是用直线和圆弧逼近样条路径（使用建模公差）。对于直线路径段，把管道创建为圆柱；对于圆形路径段，把管道创建为圆环。

【例4-6】　创建多段管道。

1）打开素材包中的ch4\Tube.prt，单击【插入】|【扫掠】中的【管道】命令，弹出如图4-18（a）所示的对话框。

2）选择样条线作为【路径】。

3）在【外径】和【内径】文本框中分别输入5和0，设置【输出】为【多段】，其余参数保持默认值。

4）单击【确定】按钮，结果如图4-18（c）所示。

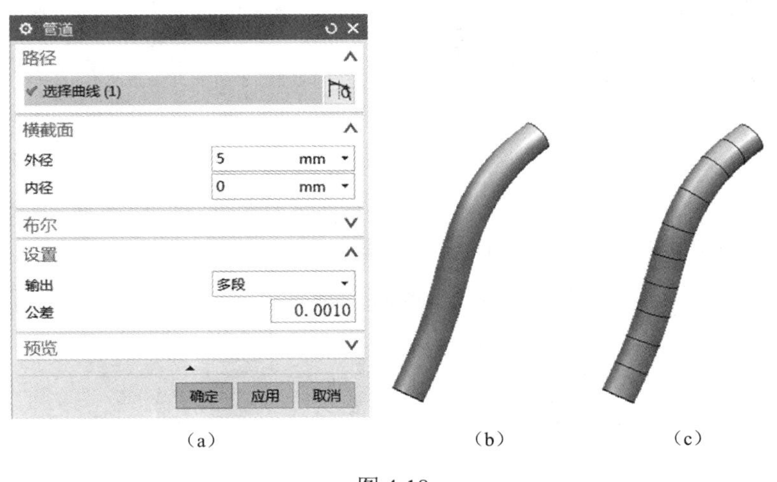

（a）　（b）　（c）

图4-18

提　示

【管道】命令在UG NX 10.0中默认为隐藏状态，通过【命令查找器】可将其显示出来。

4.2.3　成形特征

成形特征将结构细节添加到模型上，用于仿真零件的粗加工过程。

1. 孔

通过【孔】命令可以在部件或装配中添加以下类型的孔特征（图4-19）。

- 常规孔（简单、沉头、埋头或锥形状）。
- 钻形孔。
- 螺钉间隙孔（简单、沉头或埋头状）。

- 螺纹孔。
- 孔系列（部件或装配中一系列多形状、多目标体、对齐的孔）。

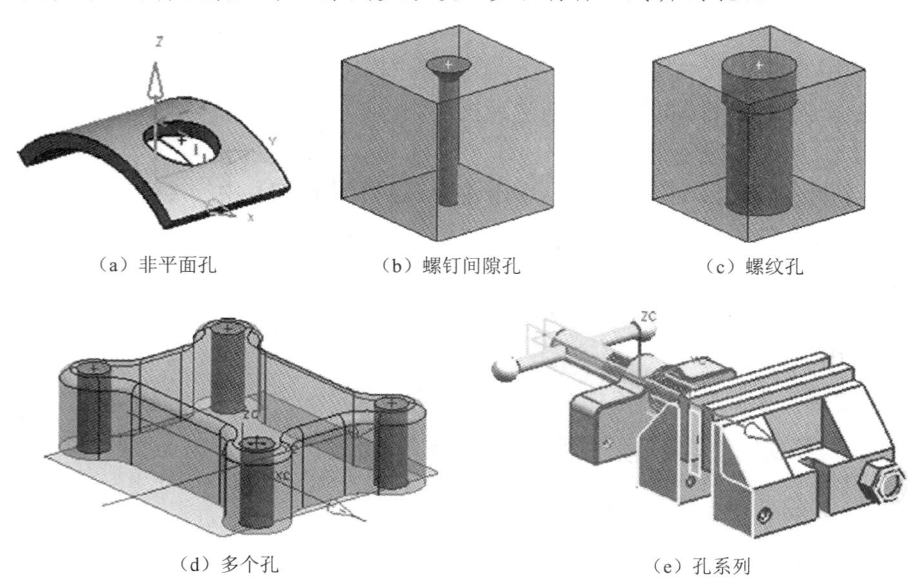

（a）非平面孔　（b）螺钉间隙孔　（c）螺纹孔

（d）多个孔　（e）孔系列

图 4-19

单击【特征】功能区中的【孔】命令，弹出如图 4-20 所示的【孔】对话框。

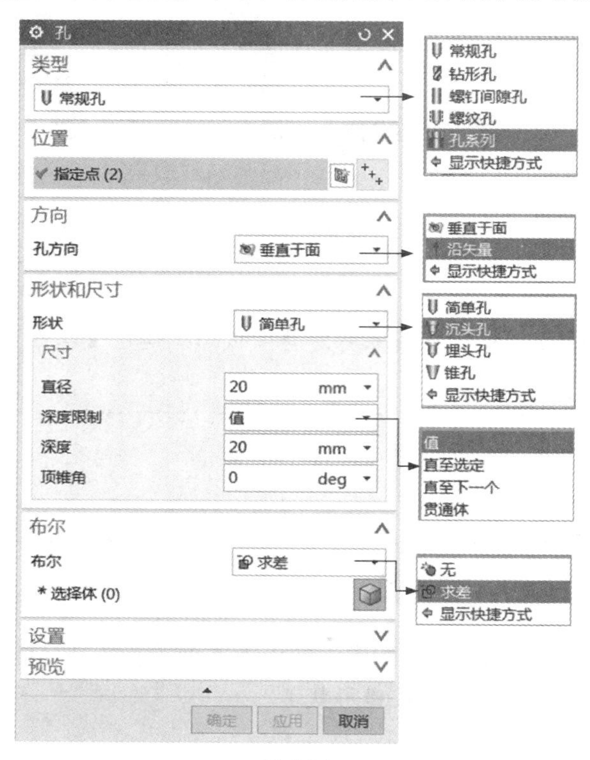

图 4-20

【孔】对话框中各选项的含义如下。

- 类型：孔的种类，包括常规孔、钻形孔、螺钉间隙孔、螺纹孔和孔系列。
- 位置：孔的中心点位置，可以通过草绘或选择参考点的方式来获得。
- 方向：孔的生成方向，包括垂直于面和沿矢量两种指定方法。
- 形状：孔的内部形状，包括简单孔、沉头孔、埋头孔及锥孔，如图 4-21 所示。

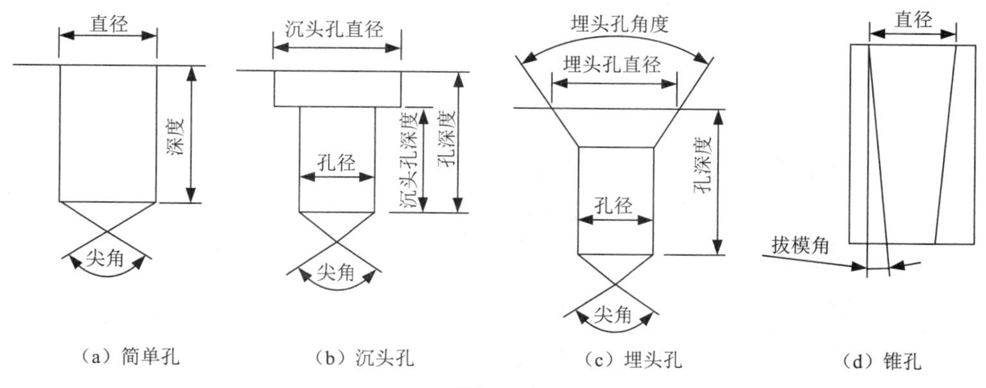

图 4-21

- 尺寸：孔的尺寸，包括直径、深度、尖角等。
- 直径：孔的直径。
- 深度限制：孔的深度方法，包括值、直至选定、直至下一个和贯通体。
- 深度：孔的深度，不包括尖角。

【例 4-7】 创建孔特征。

1）打开素材包中的 ch4\Hole.prt，然后调用【孔】工具。

2）创建一简单通孔。

① 在【类型】下拉列表中选择【常规孔】。

② 如图 4-22（a）所示，选择凸台圆弧中心。

③ 在【形状和尺寸】选项区中设置【形状】为【简单孔】，【直径】为 20，【深度限制】为【贯通体】。

④【布尔】设置为【减去】，系统自动选中长方体。

⑤ 单击【应用】按钮，简单通孔创建完毕，结果如图 4-22（b）所示。

图 4-22

3）创建一沉头通孔。

① 在如图 4-23（a）所示的位置附近选择顶面，系统自动进入草图环境，并弹出【点】对话框。

② 如图 4-23（b）所示，绘制一个点，并为其添加尺寸约束，然后退出草图环境。

③ 在【形状和尺寸】选项区中设置【形状】为【沉头孔】、【直径】为 30、【深度】为 5、【直径】为 20、【深度限制】为【贯通体】。

④【布尔】设置为【减去】，系统自动选中长方体。

⑤ 单击【应用】按钮，沉头通孔创建完毕，结果如图 4-23（c）所示。

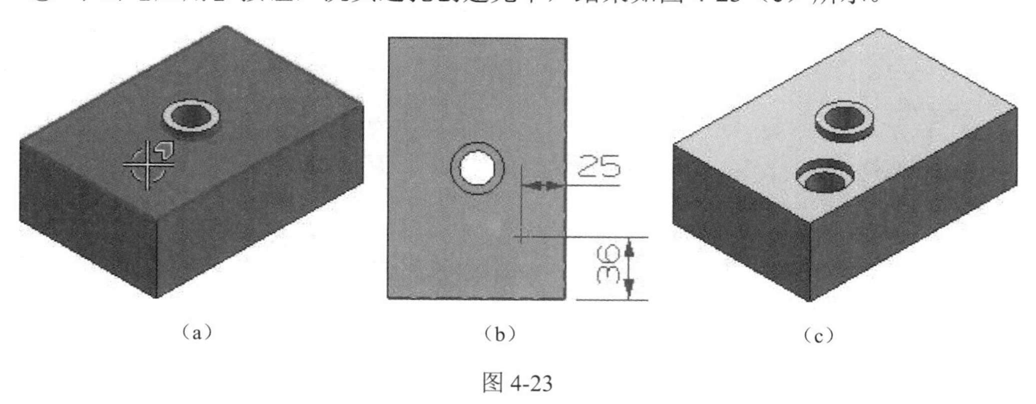

（a）　（b）　（c）

图 4-23

2. 凸台

使用【凸台】命令可以在模型上添加具有一定高度的圆柱形状，其侧面可以是直的或拔模的，如图 4-24 所示。创建后，凸台与原来的实体成为一体。

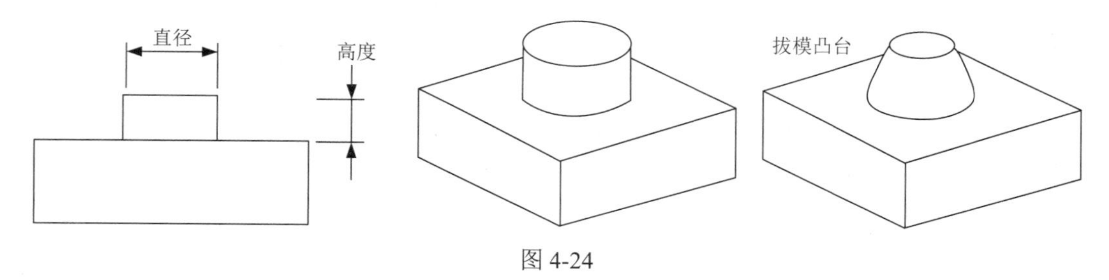

图 4-24

提 示

凸台的锥角允许为负值。【凸台】命令在 UG NX 10.0 中默认为隐藏状态，通过【命令查找器】可将其显示出来。

【例 4-8】 创建锥形凸台。

1）打开素材包中的 ch4\Boss.prt，然后单击【插入】|【设计特征】中的【凸台】命令，弹出如图 4-25（a）所示的【凸台】对话框。

2）选择圆柱体的上表面作为凸台的放置面。

3）输入如图 4-25（a）所示的参数。

4）单击【应用】按钮，弹出【定位】对话框。

5）单击【定位】对话框中的【点到点】按钮。

6）如图 4-25（b）所示，选择圆柱体上表面的边缘，系统弹出如图 4-25（c）所示的【设置圆弧的位置】对话框。

7）单击【圆弧中心】按钮，完成凸台的创建。

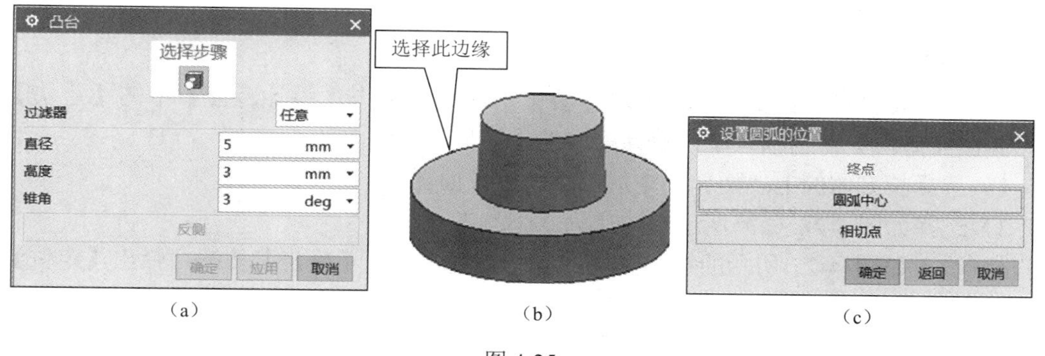

（a）　（b）　（c）

图 4-25

3. 垫块

使用【垫块】命令可以在已存实体上建立矩形垫块或常规垫块，如图 4-26 所示。

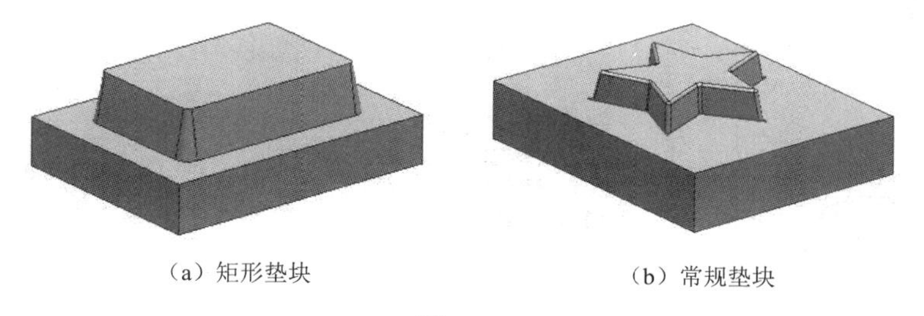

（a）矩形垫块　（b）常规垫块

图 4-26

（1）矩形垫块

该功能用于定义一个有指定长度、宽度和高度，在拐角处有指定半径，具有直面或斜面的垫块，如图 4-27 所示。矩形垫块的创建步骤与矩形腔体类似。

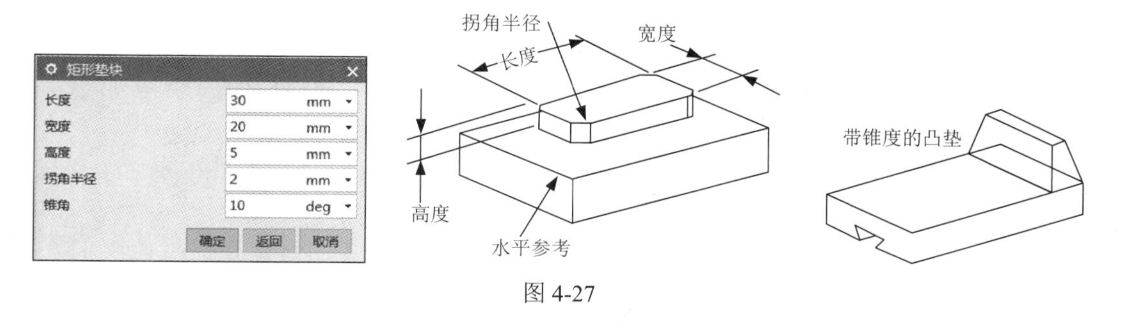

图 4-27

（2）常规垫块

该功能用于定义一个比矩形垫块选项具有更大灵活性的垫块。常规垫块的特性和创建方法与常规腔体类似，故此处不再赘述。

> **提 示**
>
> UG 中【腔体】的功能刚好与【垫块】相反，【腔体】是剔除材料，而【垫块】是添加材料。【垫块】、【腔体】命令在 UG NX 10.0 中默认为隐藏状态，通过【命令查找器】可将其显示出来。

【例 4-9】 创建矩形垫块。

1）打开素材包中的 ch4\Pad.prt，然后单击【插入】|【设计特征】中的【垫块】命令，弹出【垫块】对话框，单击对话框中的【矩形】按钮。

2）选择长方体的上表面作为矩形垫块的放置面。

3）选择如图 4-28（a）所示的边作为水平参考。

4）输入如图 4-27 所示的矩形垫块的各个参数，单击【确定】按钮，弹出【定位】对话框。

5）如图 4-28（c）所示，单击【定位】对话框中的【垂直】按钮，根据提示栏的信息分别选择目标边 1 和工具边 1，然后在【表达式】文本框中输入距离 15，并按鼠标中键。

6）再次单击【定位】对话框中的【垂直】按钮，用同样的方式定义目标边 2 和工具边 2 之间的距离为 20。

7）单击【确定】按钮，完成矩形垫块的创建，结果如图 4-28（b）所示。

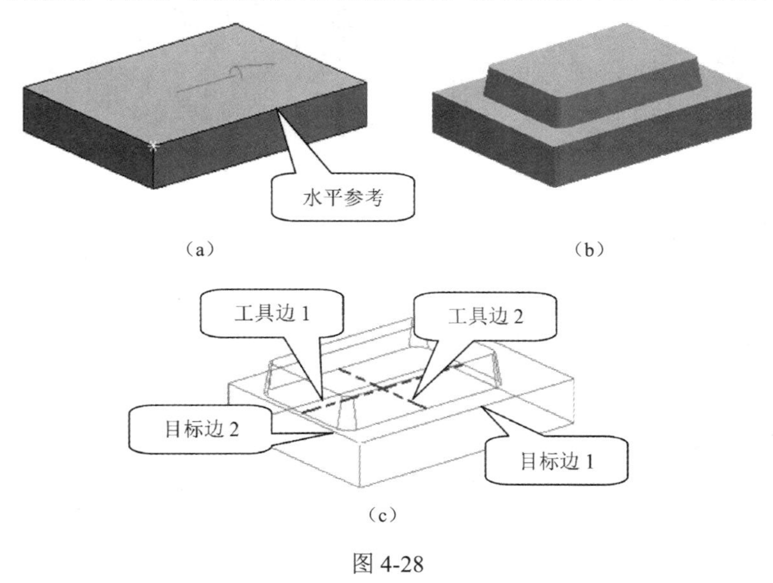

图 4-28

4. 键槽

使用【键槽】命令可以满足建模过程中各种键槽的创建。在机械设计中，键槽主要用于轴、齿轮、带轮等实体，起到周向定位及传递扭矩的作用。所有键槽类型的深度值都按垂直于平面放置面的方向测量。

单击【插入】|【设计特征】中的【键槽】命令，弹出如图 4-29 所示的对话框。

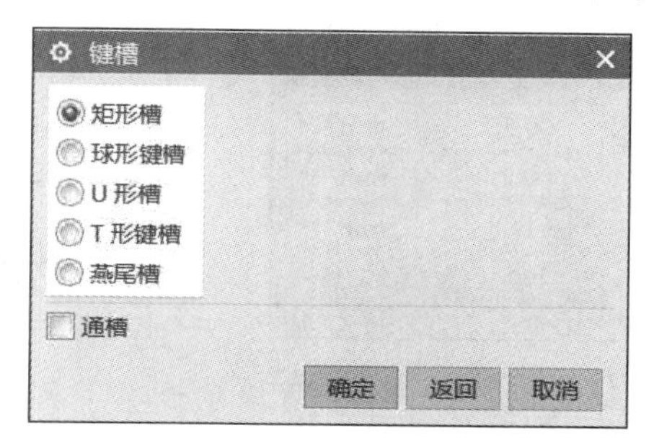

图 4-29

提 示

键槽只能创建在平面上。

若选中图 4-29 所示【键槽】对话框中的【通槽】复选框，则需要选择键槽的起始通过面和终止通过面（不需要再设置键槽的长度），创建的结果如图 4-30 所示。

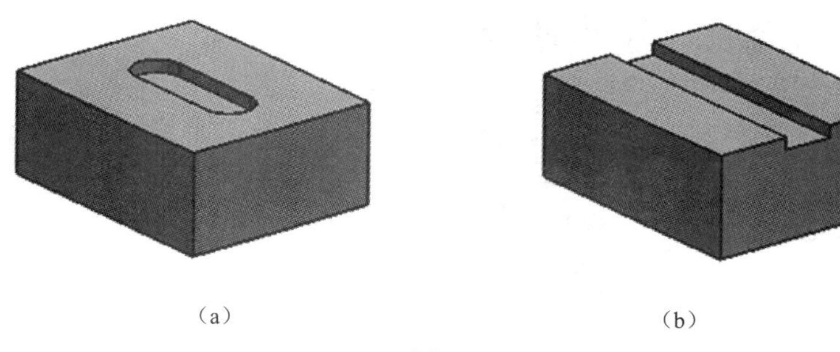

（a）　　（b）

图 4-30

（1）矩形键槽

该功能用于沿着底边创建有锐边的键槽，如图 4-31 所示。

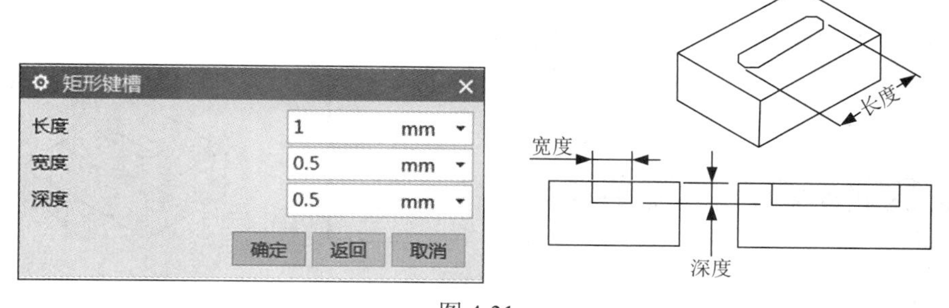

图 4-31

（2）球形键槽

该功能用于创建保留有完整半径的底部和拐角的键槽，如图 4-32 所示。

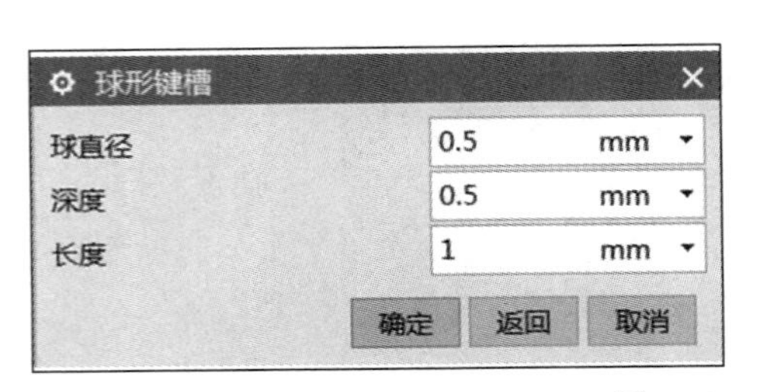

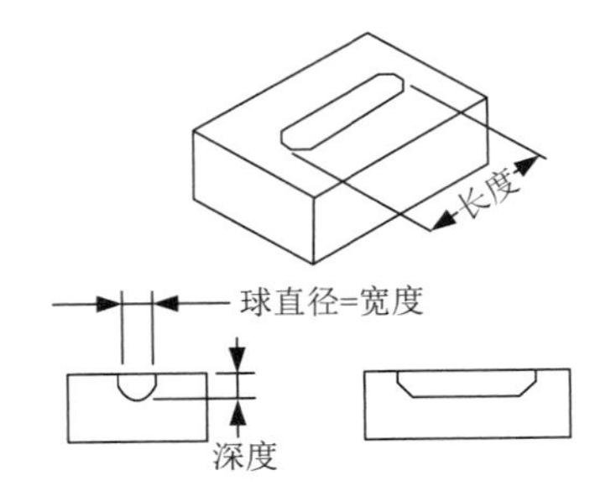

图 4-32

提 示

槽宽等于球直径（即刀具直径）。槽深必须大于球半径。

（3）U 形键槽

该功能用于创建有整圆的拐角和底部半径的键槽，如图 4-33 所示。

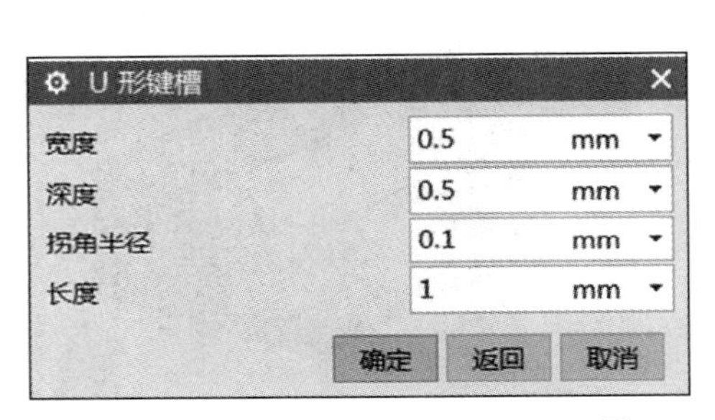

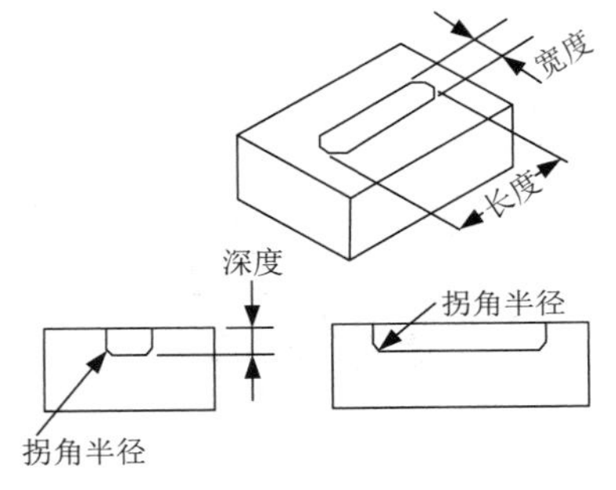

图 4-33

提 示

槽深必须大于拐角半径。

（4）T 形键槽

该功能用于创建一个横截面是倒 T 的键槽，如图 4-34 所示。

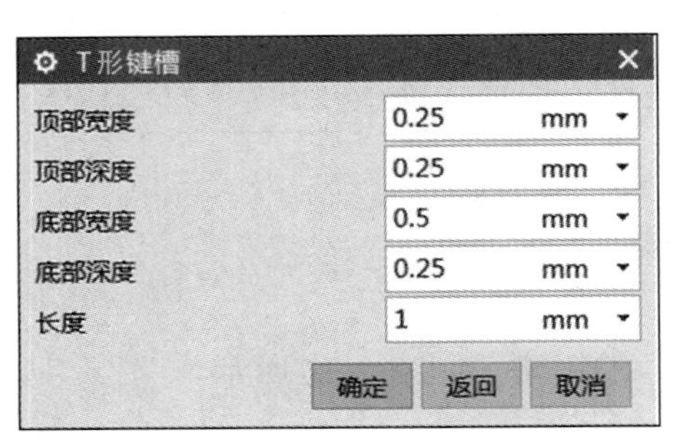

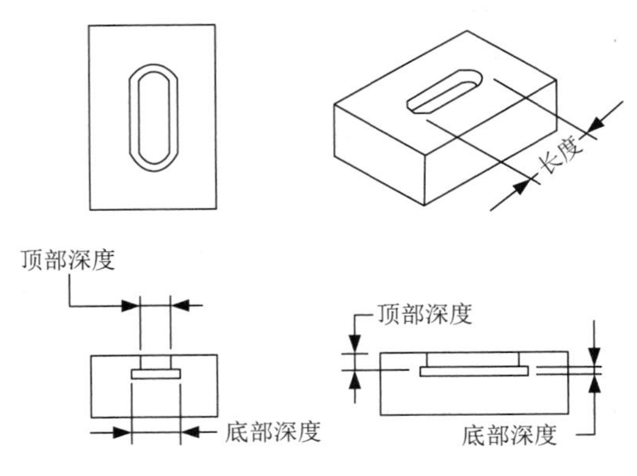

图 4-34

（5）燕尾槽

该功能用于创建燕尾槽型的键槽。这类键槽有尖角和斜壁，如图 4-35 所示。

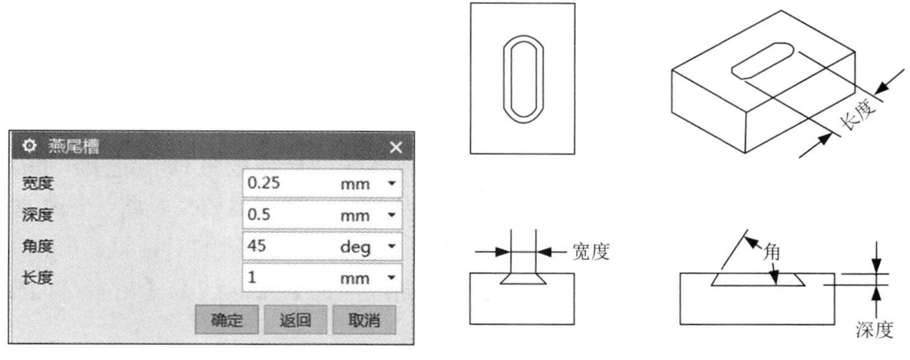

图 4-35

【例 4-10】　创建 U 形键槽。

1）打开素材包中的 ch4\Slot.prt，然后调用【键槽】命令。

2）在【键槽】对话框中选择【U 形键槽】。

3）选择长方体的上表面作为 U 形键槽的放置面。

4）选择如图 4-36（a）所示的边作为水平参考。

5）输入如图 4-36（b）所示的 U 形键槽的各个参数，单击【确定】按钮，弹出【定位】对话框。

6）如图 4-36（c）所示，单击【定位】对话框中的【垂直】按钮，根据提示栏的信息分别选择目标边 1 和工具边 1，然后在【表达式】文本框中输入距离 15，并按鼠标中键。

7）再次单击【定位】对话框中的【垂直】按钮，用同样的方式定义目标边 2 和工具边 2 之间的距离为 30。

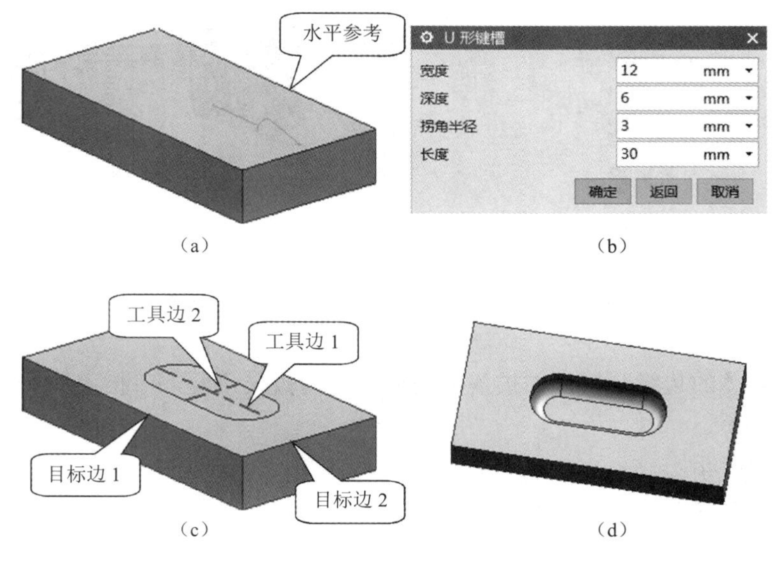

图 4-36

8）单击【确定】按钮，完成 U 形键槽的创建，结果如图 4-36（d）所示。

4.2.4 特征操作

特征操作与成形特征的不同之处在于其是仿真零件的精加工过程。

1. 拔模

使用【拔模】命令可以将实体模型上的一张或多张面修改成带有一定倾角的面。拔模操作在模具设计中非常重要，若一个产品存在倒拔模的问题，则该模具将无法脱模。

单击【特征】功能区中的【拔模】命令，弹出如图 4-37 所示的对话框。

【拔模】命令共有四种拔模操作类型：【从平面或曲面】、【从边】、【与多个面相切】及【至分型边】，其中前两种较为常用。

（1）从平面或曲面

从固定平面或曲面开始，与拔模方向成一定的拔模角度，对指定的实体进行拔模操作，如图 4-38 所示。

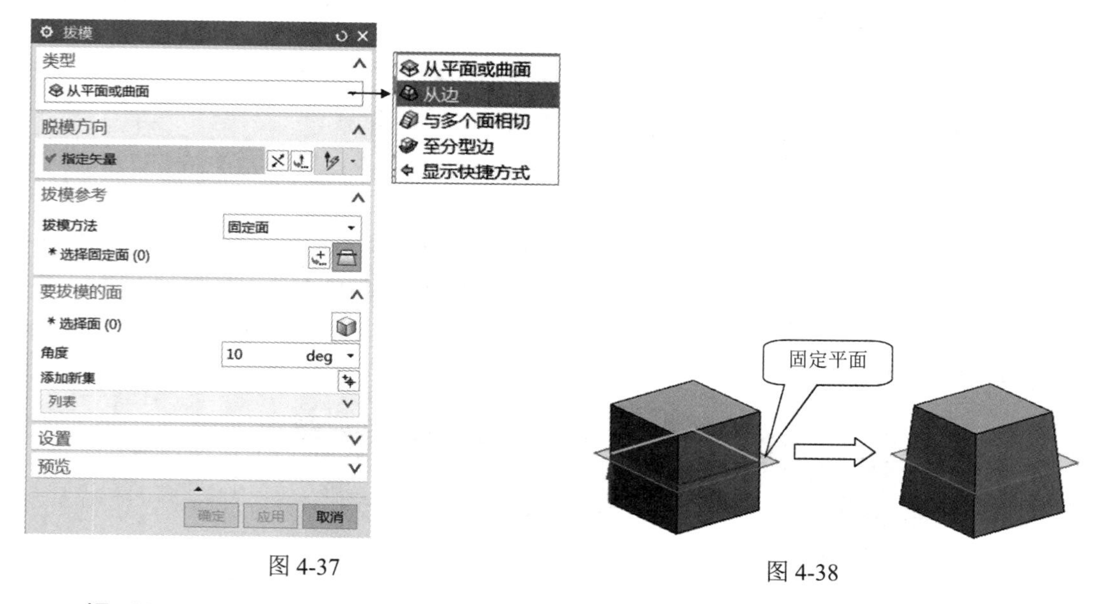

图 4-37　　图 4-38

提 示

所谓固定平面，是指该处的尺寸不会改变。

（2）从边

从一系列实体的边缘开始，与拔模方向成一定的拔模角度，对指定的实体进行拔模操作，如图 4-39 所示。

（3）与多个面相切

如果需要在拔模操作后保持要拔模的面与邻近面相切，则可使用此类型。此处，固定边缘未被固定，是可移动的，以保持选定面之间的相切约束，如图 4-40 所示。

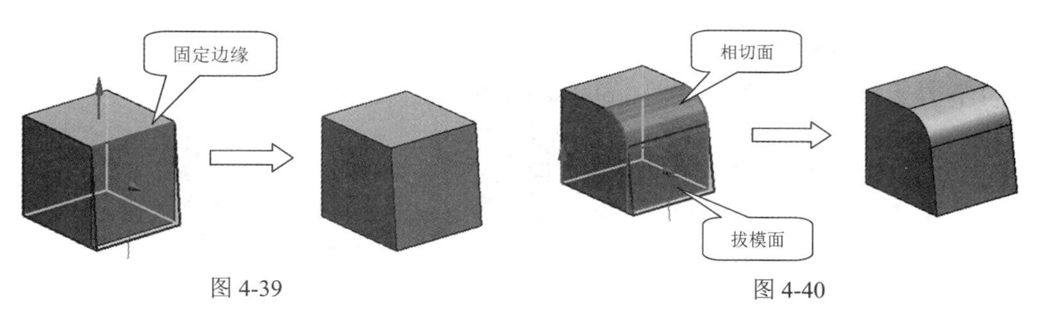

图 4-39　　图 4-40

> **提 示**
>
> 选择相切面时一定要将拔模面和相切面一起选中，这样才能创建拔模特征。

（4）至分型边

主要用于分型线在一张面内，对分型线的单边进行拔模，如图 4-41 所示。

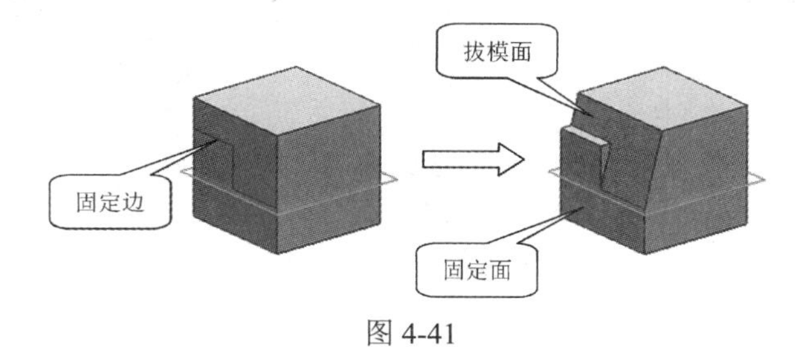

图 4-41

> **提 示**
>
> 在创建拔模之前，必须通过【分割面】命令用分型线分割其所在的面。

【例 4-11】　从平面拔模。

1）打开素材包中的 ch4\Taper_FromPlane.prt，然后调用【拔模】工具。

2）在【类型】下拉列表中选择【从平面或曲面】。

3）系统默认 Z 轴方向为脱模方向，这里保持默认设置，并按鼠标中键。

4）选择长方体的底面作为固定面，然后选择如图 4-42（a）所示的侧面作为拔模面。

5）输入角度值为 10，单击【确定】按钮，即可创建拔模特征，结果如图 4-42（b）所示。

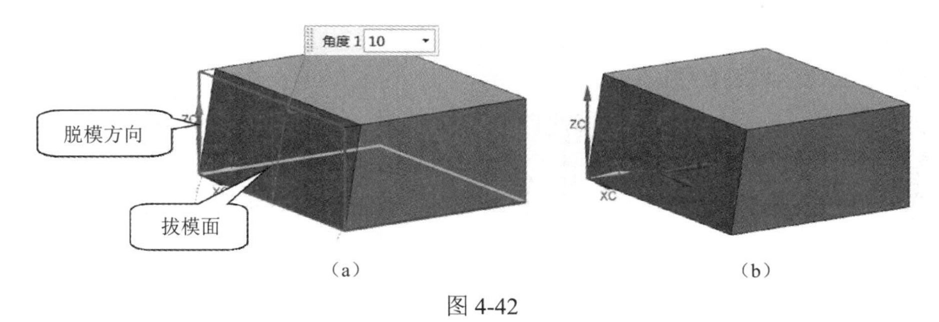

（a）　　（b）

图 4-42

【例 4-12】 从边拔模。

1）打开素材包中的 ch4\Taper_FromEdges.prt，然后调用【拔模】工具。

2）在【类型】下拉列表中选择【从边】。

3）系统默认选择 Z 轴方向作为脱模方向，这里保持默认设置，并按鼠标中键。

4）选择圆柱体的下边缘作为固定边缘，如图 4-43（a）所示，并输入角度值为 3。

5）选择【设置】选项区中的【对所有实例拔模】复选框，其余设置保持默认值。

6）单击【确定】按钮，结果如图 4-43（b）所示。

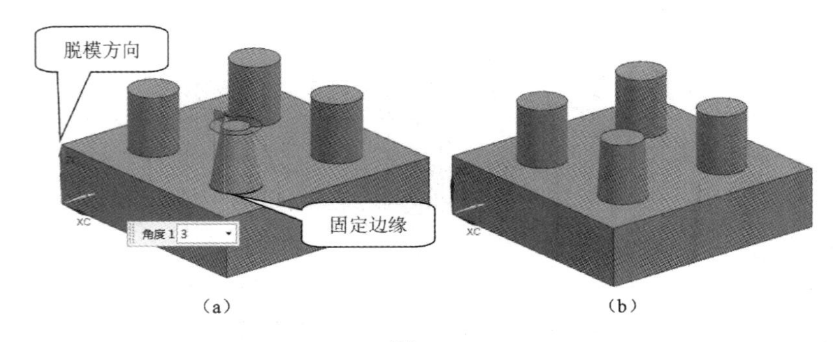

图 4-43

2. 倒斜角

使用【倒斜角】命令可以将一个或多个实体的边缘截成斜角面。

倒斜角有三种类型：对称、非对称、偏置和角度，如图 4-44 所示。

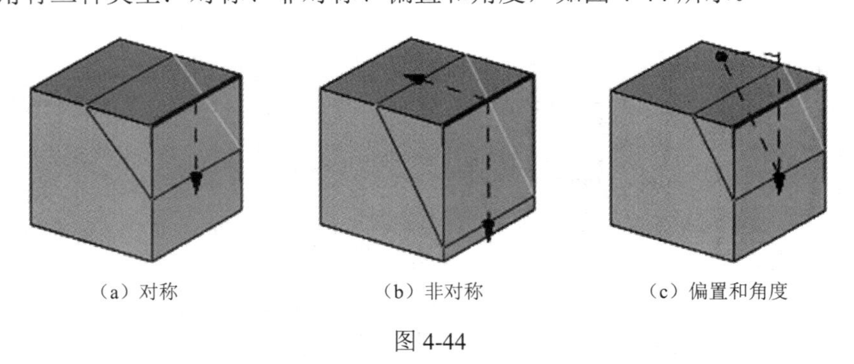

图 4-44

【例 4-13】 以【对称】方式创建倒斜角。

1）打开素材包中的 ch4\Chamfer.prt，然后单击【特征】工具条中的【倒斜角】命令，弹出【倒斜角】对话框，如图 4-45（a）所示。

2）如图 4-45（b）所示，选择拉伸体的上表面的边缘作为要倒斜角的边，并输入距离值为 10。

3）单击【确定】按钮，即可创建倒斜角特征，结果如图 4-45（c）所示。

(a)

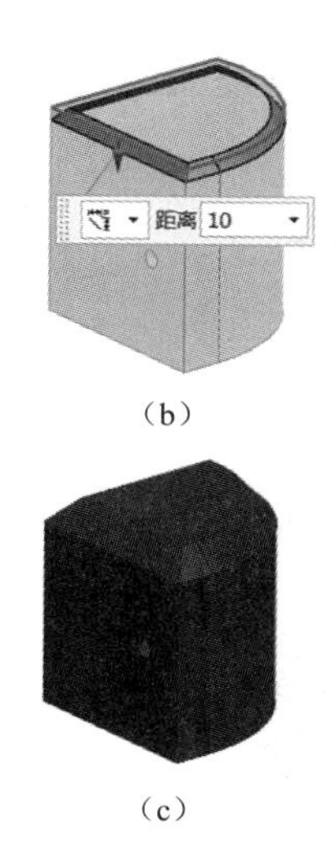

(b)

(c)

图 4-45

3. 边倒圆

通过【边倒圆】命令可以使至少由两个面共享的边缘变光顺。倒圆时就像沿着被倒圆角的边缘滚动一个球，同时使球始终与在此边缘处相交的各个面接触。

倒圆球在面的内侧滚动会创建圆形边缘（去除材料），在面的外侧滚动会创建圆角边缘（添加材料），如图 4-46 所示。

单击【特征】工具条中的【边倒圆】命令，弹出如图 4-47 所示的对话框。

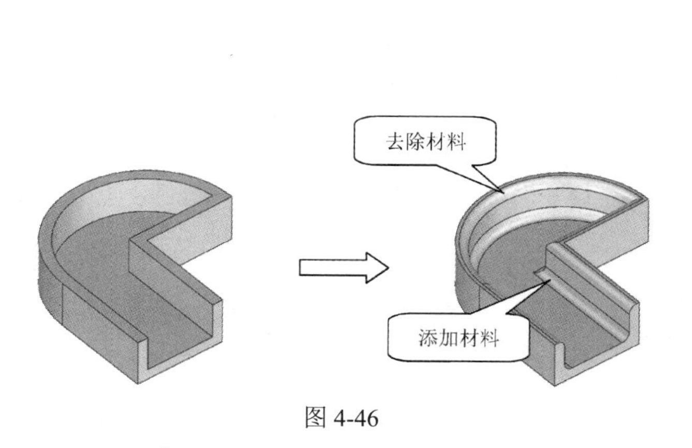

图 4-46

图 4-47

（1）要倒圆的边

该功能主要用于倒圆边的选择与添加，以及倒角值的输入。若要对多条边进行不同圆角的倒角处理，则单击【添加新集】按钮即可。列表框中列出了不同倒角的名称、值和表达式等信息，如图 4-48 所示。

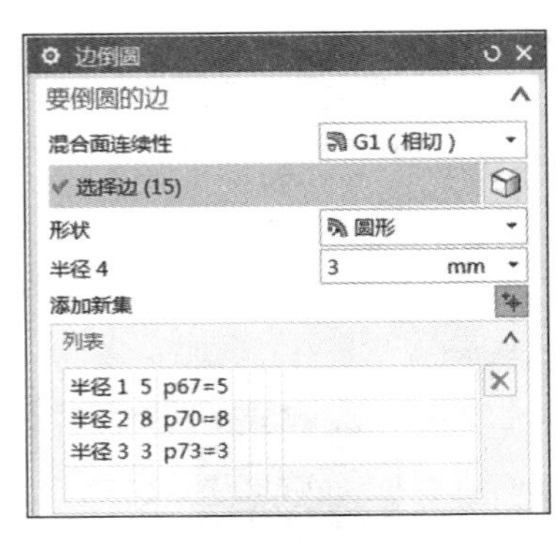

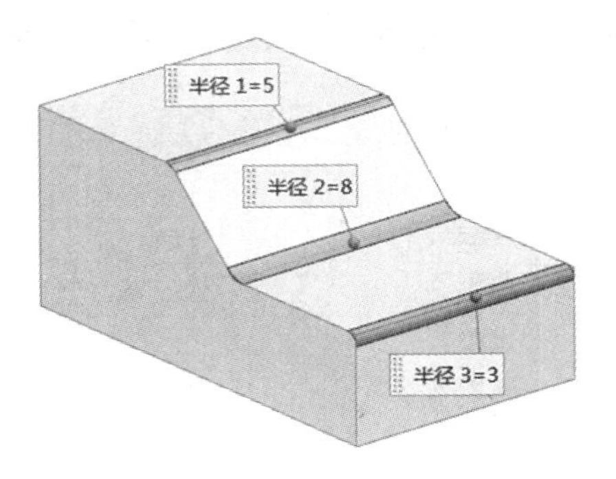

图 4-48

（2）可变半径点

该功能通过向边倒圆添加半径值唯一的点来创建可变半径圆角，如图 4-49 所示。

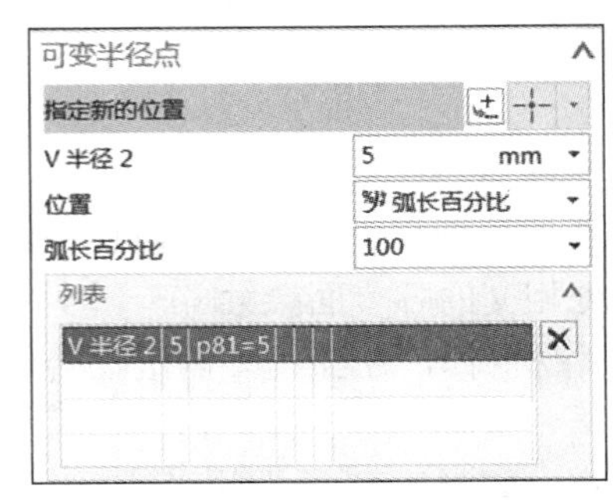

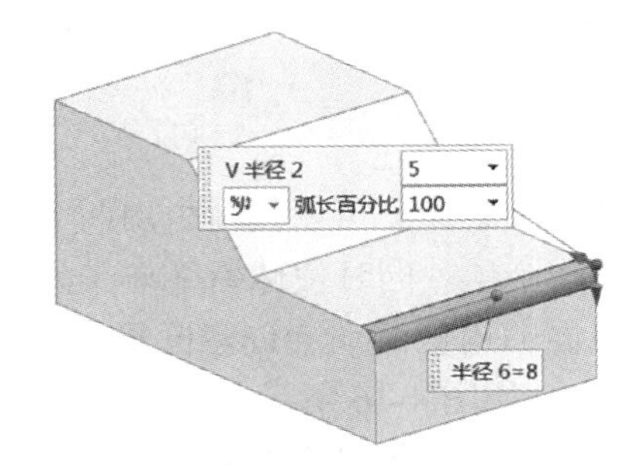

图 4-49

（3）拐角倒角

该功能可在三条线相交的拐角处进行拐角处理。选择三条边线后，切换至拐角栏，选择三条线的交点，即可进行拐角处理。可以通过改变三个位置的参数值来改变拐角的形状，如图 4-50 所示。

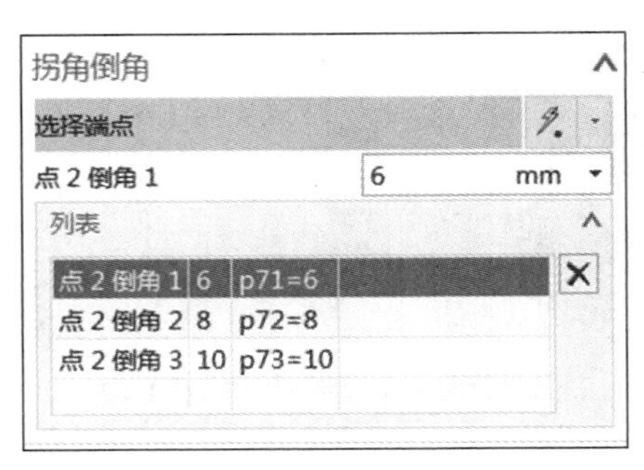

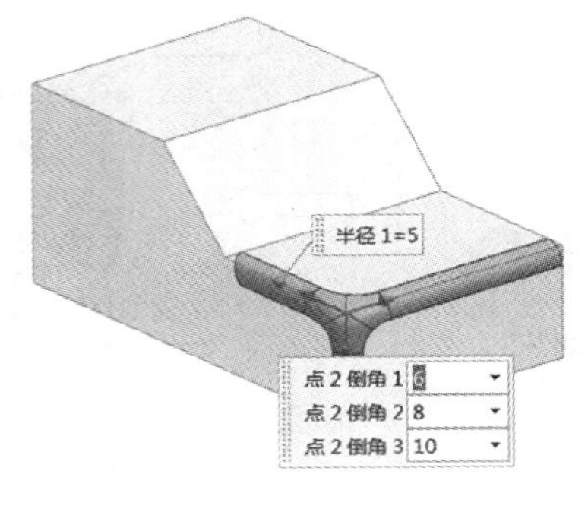

图 4-50

（4）拐角突然停止

该功能可使某点处的边倒圆在边的末端突然停止，如图 4-51 所示。

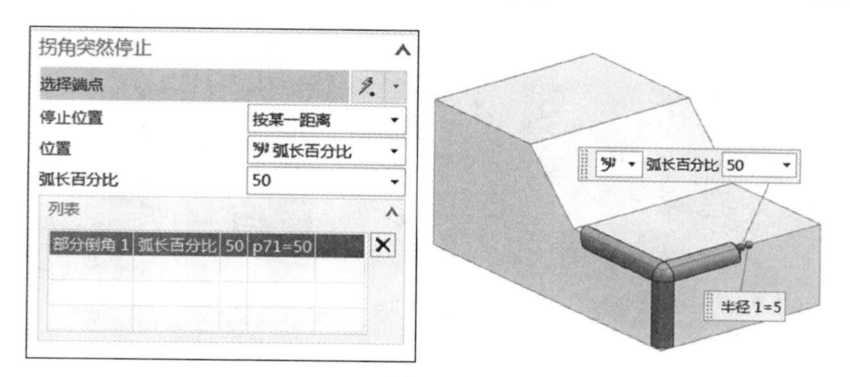

图 4-51

（5）修剪

该功能可将边倒圆修剪至明确选定的面或平面，而不是依赖软件通常使用的默认修剪面，如图 4-52 所示。

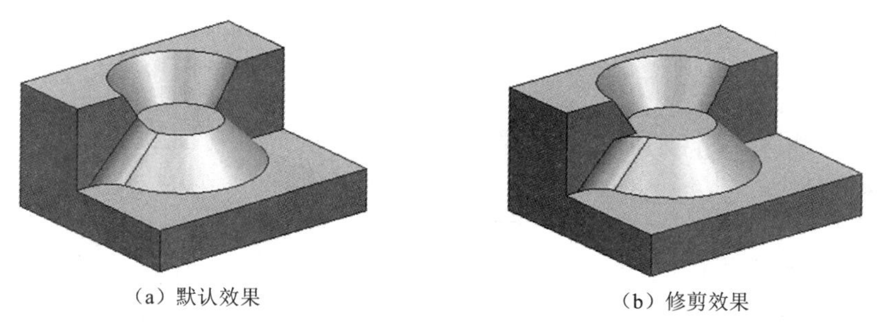

（a）默认效果　　（b）修剪效果

图 4-52

（6）溢出解

当圆角的相切边缘与该实体上的其他边缘相交时，就会发生圆角溢出。选择不同的溢出解，得到的效果不一样，可以尝试组合使用这些选项来获得不同的结果。如图 4-53 所示为【溢出解】选项区。

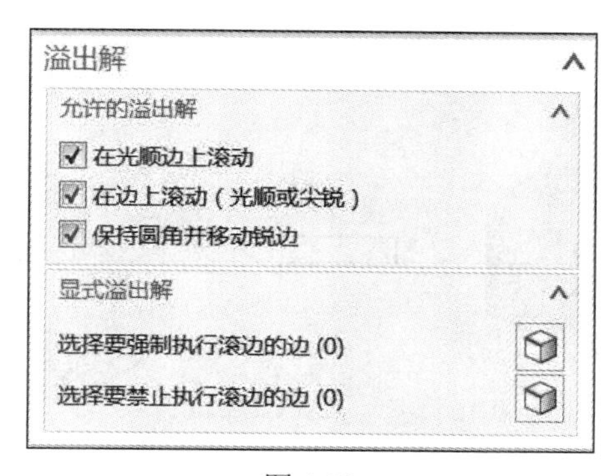

图 4-53

1）在光顺边上滚动。选中该复选框，表示允许圆角延伸到其遇到的光顺连接（相切）面上。如图 4-54 所示，①溢出现有圆角的边的新圆角；②选择时，在光顺边上滚动会在圆角相交处生成光顺的共享边；③未选择在光顺边上滚动时，结果为锐共享边。

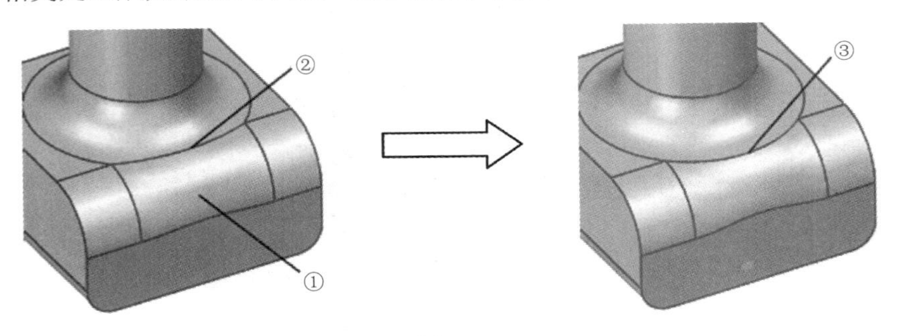

图 4-54

2）在边上滚动（光顺或尖锐）。选中该复选框，表示允许圆角在与定义面之一相切之前发生，并展开到任何边（无论光顺还是尖锐）上。如图 4-55 所示，①选择在边上滚动（光顺或尖锐）时，遇到的边不更改，而与该边所在面的相切会被超前；②未选择在边上滚动（光顺或尖锐）时，遇到的边发生更改，且保持与该边所属面的相切。

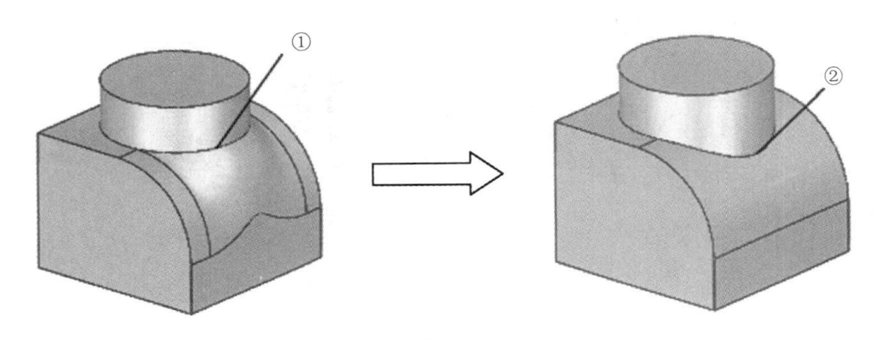

图 4-55

3）保持圆角并移动锐边。选中该复选框，表示允许圆角保持与定义面的相切，并将任何遇到的面移动到圆角面。如图 4-56 所示，①选择在锐边上保持圆角选项的情况下预览边倒圆过程中遇到的边；②生成的边倒圆显示保持了圆角相切。

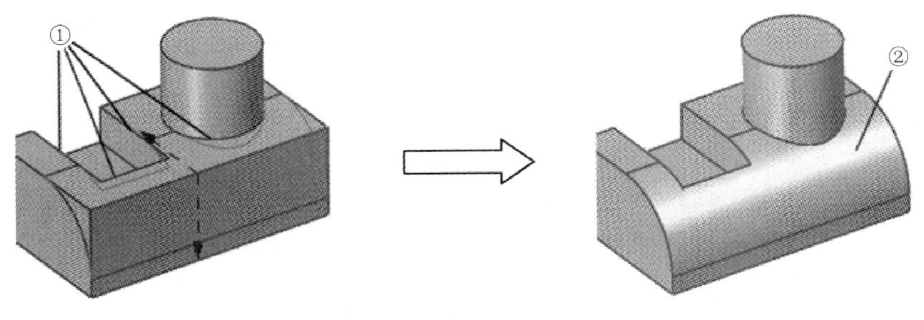

图 4-56

（7）设置

【设置】选项区主要用于控制输出操作的结果。

1）对所有实例倒圆，即对所有实例特征同时倒圆角。

2）凸/凹 Y 处的特殊圆角。使用该复选框，即允许对某些情况选择两种 Y 型圆角之一，如图 4-57 所示。

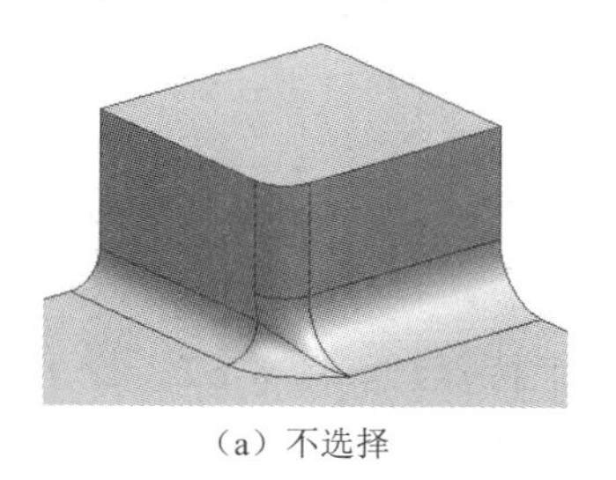

（a）不选择　　（b）选择

图 4-57

3）移除自相交。在一个圆角特征内部如果产生自相交，可以使用该选项消除自相交的情况，增加圆角特征创建的成功率。

4）拐角回切。在产生拐角特征时，可以对拐角的样子进行改变，如图 4-58 所示。

（a）从拐角分离　　（b）带拐角包含

图 4-58

【例 4-14】　创建恒定半径的边倒圆。

1）打开素材包中的 ch4\EdgeBlend.prt，然后调用【边倒圆】工具。

2）选择如图 4-59 所示实体上表面上的所有边（共 10 条），输入半径 1 值为 3。

3）单击【添加新集】按钮，然后选择实体侧面的 4 条边，输入半径 2 值为 10，系统将其添加到【列表】中，如图 4-60 所示。

4）单击【确定】按钮，结果如图 4-61 所示。

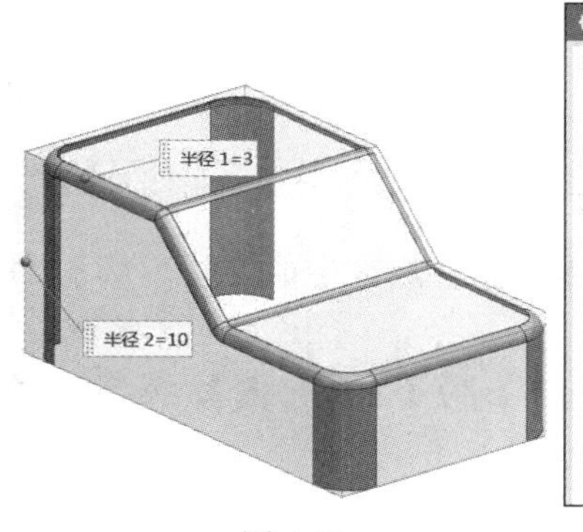

图 4-59

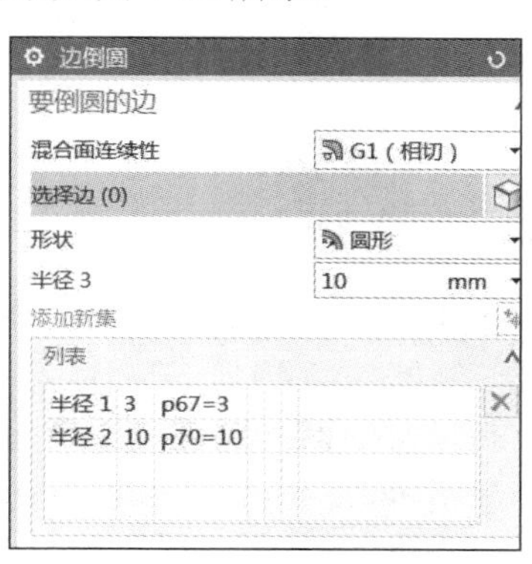

图 4-60

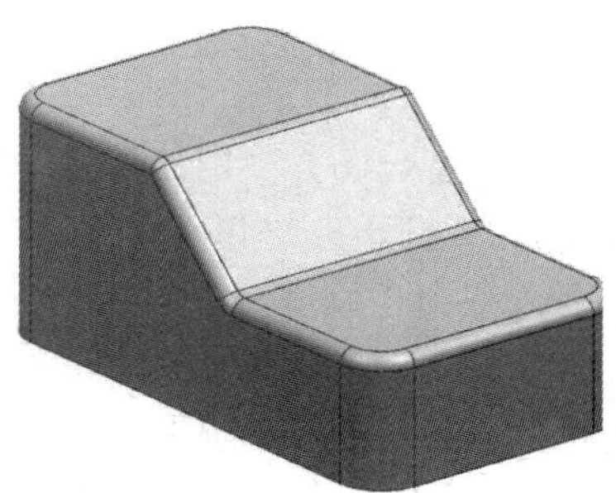

图 4-61

4. 镜像特征

使用【镜像特征】命令可以用通过基准平面或平面镜像选定特征的方法来创建对称的模型。

【例 4-15】 创建镜像特征。

1）打开素材包中的 ch4\Mirror_Feature.prt，然后单击【插入】｜【关联复制】中的【镜像特征】命令，弹出【镜像特征】对话框。

2）在【选择特征】列表中选择位于最后的四个特征，如图 4-62（a）所示。

3）在【镜像平面】选项区的下拉列表中选择【新平面】，然后选择【YC-ZC 平面】。

4）单击【确定】按钮，结果如图 4-62（b）所示。

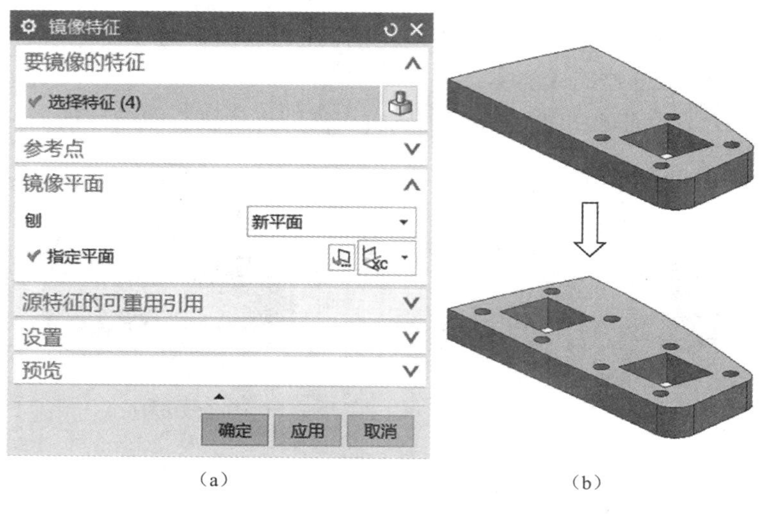

（a）　　（b）

图 4-62

5. 修剪体

使用【修剪体】命令可以通过一个面或基准平面修剪一个或多个目标体。选择要保留的体的一部分，并且被修剪的体具有修剪几何体的形状。法矢的方向确定保留目标体的哪一部分。

> **提 示**
> 当使用面修剪实体时，面的大小必须足以完全切过体。

【例 4-16】 用片体修剪实体。

1）打开素材包中的 ch4\Trim_Body.prt，然后单击【特征】功能区中的【修剪体】命令，弹出【修剪体】对话框。

2）选择实体作为目标体，按鼠标中键，设置【工具选项】为【面或平面】，然后选择片体作为刀具体，如图 4-63（a）所示。

3）单击【确定】按钮，具体结果如图 4-63（b）所示。

6. 缝合

使用【缝合】命令可以将两个或更多片体连接成一个片体。如果这组片体包围一定的体积，则创建一个实体。

【例 4-17】　将多个片体缝合成一个片体。

1）打开素材包中的 ch4\Sew.prt，然后单击【插入】|【组合】中的【缝合】命令，弹出【缝合】对话框。

2）在【类型】下拉列表中选择【片体】。

3）选择任一面作为目标体，框选其余的面作为刀具体。其余参数保持默认值，如图 4-64（a）所示。

4）单击【确定】按钮，完成片体的缝合，具体结果如图 4-64（b）所示。

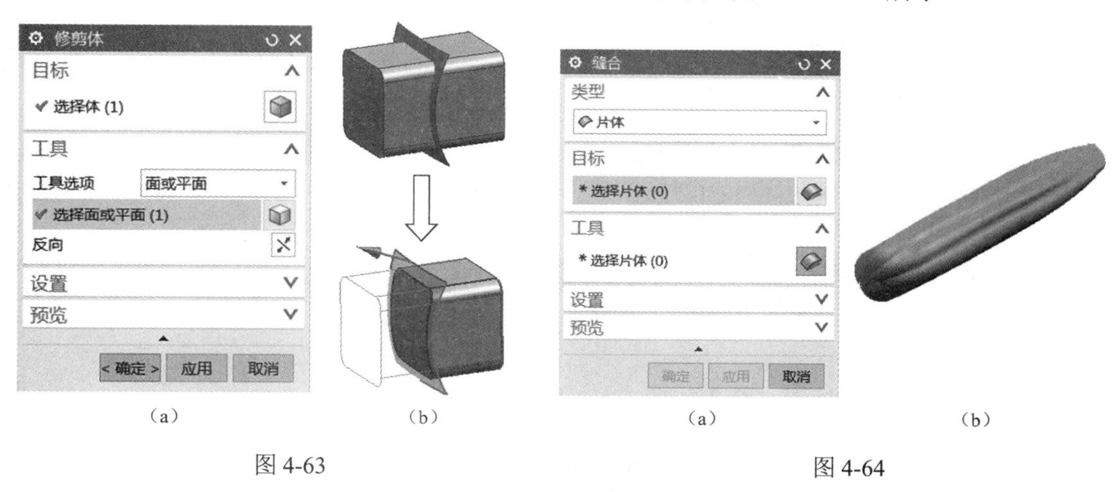

（a）　（b）

图 4-63

（a）　（b）

图 4-64

7. 抽壳

使用【抽壳】命令可以根据为壁厚指定的值抽空实体或在其四周创建壳体，也可为面单独指定厚度并移除单个面。

单击【特征】功能区中的【抽壳】命令，弹出如图 4-65 所示的对话框。

（1）移除面，然后抽壳

该选项指定在执行抽壳操作之前移除要抽壳的体的某些面。首先选择要移除的两个面，然后输入厚度值即可。还可创建厚度不一致的抽壳。

（2）对所有面抽壳

该选项指定抽壳体的所有面而不移除任何面。

【例 4-18】　抽壳所有面。

1）打开素材包中的 ch4\Shell_1.prt，然后调用【抽壳】工具。

2）在【类型】下拉列表中选择【对所有面抽壳】。

3）选择立方体并输入厚度值为 2，注意箭头方向向内，如图 4-66 所示。

4）单击【确定】按钮，完成抽壳创建。

图 4-65

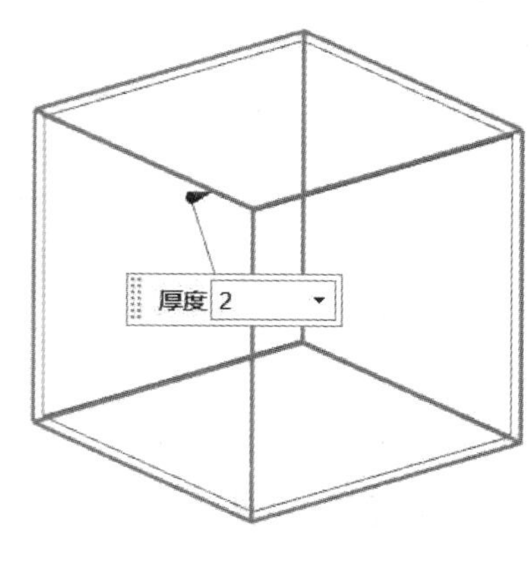

图 4-66

【例 4-19】　创建厚度变化的抽壳。

1）打开素材包中的 ch4\Shell_2.prt，然后调用【抽壳】工具。

2）在【类型】下拉列表中选择【移除面，然后抽壳】。

3）如图 4-67 所示，选择要移除的两个面，并输入厚度值为 2。

4）切换至【备选厚度】选项区，选择要变化厚度的面，再输入该面的厚度值为 5，如图 4-68 所示。

5）单击【确定】按钮，结果如图 4-69 所示。

图 4-67

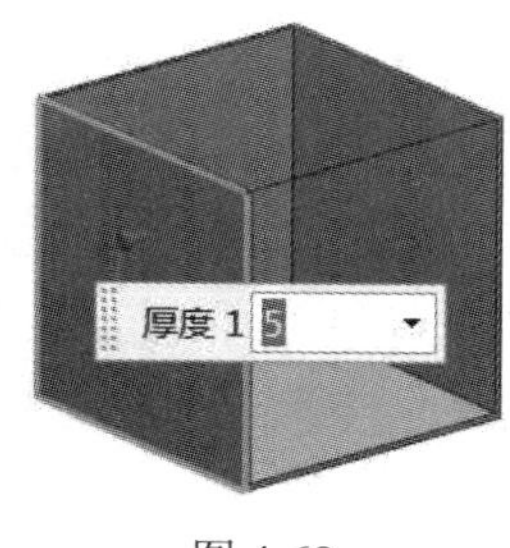

图 4-68

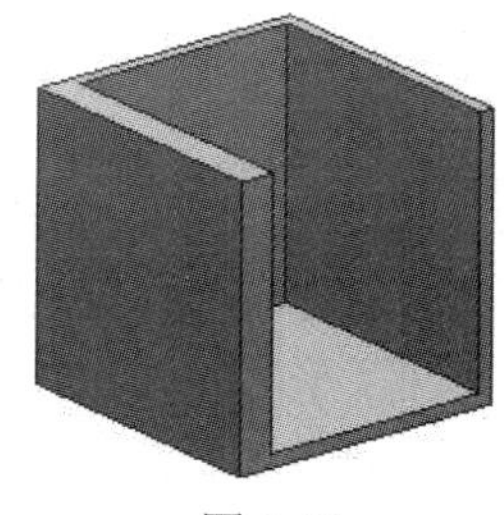

图 4-69

8. 偏置面

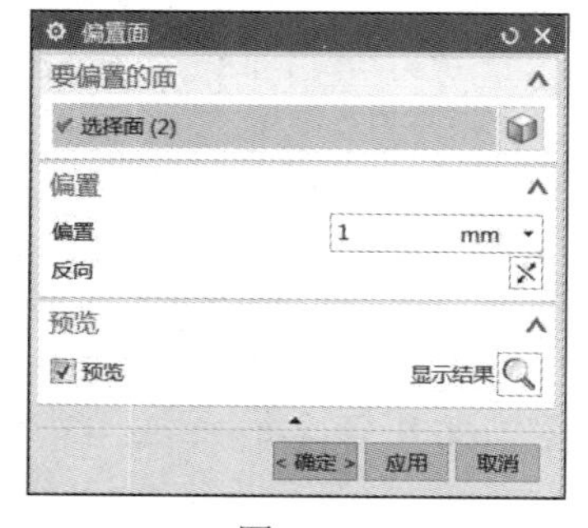

图 4-70

使用【偏置面】命令可以将实体的轮廓面沿法线方向偏置一个距离，该距离可正可负。该功能常用来延伸实体的长度。

【例 4-20】　偏置面。

1）打开素材包中的 ch4\Offset_Face.prt，然后单击【插入】|【偏置/缩放】中的【偏置面】命令，弹出如图 4-70 所示的对话框。

2）选择如图 4-71（a）所示的两个面作为要偏置的面，并输入偏置值为 1，双击方向箭头使其向下，或单击对话框中的【反向】按钮，这样做的目的是使底面变薄。

3）单击【应用】按钮，结果如图 4-71（b）所示。

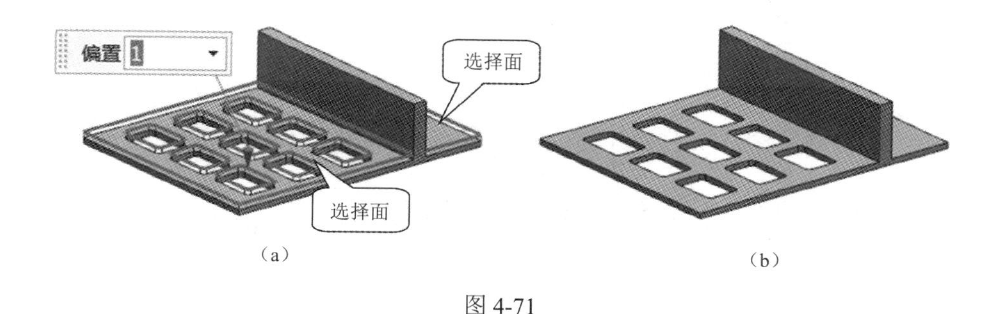

图 4-71

4）再选择如图 4-72（a）所示的面作为要偏置的面，并输入偏置值为 5，注意箭头的方向。

5）单击【确定】按钮，结果如图 4-72（b）所示。

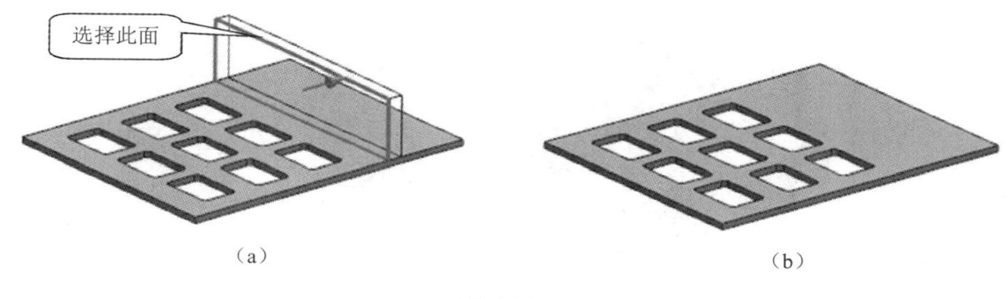

图 4-72

4.2.5　编辑特征

特征的编辑是指对前面通过实体造型创建的实体特征进行各种操作。

1．编辑特征参数

UG NX 创建的实体是参数化的，可以很方便地通过编辑修改实体的参数达到修改实体的目的。使用【编辑特征参数】命令可以编辑当前模型的特征参数。

【例 4-21】　编辑特征参数。

1）打开素材包中的 ch4\Edit_Feature.prt，然后单击【编辑特征】功能区中的【编辑特征参数】命令，弹出如图 4-73（a）所示的【编辑参数】对话框。也可通过【编辑】|【特征】中的【编辑特征参数】命令调出该对话框。

2）在图 4-73（a）所示对话框中选择【简单孔（4)】，也可以直接在图形窗口中选择该孔。

3）按鼠标中键，弹出如图 4-73（b）所示的【编辑参数】对话框，单击【特征对话框】按钮，弹出如图 4-73（c）所示的对话框。

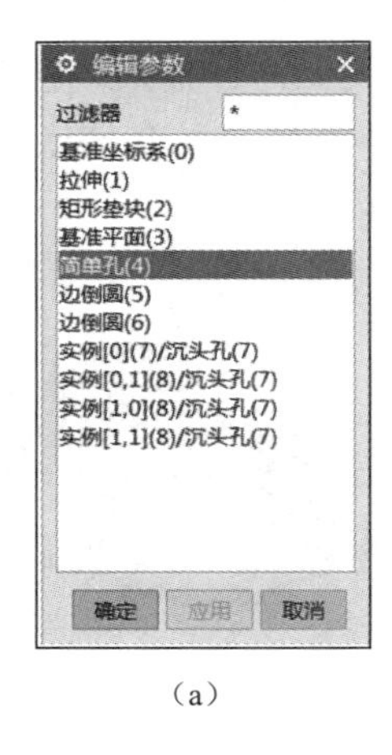

（a）

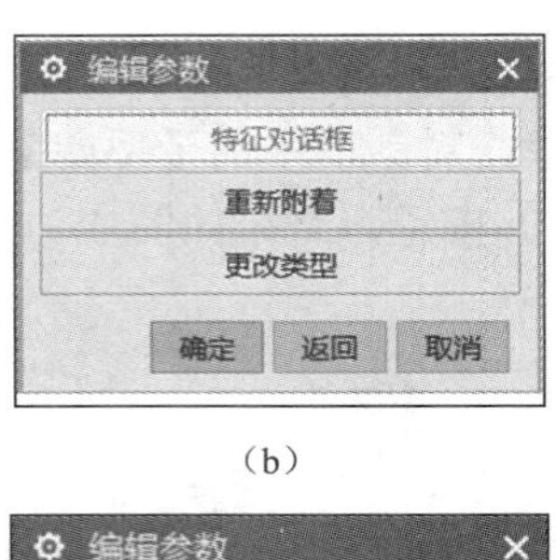

（b）

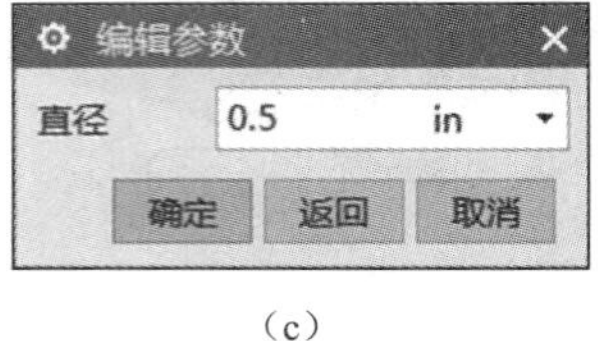

（c）

图 4-73

4）输入直径值为 0.5，连按三次鼠标中键，完成孔特征的编辑，结果如图 4-74（b）所示。

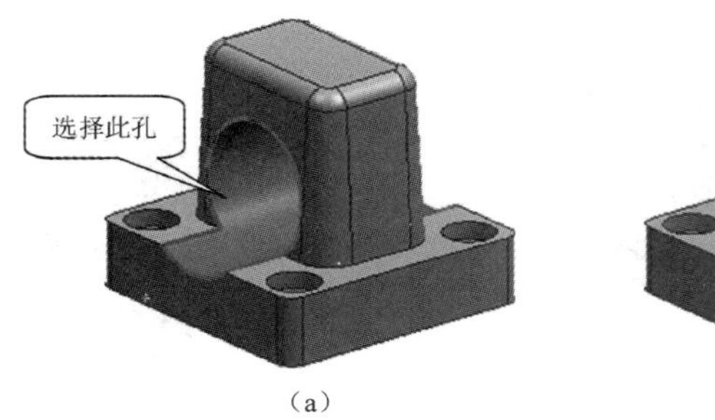

（a）

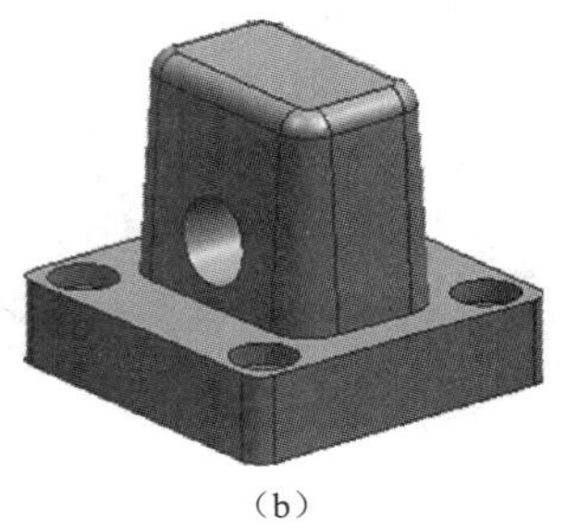

（b）

图 4-74

提 示

【编辑参数】对话框中的内容会随着所选择实体的不同而发生变化，通常与创建该实体特征时的对话框相似。创建实体时需要设置的参数在编辑特征参数时均可重新设置。

2. 移除参数

参数可以方便我们更改设计结果，但有时也会妨碍我们改变某个实体，所以在逆向工程中经常要用到【移除参数】命令。移除参数经保存后不可返回。

【例 4-22】 移除参数。

1）打开素材包中的 ch4\Remove_Parameters.prt，单击【编辑特征】功能区中的【移除参数】命令，弹出如图 4-75 所示的对话框。也可通过【编辑】|【特征】中的【移除参数】命令调出该对话框。

2）选择实体，单击【确定】按钮，弹出如图 4-76 所示的【移除参数】提示框。

3）单击【是】按钮，完成实体参数的移除。

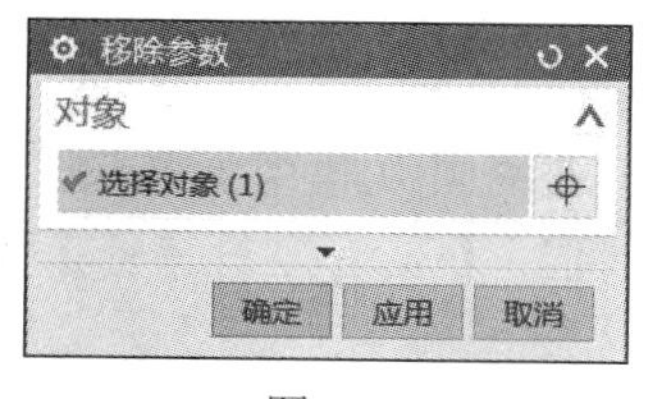

图 4-75

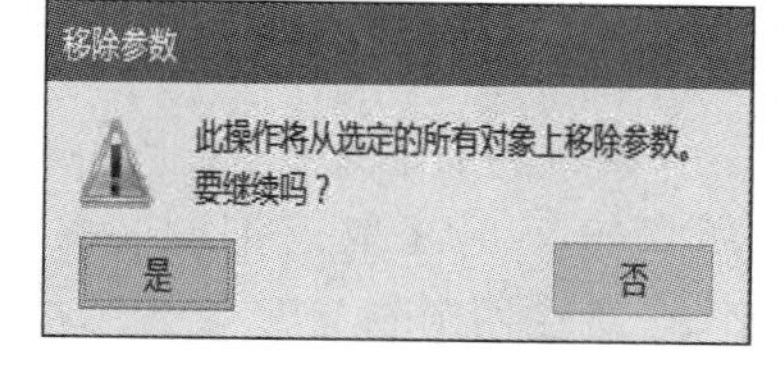

图 4-76

提　示

【移除参数】命令不支持草图曲线。

3. 抑制特征

通过【抑制特征】命令可以抑制选取的特征，即暂时在图形窗口中不显示特征。这有很多好处：

1）减小模型的大小，使之更容易操作，尤其当模型比较大时，更便于进行模型创建、对象选择、编辑和显示时间。

2）在进行有限元分析前隐藏一些次要特征以简化模型，被抑制的特征不进行网格划分，可加快分析的速度，而且对分析结果也没太大影响。

3）在建立特征定位尺寸时，有时会与某些几何对象产生冲突，这时可利用特征抑制操作来解决。如要利用已经建立倒圆的实体边缘线来定位一个特征，就不必删除倒圆特征，新特征建立以后再取消抑制被隐藏的倒圆特征即可。

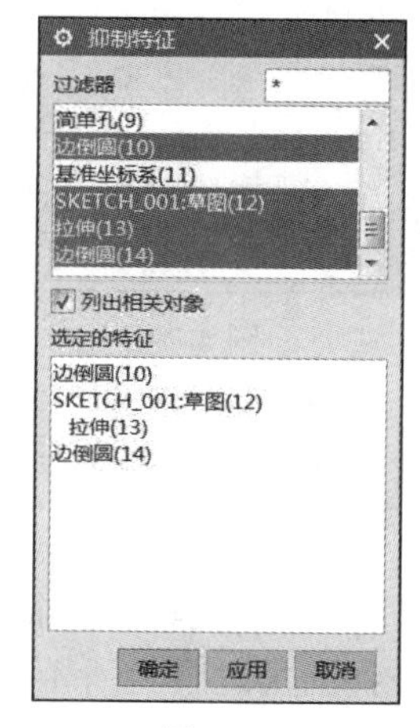

图 4-77

【例 4-23】　抑制特征。

1）打开素材包中的 ch4\Suppress_Feature.prt，单击【编辑特征】工具条上的【抑制特征】命令，弹出如图 4-77 所示的对话框。也可通过【编辑】|【特征】中的【抑制】命令调出该对话框。

2）在【抑制特征】对话框的列表中选择要被抑制的特征，选中的特征在图形窗口中高亮显示，也可以直接在图形窗口中选择要抑制的特征，如图 4-78（a）所示。

3）选择【列出相关对象】复选框，如果选定的特征有许多相关对象，这样操作可显著减少执行时间。

4）单击【确定】按钮，具体结果如图 4-78（b）所示。

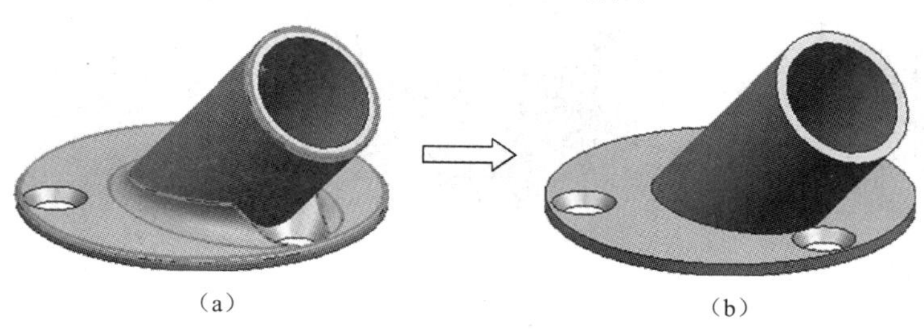

（a）　　　　（b）

图 4-78

> **提 示**
>
> 实际上，抑制的特征依然存在于数据库里，只是将其从模型中删除了。因为特征依然存在，所以可以用【取消抑制特征】调用它们。【取消抑制特征】是【抑制特征】的反操作，即在图形窗口重新显示被抑制的特征。

4. 特征回放

使用【特征回放】命令可使用户清晰地观看实体创建的整个过程。

图 4-79

【例 4-24】 特征回放。

打开素材包中的 ch4\Edit_Feature.prt 文件后，单击【编辑特征】功能区中的【特征回放】命令，弹出如图 4-79 所示的【更新时编辑】对话框。不断单击【更新时编辑】对话框中的【步进】图标按钮，视图区域就会逐步显示该实体的创建过程。

4.2.6 同步建模

UG NX 提供了独特的同步建模技术，使设计人员能够修改模型，而不用管这些模型来自哪里；也不用管创建这些模型所使用的技术；也不用管是 UG NX 的参数化模型还是非参数化模型，或者是从其他 CAD 系统导入的模型。

利用其直接处理模型，大大减少了花费在重构或转换几何模型上的时间。此外，设计者能利用参数化特征而不受特征历史的限制。

1. 偏置区域

通过【偏置区域】命令可以在单个步骤中偏置一组面或整个体，并重新生成相邻圆角。

【偏置区域】在很多情况下和【插入】|【偏置/缩放】中的【偏置面】效果相同，但碰到圆角时会有所不同，如图 4-80 所示。

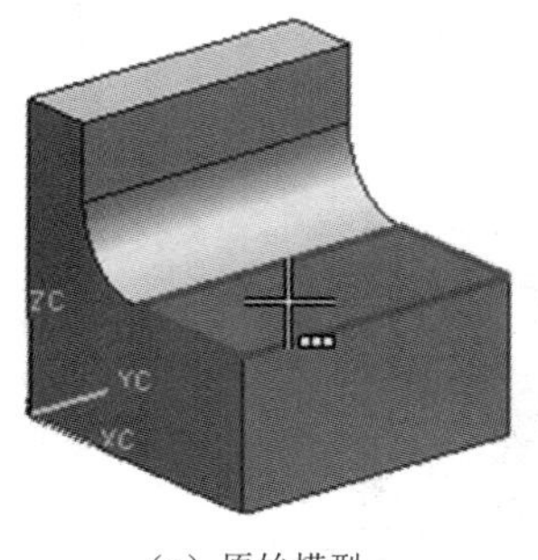

(a) 原始模型

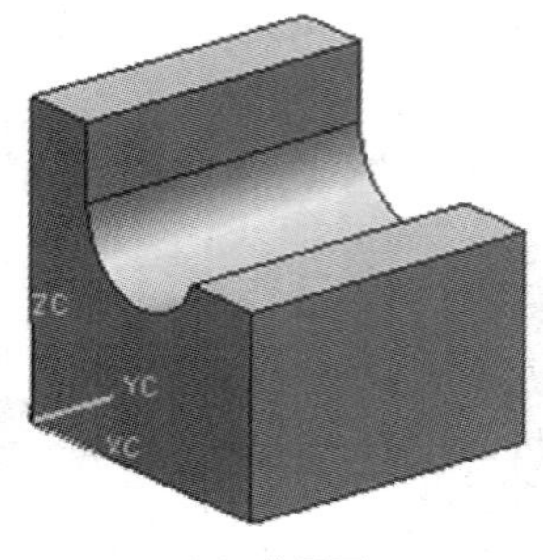

(b) 偏置面

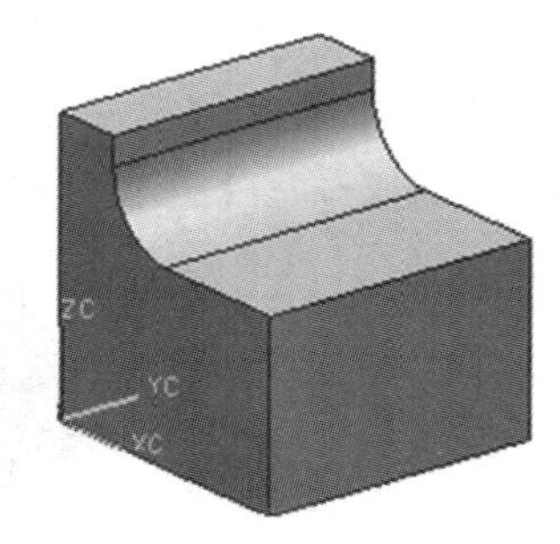

(c) 偏置区域

图 4-80

【例 4-25】 偏置区域。

1）打开素材包中的 ch4\Offset_Region.prt，并单击【同步建模】功能区中的【偏置区域】命令，弹出【偏置区域】对话框。

2）选择如图 4-81 所示的三个面，并输入偏置距离为 2。

3）单击【确定】按钮，结果如图 4-82 所示。

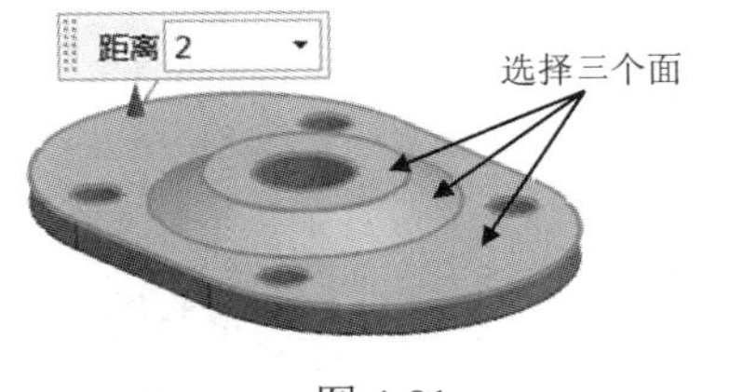

图 4-81

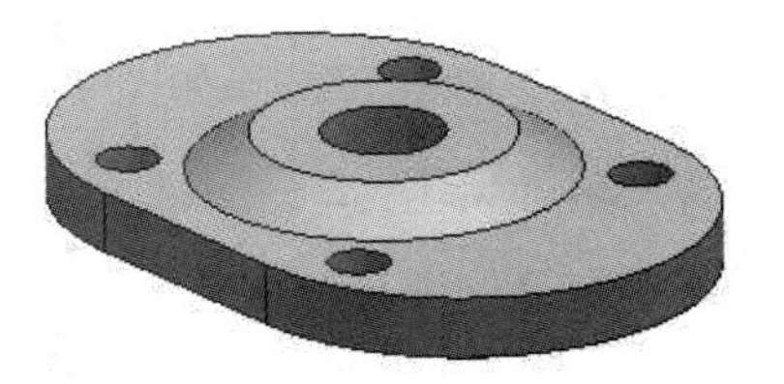

图 4-82

2. 替换面

使用【替换面】命令可以用一个或多个面代替一组面，并能重新生成光滑邻接的表面。

【例 4-26】 替换面。

1）打开素材包中的 ch4\Replace_Face.prt，并单击【同步建模】功能区中的【替换面】命令，弹出如图 4-83（a）所示的【替换面】对话框。

2）如图 4-83（b）所示，依次选择要替换的面和替换面。

3）输入距离值为 0。

4）单击【确定】按钮，结果如图 4-83（c）所示。

（a）

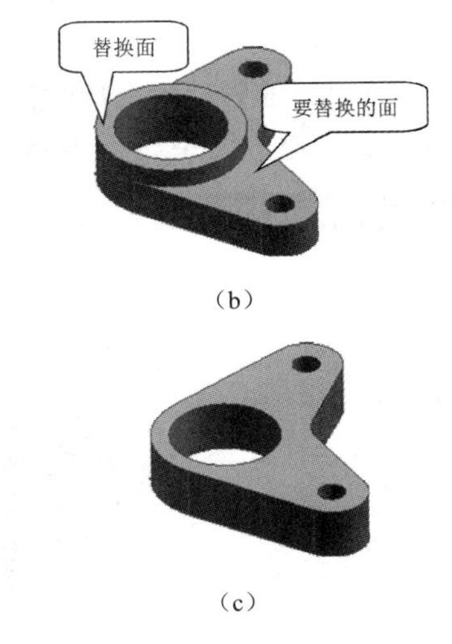

（b）

（c）

图 4-83

3. 删除面

使用【删除面】命令可删除面，并可以通过延伸相邻面自动修复模型中删除面留下的开放区域，还能保留相邻圆角。

【例 4-27】 删除面。

1）打开素材包中的 ch4\Delete_Face_1.prt，并单击【同步建模】功能区中的【删除面】命令，弹出如图 4-84（a）所示的【删除面】对话框。

2）在【类型】下拉列表中选择【面】。

3）如图 4-84（b）所示，选择筋板上三个相邻的面。

4）单击【确定】按钮，结果如图 4-84（c）所示。

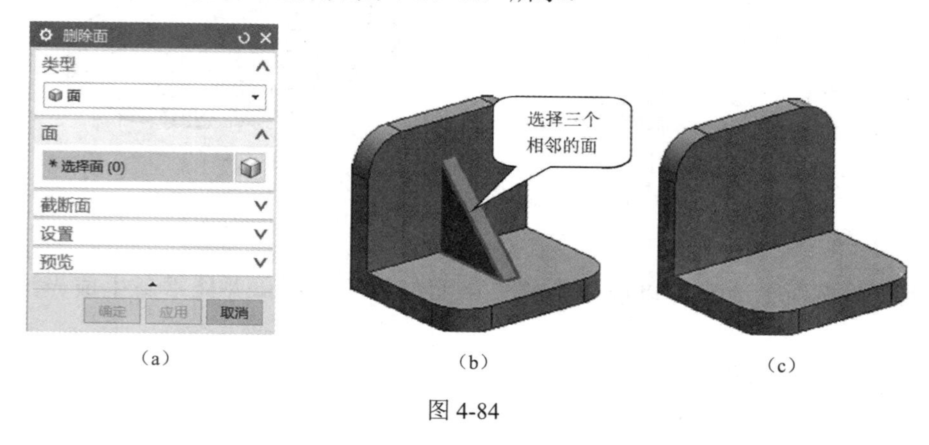

（a） （b） （c）

图 4-84

【例 4-28】 删除孔。

1）打开素材包中的 ch4\Delete_Face_2.prt，并调用【删除面】工具。

2）在图 4-85（a）所示对话框的【类型】下拉列表中选择【孔】。

3）选择【按尺寸选择孔】复选框，在【孔尺寸<=】文本框中输入 5，如图 4-85（a）所示。

4）选择其中一个孔，系统自动选择所有满足条件的孔（共四个），如图 4-85（b）所示。

5）单击【确定】按钮，结果如图 4-85（c）所示。

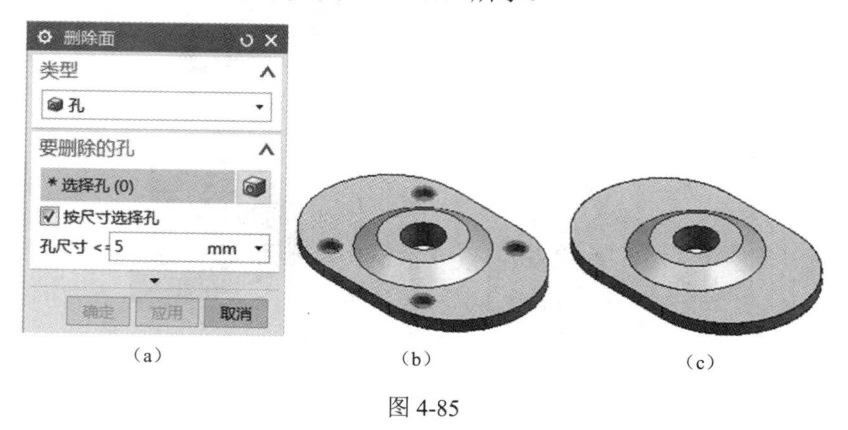

（a） （b） （c）

图 4-85

4. 调整圆角大小

使用【调整圆角大小】命令可以改变圆角面的半径，而不考虑它们的特征历史记录。

改变圆角大小不能改变实体的拓扑结构，也就是不能多面或者少面，且半径必须大于 0。需要注意的是，选择的圆角面必须是通过【圆角】命令创建的，如果系统无法辨别曲面是圆角，将创建失败。

【例 4-29】　调整圆角大小。

1）打开素材包中的 ch4\Resize_Blend.prt，并单击【同步建模】功能区中【更多】下拉菜单下的【调整圆角大小】命令，弹出如图 4-86（a）所示的【调整圆角大小】对话框。

2）如图 4-86（b）所示，选择圆角面，系统自动显示半径为 7.5，将其改为 10。

3）单击【确定】按钮，结果如图 4-86（c）所示。

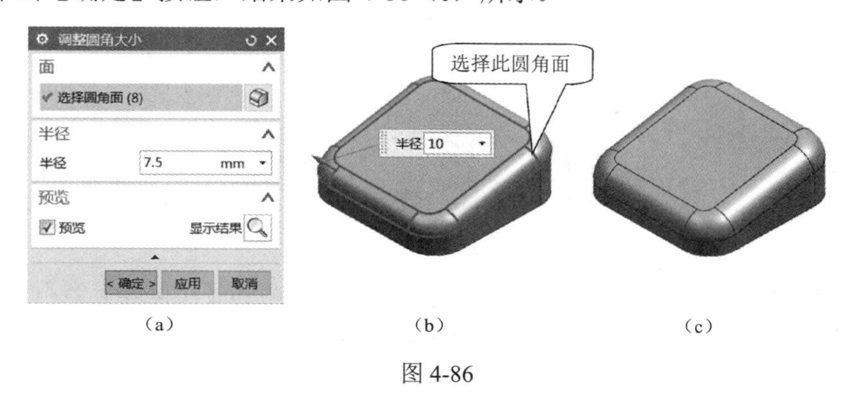

（a）　（b）　（c）

图 4-86

4.3　连接件实体建模

根据图 4-87 所示的图样，完成连接件的建模。

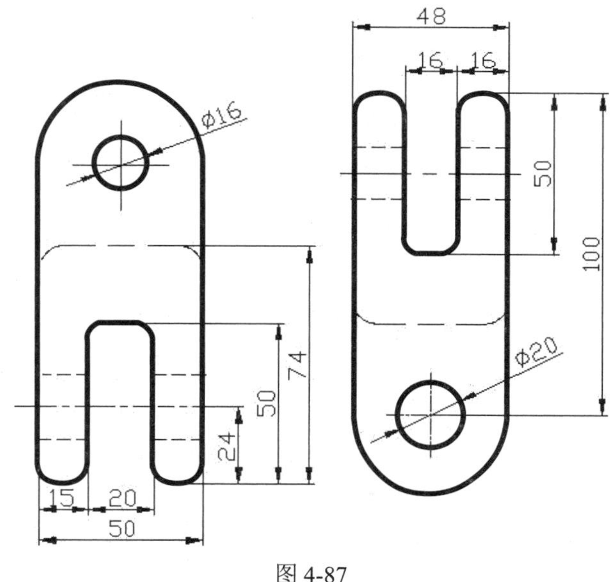

图 4-87

由于篇幅限制，这里仅介绍大致的操作过程。

1）创建矩形体：单击【插入】|【设计特征】|【长方体】命令，选择【原点，边长】方式，并将长、宽、高分别设置为 124mm、50mm、48mm，长方体的原点设置为(0，0，0)，按鼠标中键，即可生成如图 4-88 所示的长方体。

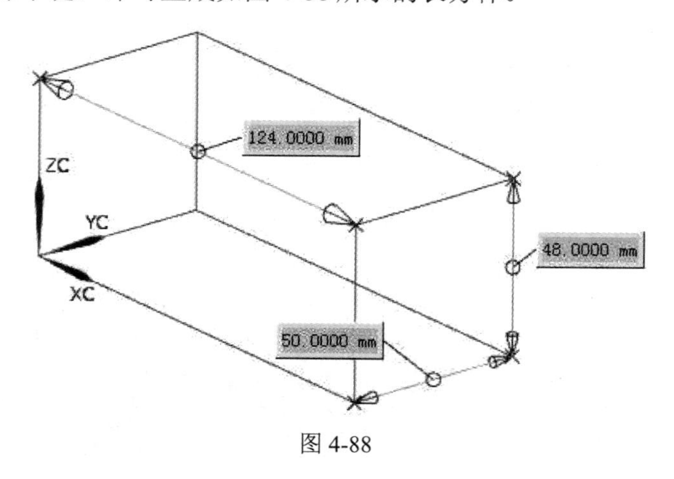

图 4-88

2）创建半径为 25 的边倒圆角：单击【特征】功能区中的【边倒圆】命令，弹出【边倒圆】对话框。半径值设置为 25，然后选择如图 4-89（a）所示的两条边，单击【应用】按钮，即可完成倒圆角，结果如图 4-89（b）所示。

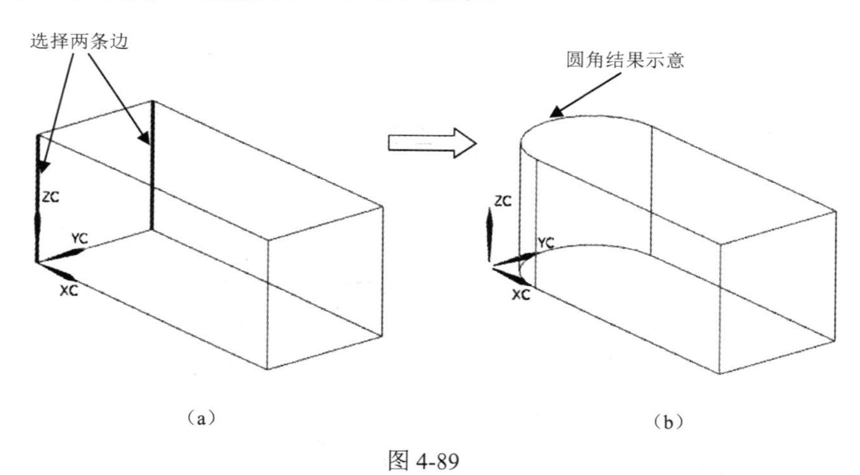

（a）　　（b）

图 4-89

3）创建半径为 24 的边倒圆角：在【边倒圆】对话框中将半径值设置为 24，选择如图 4-90（a）所示的两条边，然后按鼠标中键，完成倒圆角操作，并退出【边倒圆】对话框。结果如图 4-90（b）所示。

4）创建直径为 16 的圆孔：单击【特征】功能区中的【孔】命令，弹出【孔】对话框；在【形状和尺寸】选项区中选择成形为【简单】，并将【直径】设置为 16，【深度限制】设置为【贯通体】；然后选择半径 25 的倒圆角圆弧中心并单击【确定】按钮，即可完成直径为 16 的圆孔，如图 4-91 所示。

5）创建直径为 20 的圆孔：参照步骤 4），结果如图 4-92 所示。

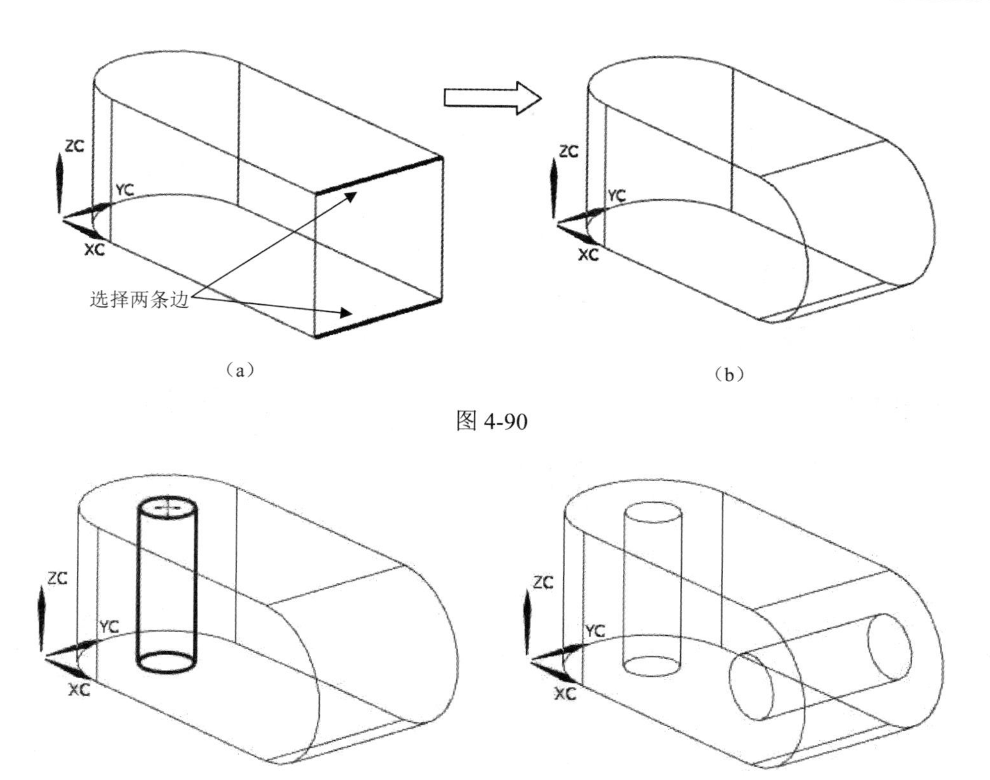

图 4-90

图 4-91　　　　图 4-92

6）在【视图】菜单下【可见性】功能区中的【工作图层】组合框中输入 21，并按 Enter 键，将工作层设置到 21 层。

7）创建 T2 拉伸体截面：单击【插入】|【在任务环境中绘制草图】命令，弹出【创建草图】对话框，选择如图 4-93 所示面作为草图的放置面。

8）进入草图环境后，先关闭位于【约束】功能区中的【连续自动标注尺寸】按钮，再选择【曲线】功能区中的【矩形】命令，绘制如图 4-94 所示草图后，再单击【完成】按钮，退出草图。

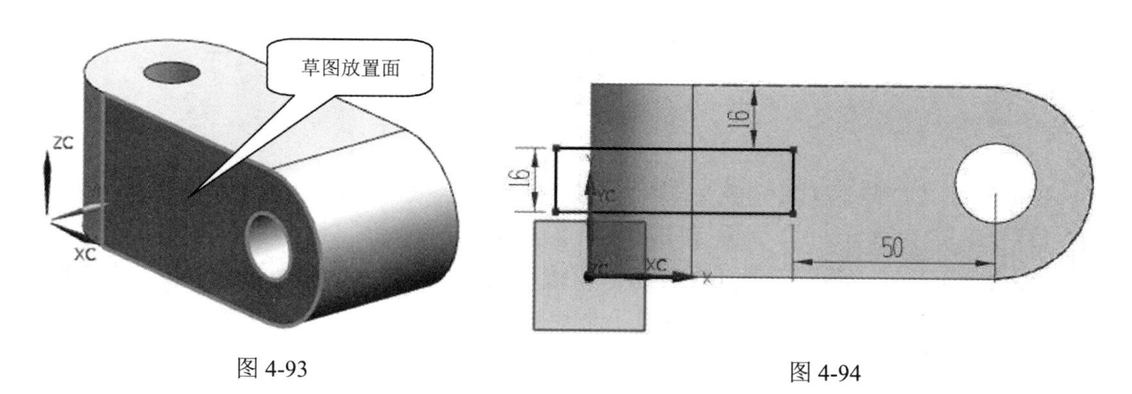

图 4-93　　　　图 4-94

9）拉伸 T2 节点：调用【拉伸】工具；截面为刚绘制的草图，限制条件可自定，只要拉伸体穿过基体即可，布尔类型选择【无】，按鼠标中键即可创建节点 T2，如图 4-95 所示。

10）利用【布尔减】操作完成 M1 节点：调用【减去】命令，【目标】体选择 T1 基体，【工具】体选择 T2 拉伸体，按鼠标中键，即可完成 M1 节点，如图 4-96 所示。

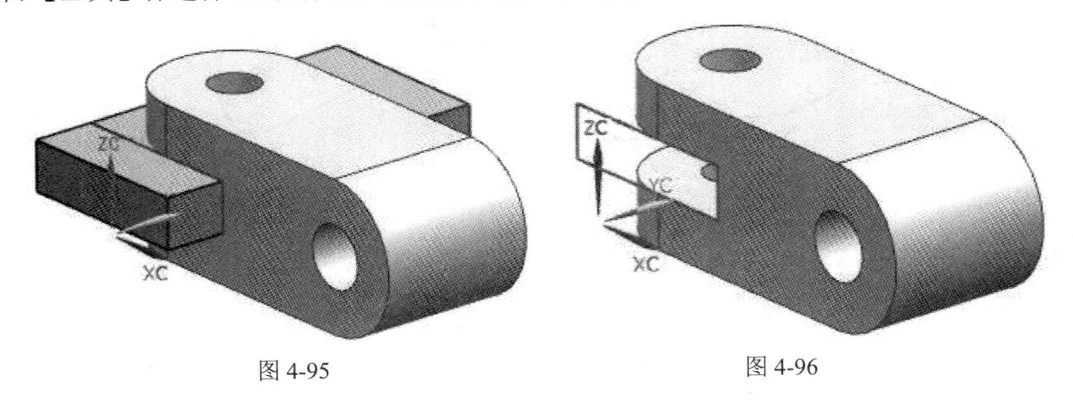

图 4-95　　图 4-96

11）创建 T3 拉伸体的草图：可参照 T2 拉伸体的制作，放置面与所绘草图如图 4-97 所示。

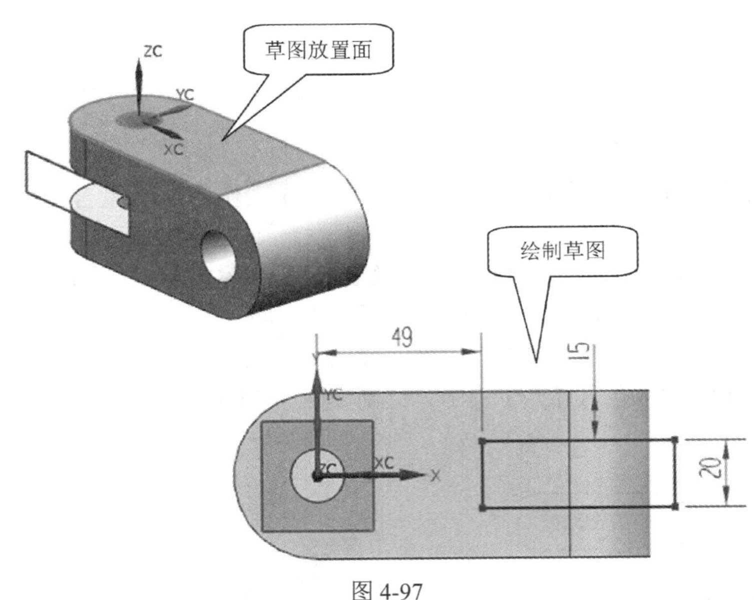

图 4-97

12）利用【拉伸】工具完成 T3 节点和 M2 节点，结果如图 4-98 所示。

13）按组合键 Ctrl+L，调用【图层设置】对话框；选择 1 层，然后单击【设为工作层】，再选择 21 层，然后单击【不可见】按钮，使 21 层中的数据不可见，按鼠标中键退出对话框，从而隐藏以上所创建的草图。

14）调用【边倒圆】工具，半径设置为 6，按照倒圆角“先断后连”的原则，选择如图 4-99 所示的四条边；按鼠标中键，即可完成连续的四条边的倒圆角操作。

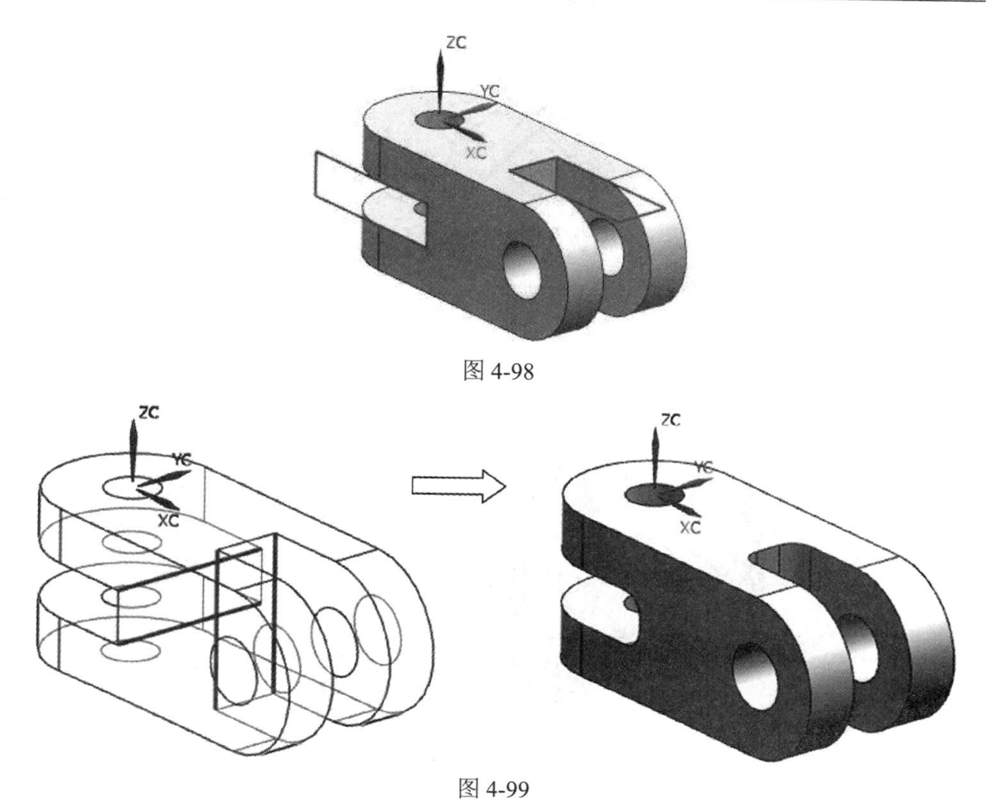

图 4-98

图 4-99

15）再次调用【边倒圆】工具，在【上边框条】的【曲线规则】下拉列表中选择【相切曲线】，然后选择如图 4-100 所示的三条边缘线，按鼠标中键，即可完成连倒圆角操作，结果如图 4-100 所示。

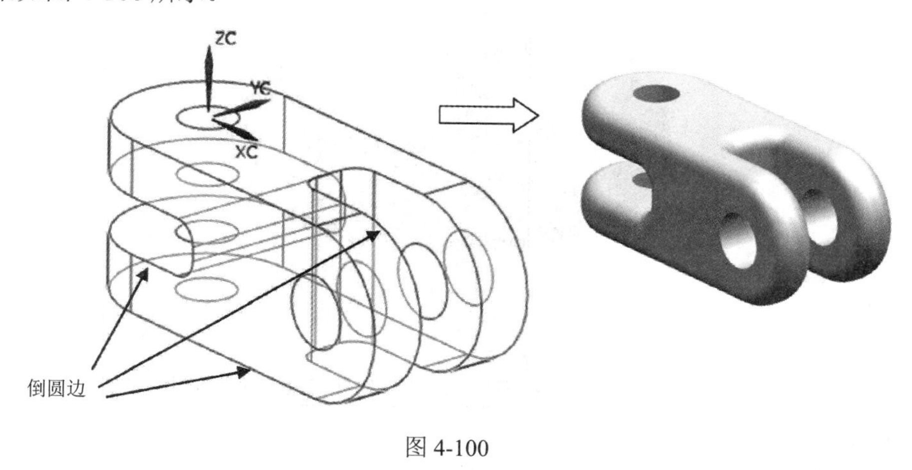

图 4-100

4.4　接管零件实体建模

根据图 4-101 所示的图样，完成接管零件的建模。

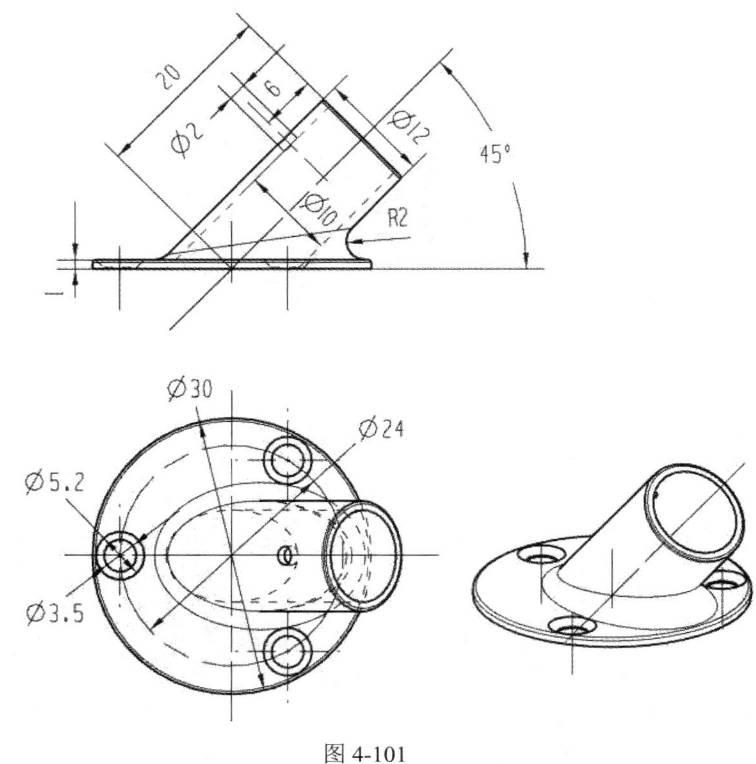

图 4-101

由于篇幅限制，这里仅介绍大致的操作过程。

1）选择【插入】|【设计特征】中的【圆柱体】命令创建直径为 30、高度为 1 的圆柱体，如图 4-102 所示。

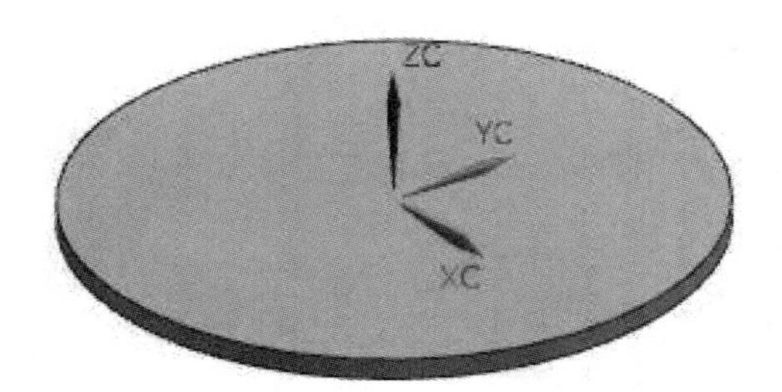

图 4-102

2）创建埋头孔特征，具体设置如图 4-103 所示。

3）使用【插入】|【关联复制】中的【阵列特征】命令阵列步骤 2）生成的埋头孔特征，如图 4-104 所示。

4）选择【格式】|【WCS】中的【动态】命令，将坐标系原点置于圆柱体底部的圆心，再拖动坐标系 XC-ZC 间的旋转角球体，使其转动 45°，如图 4-105 所示。

5）再次选择【插入】|【设计特征】中的【圆柱体】命令创建直径为 12、高度为 20 的圆柱体，如图 4-106 所示。

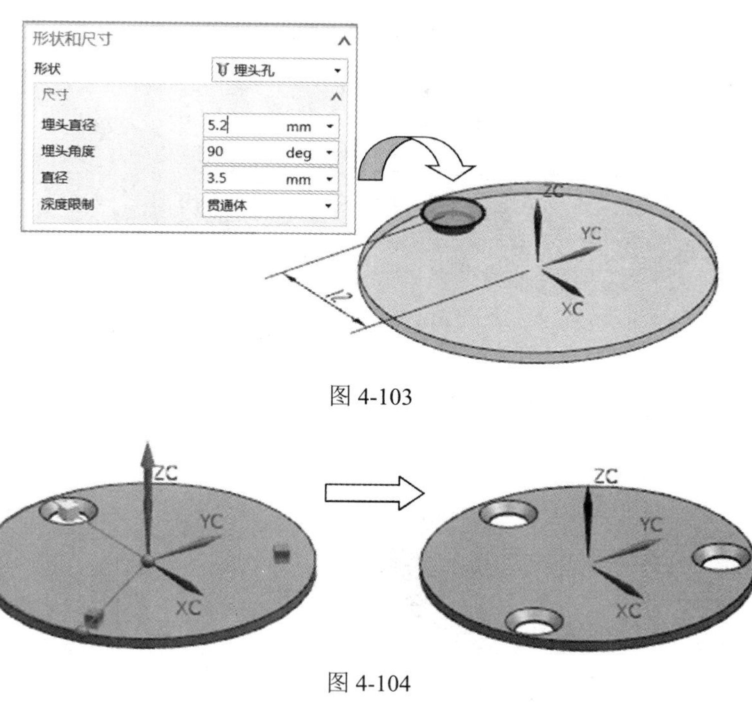

图 4-103

图 4-104

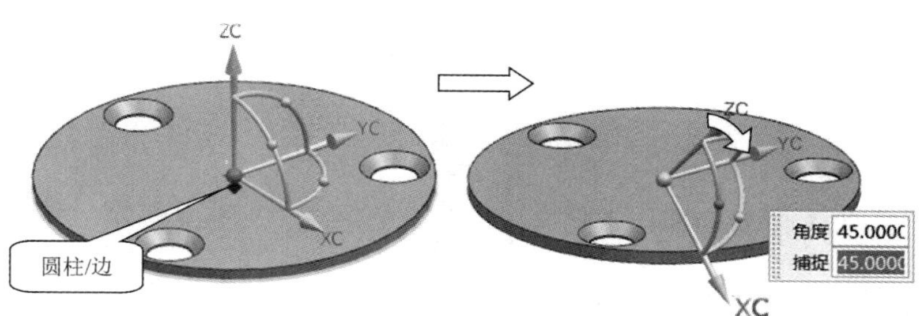

图 4-105

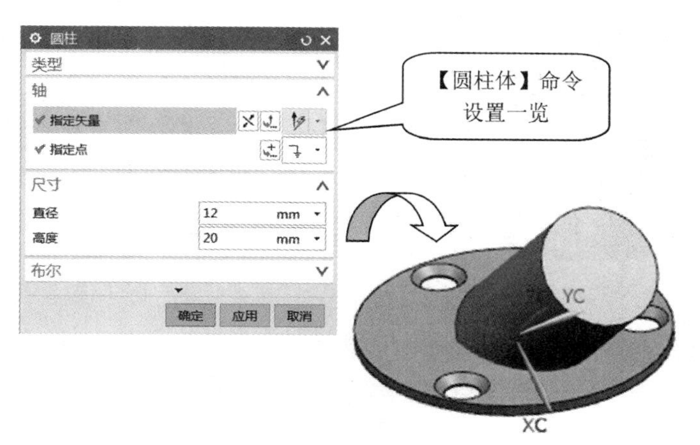

图 4-106

6）创建简单孔特征，指定点与结果，如图 4-107 所示。

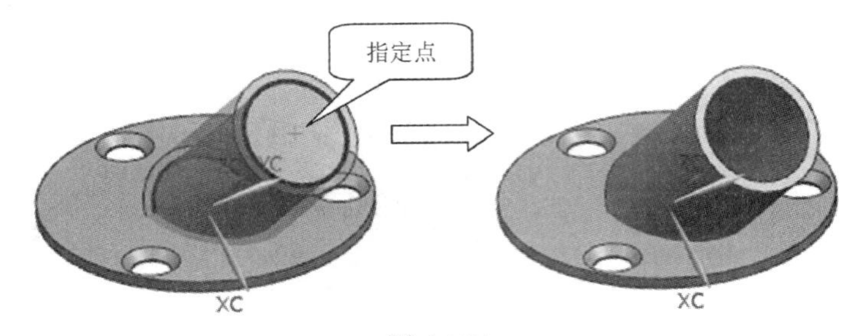

图 4-107

7）使用【同步建模】功能区中的【替换面】命令封闭模型接管根部的缺口，如图 4-108 所示。

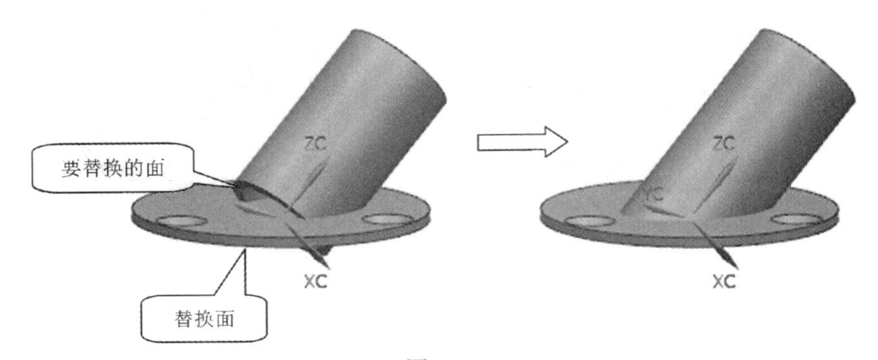

图 4-108

8）使用【特征】功能区中的【修剪体】命令对接管内侧进行修剪，结果如图 4-109 所示。

9）使用【合并】命令对两实体进行布尔合并。

10）创建半径为 2 的边倒圆特征，如图 4-110 所示。

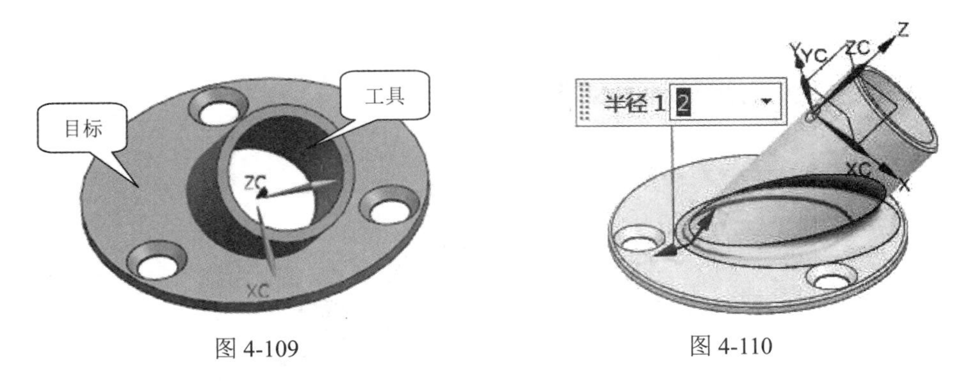

图 4-109　　图 4-110

11）选择【格式】|【WCS】中的【动态】命令，移动坐标至图 4-111 所示位置。注意应先将坐标原点置于接管头部的象限点位置，再沿图示 XC 轴进行轴向移动。

12）通过【孔】命令创建直径为 2 的孔特征，结果如图 4-112 所示。

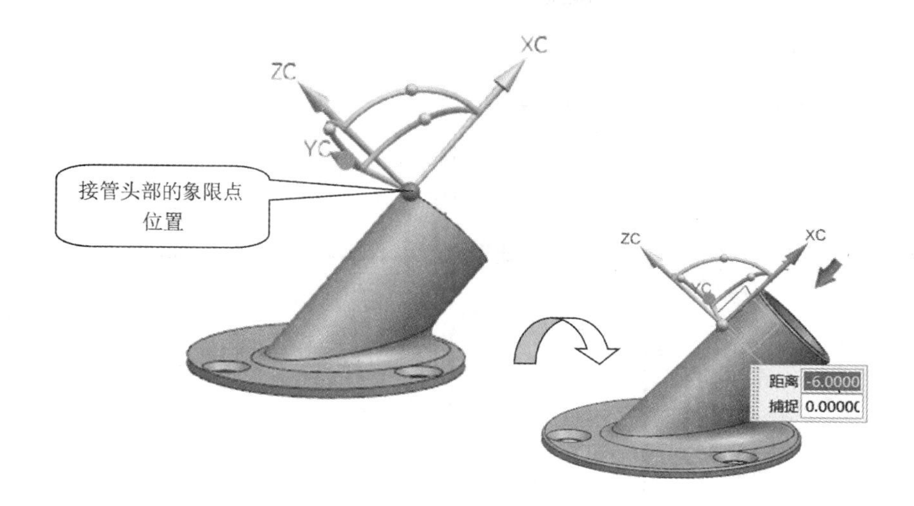

图 4-111

13）使用【倒圆角】命令创建半径为 0.3 的圆角特征，结果如图 4-113 所示。

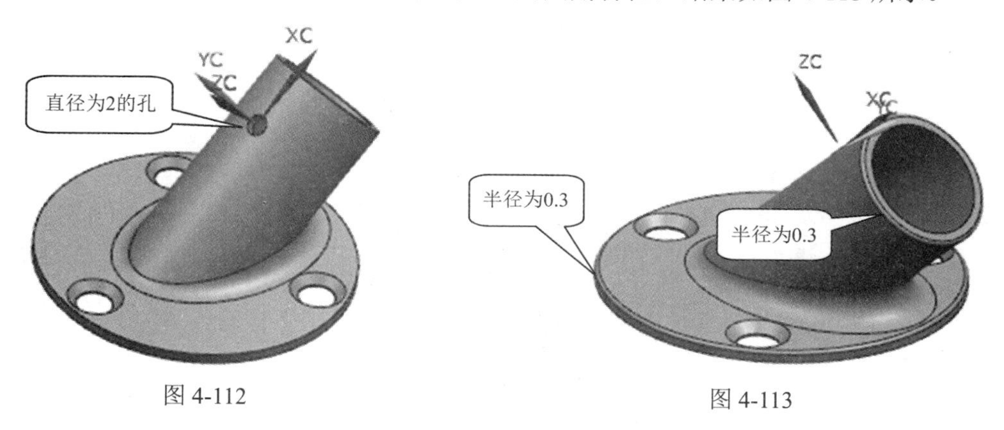

图 4-112　　　　图 4-113

4.5　支架零件实体建模

根据图 4-114 所示的图样，完成支架零件的建模。

由于篇幅限制，这里仅介绍大致的操作过程。

1）在 YC-ZC 平面创建如图 4-115 所示的草图轮廓。

2）使用【拉伸】命令创建第一个实体，起始距离为 0，结束距离为 60，如图 4-116 所示。

3）使用【拉伸】命令创建第二个实体，起始距离为 2.1，结束距离为 9.6，如图 4-117 所示。

4）使用【拉伸】命令创建第三个实体，起始距离为 3.2，结束距离为 8.5，如图 4-118 所示。

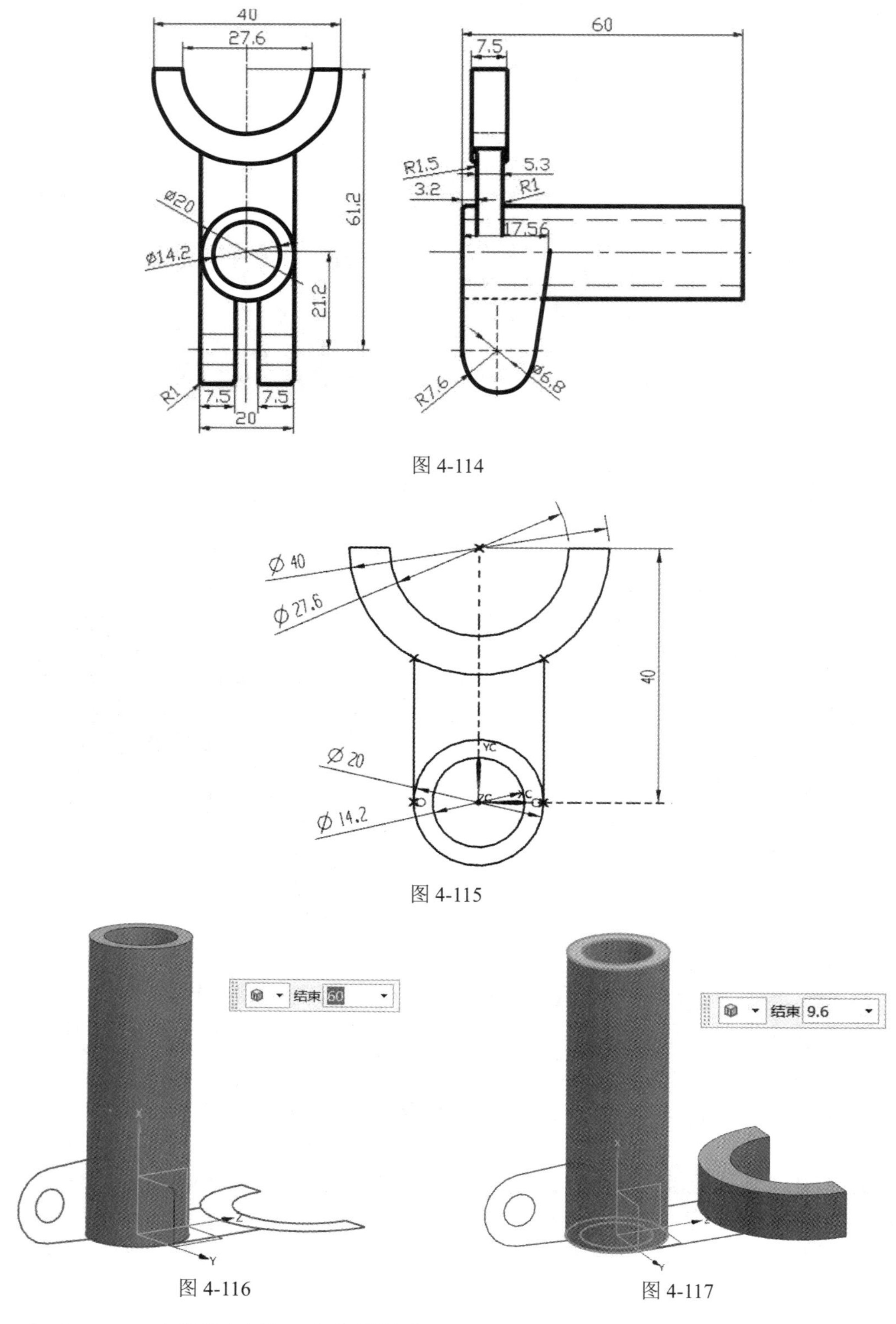

图 4-114

图 4-115

图 4-116

图 4-117

5）在XC-YC平面创建第二个草图轮廓，如图4-119所示。

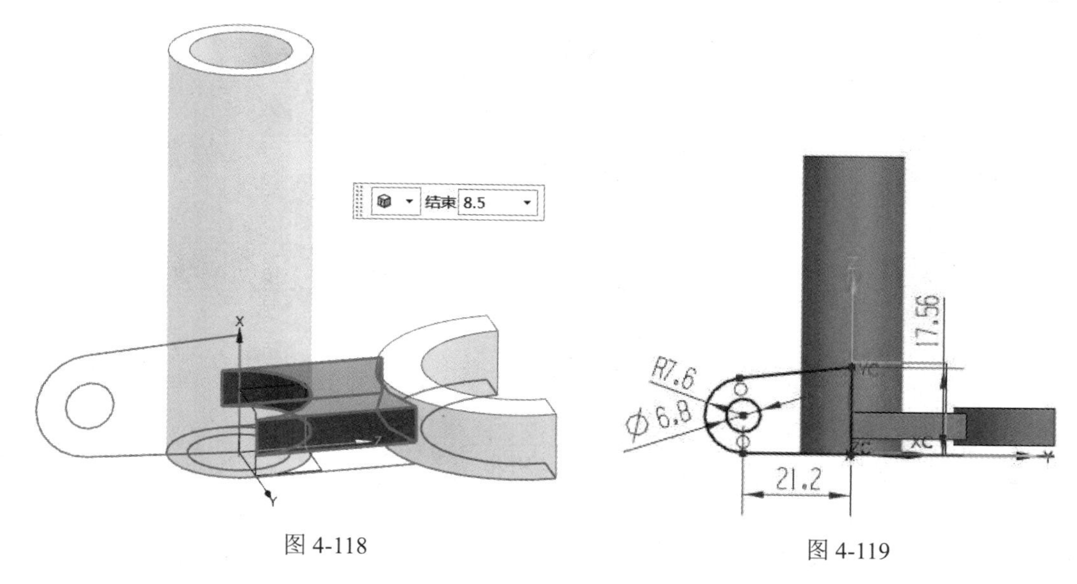

图 4-118

图 4-119

6）再次使用【拉伸】命令拉伸所绘草图，在【极限】设置选项中选择【对称值】，距离为 10，如图 4-120 所示。

7）使用【修剪体】命令修剪上一步创建的实体，其中刀具体为圆柱体的内侧面，如图 4-121 所示。

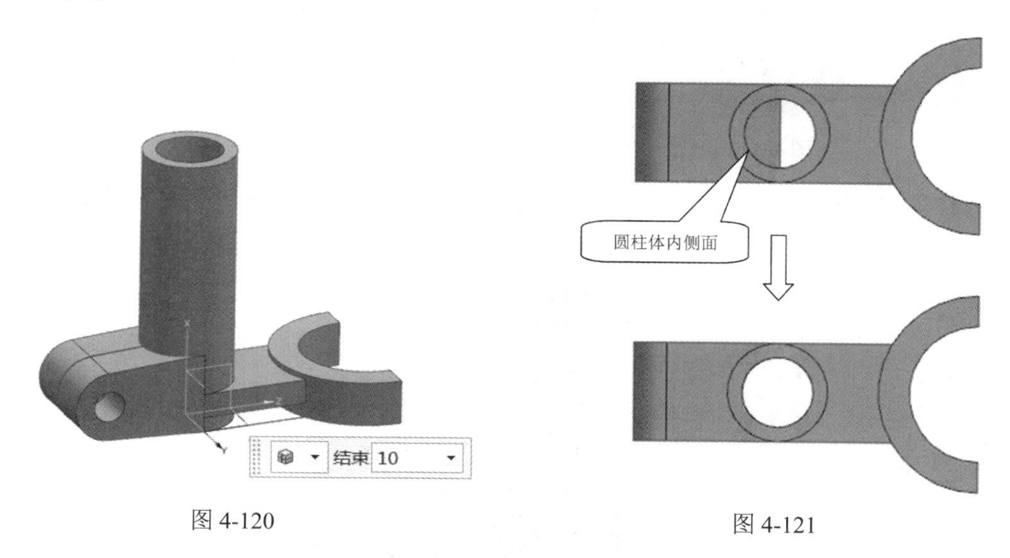

图 4-120

图 4-121

8）使用【合并】命令对上述创建的四个实体进行布尔合并。

9）在XC-YC 平面创建第三个草图轮廓，如图 4-122 所示。

10）通过【拉伸】命令拉伸所绘草图，并在命令选项中设置与模型主体进行减去运算，具体如图 4-123 所示。

11）创建边倒圆修饰特征。注意倒圆角的顺序不同，结果也会不一样，制作时一般会遵循“先断后连”原则，当前先选择如图 4-124 所示部位进行倒圆，半径为 1。

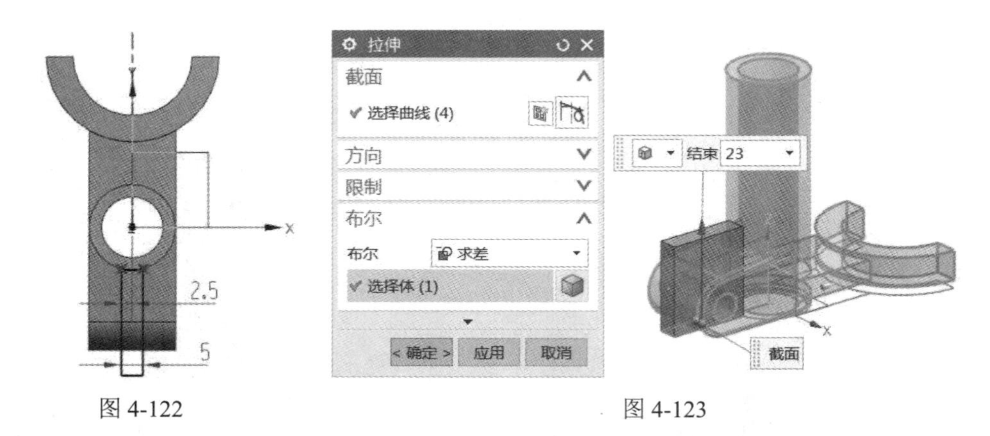

图 4-122　　图 4-123

12）再制作如图 4-125 所示部位的圆角，半径值不变。

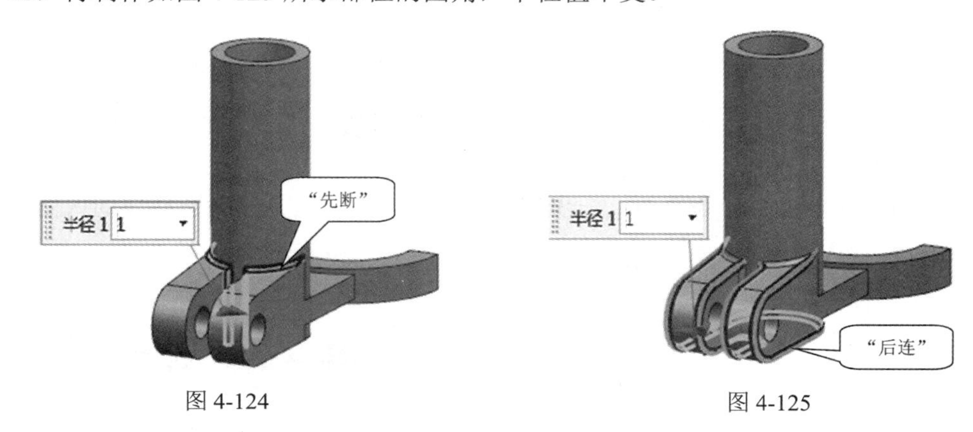

图 4-124　　图 4-125

13）最后再制作如图 4-126 所示部位的圆角，半径值为 1.5。至此，支架零件建模完成。

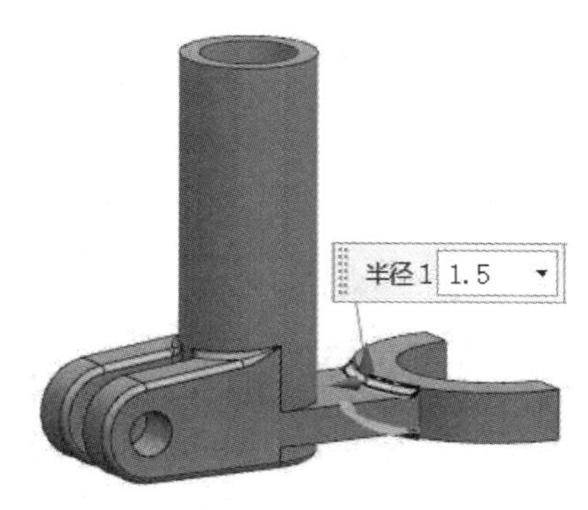

图 4-126

本章小结

本章主要讲解了实体建模的概念、建模流程、常用命令等内容，并给出了连接件实体

建模、接管零件实体建模、支架零件实体建模的具体实施过程，通过具体操作让读者更直观地学习相关知识。

思考与练习

1. 根据图 4-127 绘制相应的实体，并以 Appendix_4-1.prt 为文件名保存。

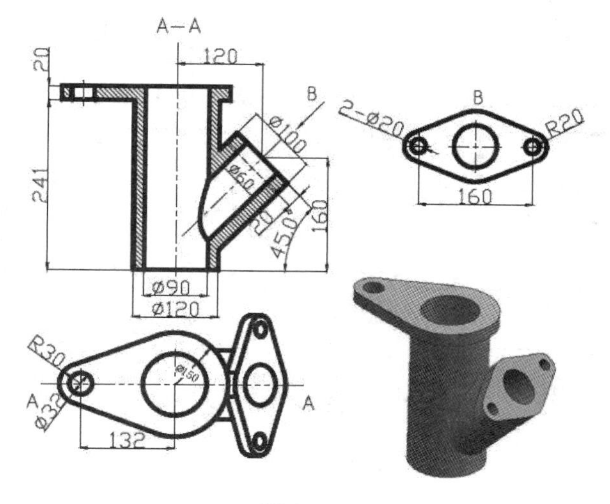

图 4-127

2. 根据图 4-128 绘制相应的实体，并以 Appendix_4-2.prt 为文件名保存。

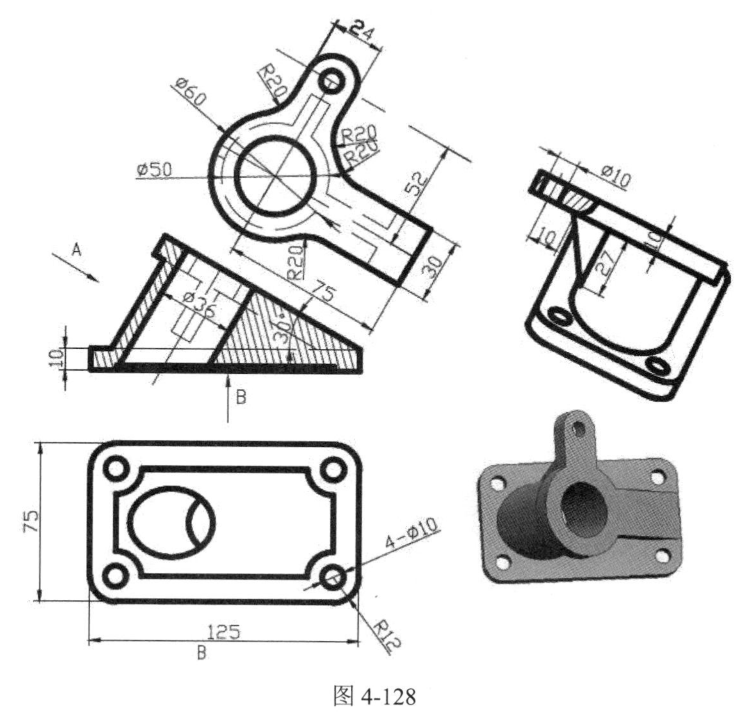

图 4-128

3. 根据图 4-129 绘制相应的实体，并以 Appendix_4-3.prt 为文件名保存。

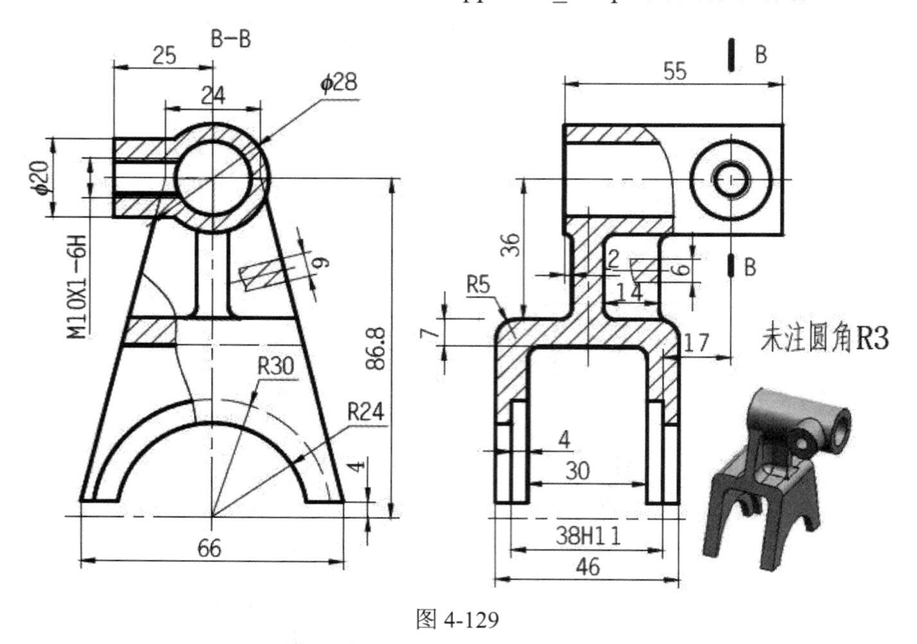

图 4-129

第5章 曲面建模

学习目标

- 理解曲面建模原理和曲面建模功能。
- 了解片体、补片、阶数、栅格线等基本概念。
- 掌握基于点构建曲面的工具：通过点、从极点和从点云。
- 掌握基于曲线构建曲面的工具：直纹面、通过曲线组、通过曲线网格、扫掠、剖切曲面。
- 掌握曲面操作工具：桥接曲面、延伸曲面、N 边曲面、偏置曲面、修剪的片体、修剪和延伸。
- 掌握曲面编辑工具：移动定义点、移动极点、扩大、等参数修剪/分割、边界。
- 掌握曲面分析工具：剖面分析、高亮线分析、曲面连续性分析、半径分析、反射分析、斜率分析、距离分析、拔模分析。

使用曲面建模功能可以完成实体建模所无法完成的三维设计项目，因此掌握曲面建模对造型工程师来说至关重要。

UG NX 提供了多种曲面建构的方法，功能强大，使用方便。大多数曲面在 UG NX 中是作为特征存在的，因此编辑曲面也非常方便。要想正确使用曲面造型功能，需要了解曲面的构成原理。

与实体工具相比，曲面工具要少得多，但曲面工具使用更灵活，细微之处需要读者用心体会。

5.1 曲面建模概述

曲面建模是指由多个曲面组成立体模型的过程。每一张曲面都是通过点创建曲线再创建曲面来完成的，也可以通过抽取或使用视图区已有的特征边缘线创建曲面。所以一般曲面建模的过程如下所示。

1）首先创建曲线。可以用测量得到的点创建曲线，也可以从光栅图像中勾勒出用户所需曲线。

2）根据创建的曲线，利用过曲线、直纹、过曲线网格、扫掠等选项，创建产品的主要曲面或者大面积的曲面。

3）利用桥接面、二次截面、软倒圆、N 边曲面选项，对前面创建的曲面进行过渡接连、编辑或者光顺处理。最终得到完整的产品模型。

5.1.1 曲面生成的基本原理

CAD/CAM 软件中，曲面通常是以样条的形式来表达的，因此又称为样条曲面或自由曲面。

1. 曲线和曲面的表达

曲线、曲面有三种常用的表达方式，即显式表达、隐式表达和参数表达。

（1）显式表达

如果表达式直观地反映了曲线上各个点的坐标值 y 如何随着坐标值 x 的变化而变化，即坐标值 y 可利用等号右侧的 x 的计算式直接计算得到，就称曲线的这种表达方式为显式表达，如直线表达式 $y=x$、$y=2x+1$ 等。

一般地，平面曲线的显式表达式可写为 $y=f(x)$，其中 x、y 为曲线上任意点的坐标值，称为坐标变量；符号 $f()$则用来表示 x 坐标的某种计算式，称为 x 的函数。

类似地，曲面的显式表达式为 $z=f(x, y)$。

（2）隐式表达

如果坐标值 y 不能直接通过 x 的函数式得到，而是需要通过 x、y 所满足的方程式进行求解才能得到，就称曲线的这种表达方式为隐式表达。例如，对于圆心在坐标原点、半径为 R 的圆，圆上每个点的 y 坐标值和 x 坐标值都满足以下方程式：

$$x^2+y^2=R^2 \tag{5-1}$$

也就是说，表达式不能直观地反映出圆上各点的 y 坐标值是如何随坐标值 x 的变化而变化的。

一般地，平面曲线的隐式表达式可写为 $f(x, y)=0$，符号 $f()$用来表示关于 x、y 的某种计算式，即坐标变量 x 和 y 的函数。

类似地，曲面的隐式表达式为 $f(x, y, z)=0$。

（3）参数表达

假如直线 A 上各点的 x、y 坐标值都保持相等的关系，即

$$y=x \tag{5-2}$$

如果引入一个新变量 t，并规定 t 与坐标值 x 保持相等的关系，那么式（5-2）就可以写为

$$\begin{cases} x=t \\ y=t \end{cases} \tag{5-3}$$

显然，在式（5-3）中，坐标值 x、y 之间依然保持了相等的关系，因此它同样可作为直线 A 的表达式。与式（5-2）不同的是，在式（5-3）中，x 和 y 的相等关系是通过 t 来间接反映的，t 称为参数。这种通过参数来表达曲线的方式称为曲线的参数表达，如图 5-1

所示。参数的取值范围称为参数域，通常规定在0～1之间。

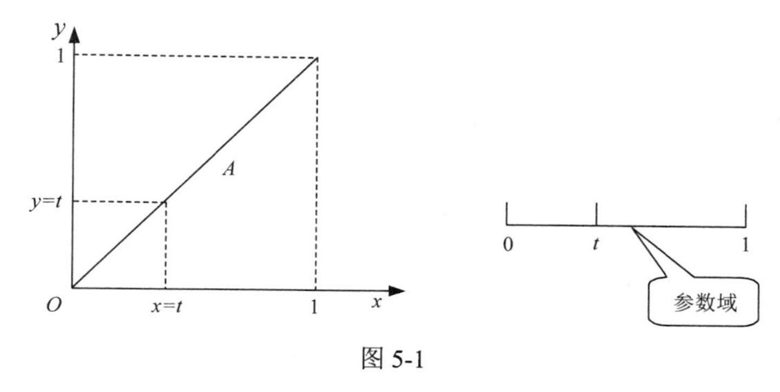

图 5-1

例如，当参数t取值为0.4时，直线A上对应的点为(0.4，0.4)。

一般地，平面曲线的参数表达式可写为

$$\begin{cases} x = f(t) \\ y = g(t) \end{cases}$$

符号$f()$、$g()$分别是参数t的函数。

曲面的参数表达式为

$$\begin{cases} x = f(u,v) \\ y = g(u,v) \\ z = h(u,v) \end{cases}$$

由于参数表达的优越性（相关内容可参阅 CAD 技术开发类教材），它成为现有的CAD/CAM软件中表达自由曲线和自由曲面的主要方式。

如果将式（5-3）改为

$$\begin{cases} x = t^2 \\ y = t^2 \end{cases} \tag{5-4}$$

则x与y依然保持相等的关系。也就是说，式（5-4）也是直线A的一个参数表达式。同时我们注意到，在式（5-3）中，由于x、y始终与参数t保持着相同的值，因此当参数t以均匀间隔在参数域内取值0、0.2、0.4、0.6、0.8、1时，在直线A上的对应点(0，0)、(0.2，0.2)、(0.4，0.4)、(0.6，0.6)、(0.8，0.8)、1也将保持均匀的间隔。然而，在式（5-4）中，这种对应关系被打乱了，与参数值0、0.2、0.4、0.6、0.8、1对应的直线A上的点坐标分别是(0，0)、(0.04，0.04)、(0.16，0.16)、(0.36，0.36)、(0.64，0.64)、(1，1)，显然这些点之间的间距并不均匀，如图5-2所示。

由此，可以得到曲线参数表达的两个重要结论：

- 一条曲线可以有不同的参数表达方式，如式（5-3）、式（5-4）。
- 参数的等间距分布不一定使曲线上对应的点等间距分布，即参数域的等间距分割不等价于曲线的等间距分割，如图5-2所示。

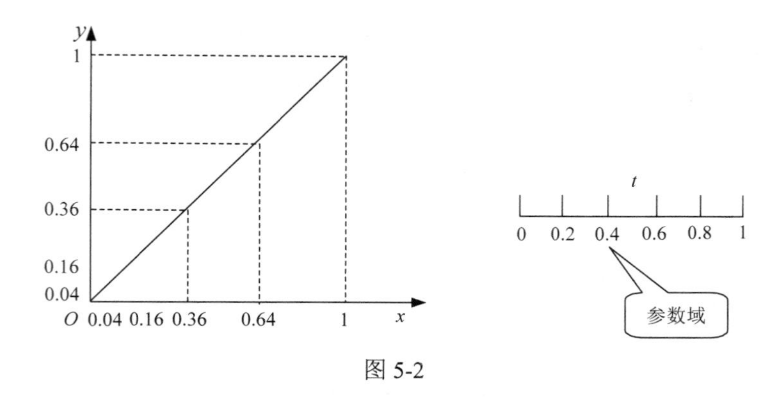

图 5-2

2. 自由曲线的生成原理

虽然NURBS是目前流行的自由曲线与自由曲面的表达方式，但由于它的生成原理和表达式较为复杂，不容易理解。因此本书以另一种相对简单但同样十分典型的参数表达方式，即Bezier（贝塞尔）样条，来说明参数表达的自由曲线和曲面是如何生成的。

本节介绍Bezier样条曲线的生成方式。

如图 5-3 所示，两点 $P_1(x_1, y_1)$、$P_2(x_2, y_2)$构成一条直线段，该直线段上任意点 P 的坐标值为(x,y)，则由简单的几何原理可得到如下关系式：

$$\frac{x-x_1}{x_2-x_1}=\frac{y-y_1}{y_2-y_1}=\frac{|PP_1|}{|P_2P_1|} \tag{5-5}$$

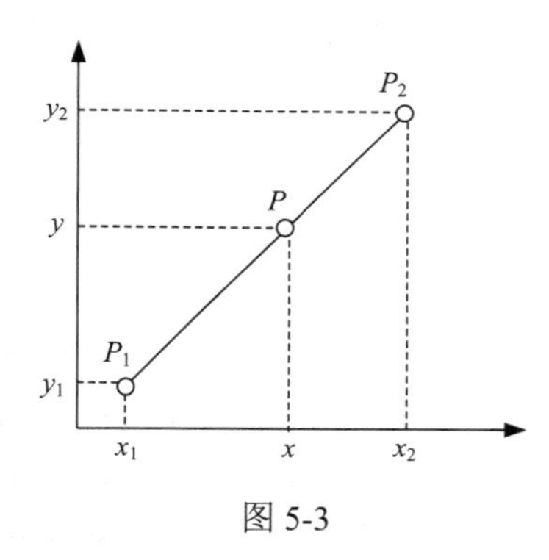

图 5-3

如果将参数 t 定义为 P 到 P_1 的距离$|PP_1|$与 P_2 到 P_1 的距离$|P_2P_1|$的比值，即

$$t=\frac{|PP_1|}{|P_2P_1|}$$

则代入式（5-5）后容易推得

$$\begin{cases} x=(1-t)x_1+tx_2 \\ y=(1-t)y_1+ty_2 \end{cases}$$

注意到以上方程组中的两个方程的相似性，并将它们合并表达为

$$\begin{pmatrix} x \\ y \end{pmatrix}=(1-t)\begin{pmatrix} x_1 \\ y_1 \end{pmatrix}+t\begin{pmatrix} x_2 \\ y_2 \end{pmatrix} \tag{5-6}$$

由于$\begin{pmatrix} x \\ y \end{pmatrix}$、$\begin{pmatrix} x_1 \\ y_1 \end{pmatrix}$、$\begin{pmatrix} x_2 \\ y_2 \end{pmatrix}$分别是 P、P_1、P_2 的坐标，因此将式（5-6）简写成如下形式：

$$P = (1-t)P_1 + tP_2$$

由于 P 的位置是随参数 t 的变化而变化的，因此上式也可写为

$$P(t) = (1-t)P_1 + tP_2 \tag{5-7}$$

这就是直线段的一种参数化表达式。参数 t 代表了直线段上任意一点 P 到起点 P_1 的距离与直线段总长度$|P_1P_2|$的比值。显然，t 在 0 到 1 之间变化，并且 t 越小，P 就越靠近 P_1（当 t 为 0 时，P 与 P_1 重合）。同理，当 P 向 P_2 移动时，t 将越来越大（当 P 与 P_2 重合时，t 为 1）。

下面进一步讨论式（5-7）的几何意义。从式（5-7）可见，P 是由 P_1 和 P_2 计算得到的，即 P 的位置是由 P_1 和 P_2 决定的。我们将 P_1、P_2 称为直线段的控制顶点。同时，式（5-7）中 P_1 和 P_2 分别被乘上一个小于或等于 1 的系数$(1-t)$和t，分别称为 P_1 和 P_2 对 P 的影响因子，反映了各个控制顶点对 P 的位置的“影响力”或者“贡献量”。由于$(1-t)$与 t 之和为 1，因此控制顶点对 P 的影响因子的总和是不变的。

可见，式（5-7）直观、形象地反映了 P 在直线段上所处的位置，以及 P_1 和 P_2 对 P 所做出的“贡献量”。我们将式（5-7）所代表的计算方法称为对控制顶点 P_1、P_2 的线性插值计算。所谓线性，是指控制顶点影响因子均为参数 t 的一次函数$(1-t)$和 t。所谓插值，是指 P 由 P_1 和 P_2 按一定的方法（称为插值方式）计算得到。插值方式决定了控制顶点影响因子的计算方法。

直线段的这种参数化表达方式称为一阶 Bezier 样条。以这种方式表达的直线段是最简单的 Bezier 曲线，由于表达式中参数 t 的幂次为 1，因此又称为一阶 Bezier 曲线。

下面讨论二阶 Bezier 样条的生成方式。

如图 5-4（a）所示，P_1、P_2、P_3 是空间任意的三个点，若我们以 Bezier 样条表达直线段P_1P_2，并以 P_{11} 表示直线段 P_1P_2 上参数为 t 的点，则由式（5-7）可得

$$P_{11} = (1-t)P_1 + tP_2 \tag{5-8}$$

同样，若以 P_{12} 表示直线段 P_2P_3（注意 P_2 为起点）上参数为 t 的点，则有

$$P_{12} = (1-t)P_2 + tP_3 \tag{5-9}$$

显然，式（5-8）是对 P_1、P_2 进行的线性插值计算，式（5-9）是对 P_2、P_3 进行的线性插值计算。

进一步地，我们将 P_{11} 作为起点，P_{12} 作为终点，并将直线段 $P_{11}P_{12}$ 上参数为 t 的点记为 P_{22}。则同样有

$$P_{22} = (1-t)P_{11} + tP_{12} \tag{5-10}$$

P_{11} 和 P_{12} 的计算称为第一轮插值，P_{22} 的计算称为第二轮插值。可见，第二轮插值是在第一轮插值的基础上完成的，并且其后无法再进行更进一步的插值运算。

当 t 从 0 逐步增加到 1 时，P_{11} 从 P_1 移动到 P_2，P_{12} 则同步地从 P_2 移动到 P_3。与此同时，P_{22} 也从 P_1 移动到 P_3，其移动的轨迹形成一条曲线，称为以 P_1、P_2、P_3 为控制顶点的二阶 Bezier 曲线，如图 5-4（b）所示。

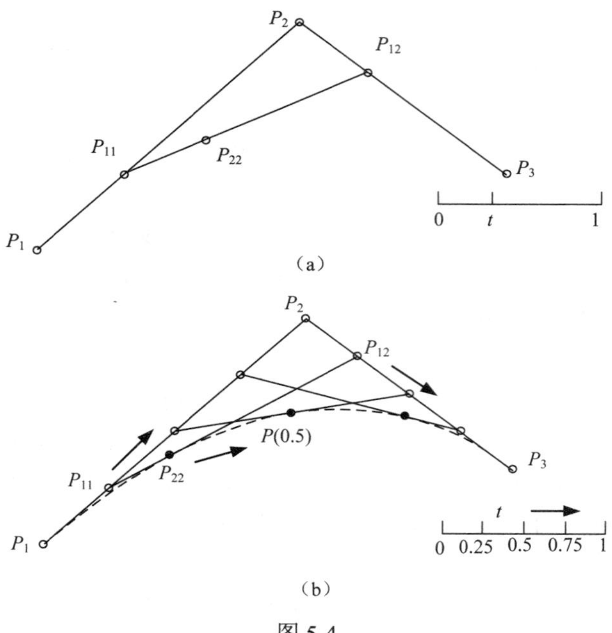

图 5-4

将式（5-8）、式（5-9）代入式（5-10），可得

$$P_{22}=(1-t)^2P_1+2t(1-t)P_2+t^2P_3$$

由于 P_{22} 的位置随着 t 的变化而变化，因此上式还可表达为

$$P(t)=(1-t)^2P_1+2t(1-t)P_2+t^2P_3 \tag{5-11}$$

式（5-11）即二阶 Bezier 样条的表达式。与一阶 Bezier 曲线相同，二阶 Bezier 曲线上任意点 P_{22} 的位置也是各控制顶点综合影响的结果，而且各控制顶点对 P_{22} 的影响因子之和仍然是1。

我们可用图 5-5 形象地表示上述插值过程。

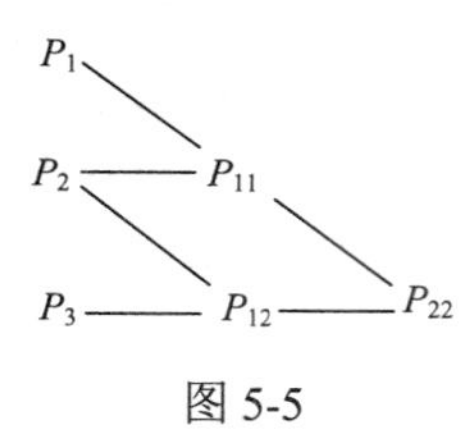

图 5-5

以此类推，对 n+1 个 P_i(i=0，1，2，…，n)进行的类似插值过程可用图 5-6 表示。最终得到的插值点 P_{nn} 计算式为

$$P_{nn}=P(t)=\sum_{i=0}^{n}P_iB_{i,n}(t) \tag{5-12}$$

其中 P_i(i=0，1，2，…，n)为控制顶点，是各控制顶点的影响因子，称为 Bernstein 基函数，其计算式为

$$B_{i,n}(t)=\mathrm{C}_n^i t^i(1-t)^{n-i}$$

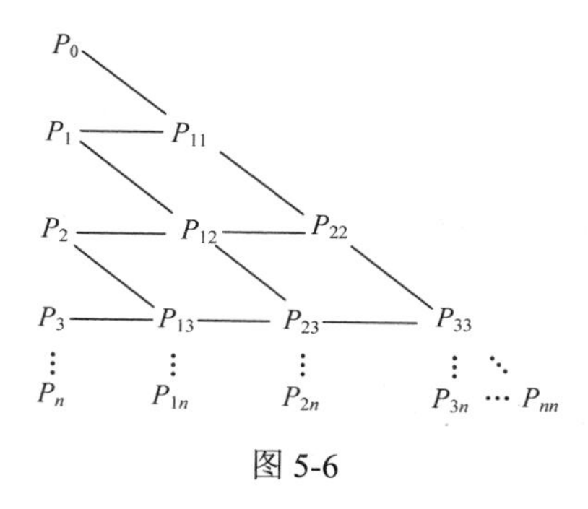

图 5-6

式（5-12）是以 P_i (i=0，1，2，…，n)为控制顶点的 n 阶 Bezier 样条曲线的表达式。当 n=1、n=2 时，式（5-12）分别转化为式（5-7）和式（5-11），读者可自行验证。

需要注意的是，自由曲线上的等参数间距点不等分曲线。如图 5-4（b）参数域被三个分割点 t=0.25、t=0.5、t=0.75 分割为四等份，而在曲线上对应的分割点（黑色填充点） 却不能等分曲线。例如，图 5-4 参数域上的中点 t=0.5 所对应的曲线上的点 $P(0.5)$并不是曲线的中点，而是更靠近 P_3，这是因为控制顶点 P_2 与P_3 更接近。

3. 自由曲面

自由曲面的生成原理可以看作是自由曲线生成原理的扩展，图 5-7 是一个 Bezier 曲面的生成示意图。

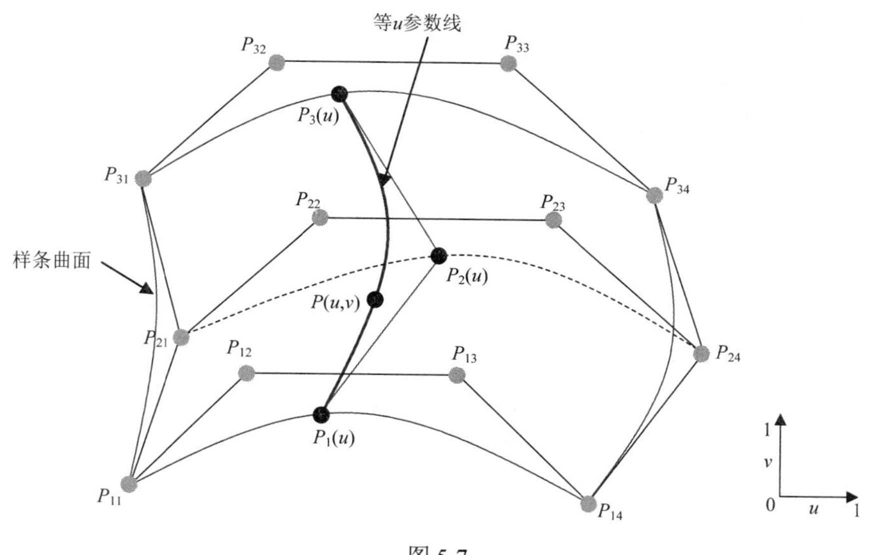

图 5-7

图 5-7 中，P_{ij}(i=1，2，3；j=1，2，3，4)是由 3×4 个点组成的点阵。我们将 P_{1j}(j=1，2，3，4)作为控制顶点（其中 P_{11} 为起点，P_{14} 为终点），于是可以得到以 P_{1j} 为控制顶点的 Bezier 曲线 $P_1(t)$。将该曲线上参数为 u 的点记为 $P_1(u)$。

同样，我们还可以得到以 P_{2j}(j=1，2，3，4)为控制顶点的 Bezier 曲线 $P_2(t)$上参数为 u 的点$P_2(u)$，以及以P_{3j}(j=1，2，3，4)为控制顶点的Bezier 曲线$P_3(t)$上参数为u 的点$P_3(u)$。

接下来，我们将 $P_1(u)$、$P_2(u)$、$P_3(u)$作为一组新的控制顶点，生成新的 Bezier 曲线。该曲线上参数为 v 的点记为 $P(u, v)$。当 u、v 在0 到1 之间取不同的值时，$P(u, v)$的位置也会不断变化，其运动轨迹形成一个曲面，称为以点阵 P_{ij} 为控制顶点的 Bezier 曲面 $P(u, v)$，其中 u、v 是曲面的参数。$P(u, v)$还可理解为曲面上参数为 u、v 的点。

显然，自由曲线是由 m 个控制顶点在一个参数方向进行插值得到的。而自由曲面则是由 $m \times n$ 的点阵经过两个参数方向的插值得到的。如在图 5-8 中，先是沿参数 u 方向插值，然后将得到的结果沿参数 v 方向插值，最终得到曲面上的点 $P(u, v)$。

需要注意的是，在图 5-8 中，如果先沿参数 v 方向插值，然后再沿参数 u 方向插值，所得到的点与前述的结果完全一样。也就是说，不管先进行哪个方向的插值，由控制顶点 $P_{ij}(i=1，2，3；j=1，2，3，4)$所决定的Bezier 曲面形状是唯一的。

现在我们再看一下沿参数 u 方向进行第一轮插值得到的结果 $P_1(u)$、$P_2(u)$和 $P_3(u)$，它们具有同样的 u 参数值，而以它们为控制顶点的 Bezier 曲线称为曲面 $P(u, v)$上沿参数 u 方向的等参数线，又称为等 u 参数线。例如，当 $u=0.3$ 时，沿参数 u 方向进行第一轮插值得到的结果为 $P_1(0.3)$、$P_2(0.3)$和 $P_3(0.3)$，而以它们为控制顶点的 Bezier 曲线称为曲面 $P(u, v)$上 $u=0.3$ 的等参数线，记为 $P(0.3, v)$。

同样地，自由曲面 $P(u, v)$上具有相同的 v 参数值的点的集合称为曲面 $P(u, v)$上沿参数 v 方向的等参数线，又称为等 v 参数线。

提 示

自由曲面可看成是由无数条等参数曲线铺成的。

图 5-8 是自由曲面上等参数线的分布示意图。可以看出，等参数线之间的间距是不均匀的，这是因为控制顶点的分布是散乱的。

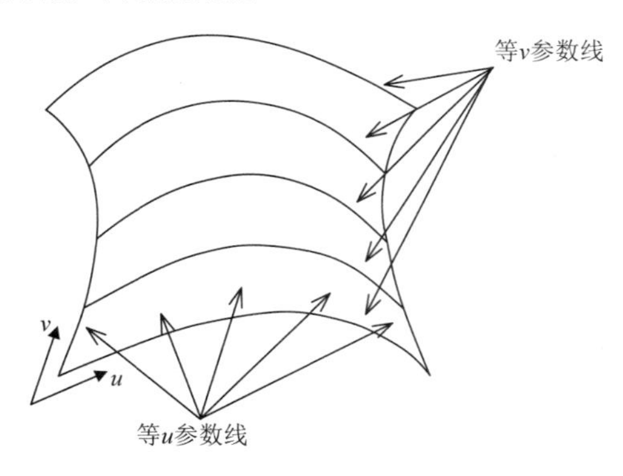

图 5-8

4. 曲线、曲面的若干基本概念

在讲解了自由曲线和自由曲面的原理之后，我们简单介绍几个结论或概念，帮助读者正确理解自由曲线和曲面的特性。

由式（5-12）可知，自由曲线 $P(t)$的形状是由两个因素决定的。一是控制顶点[如式（5-12）中的 P_i]，包括控制顶点的个数和相对位置；二是各个控制顶点的影响因子计算

式[如式（5-12）中的 $B_{i,n}(t)$]。

自由曲线（面）的类型是由影响因子计算式决定的，不同的曲线类型（如 Bezier 曲线、B 样条曲线、NURBS 曲线等）的区别主要在于它们有不同的影响因子计算式。当前主流的 CAD/CAM 软件均采用 NURBS 曲线来表达自由曲线和自由曲面，虽然这种样条的控制顶点影响因子计算式比 Bezier 样条要复杂得多，但其基本生成原理是相似的。

由于 CAD 软件一般只采用一种固定的自由曲线（面）类型，因此用户主要通过控制顶点来确定自由曲线的形状。

在 CAD 软件中，往往允许用户以多种指定条件生成自由曲线。然而，不管用户以什么指定条件确定自由曲线，CAD 软件都要根据这些指定的条件计算出该自由曲线的控制顶点，因为在 CAD 软件中，自由曲线只能以控制顶点来表达。例如，用户指定一组“通过点”确定自由曲线，即生成一条通过这些点的自由曲线。CAD 软件根据这些通过点的信息计算出一组特定的控制顶点，使得该组控制顶点所决定的自由曲线正好“穿过”这些通过点。这种根据用户提供的条件计算自由曲线控制顶点的过程称为反算拟合。

通过对 Bezier 曲线的生成原理的叙述，我们还可以观察到，一阶曲线有两个控制顶点，而二阶曲线有三个控制顶点。也就是说，单条自由曲线控制顶点的个数是它的阶数加 1。

显然，一条自由曲线的阶数越高，即控制顶点数越多，其形状就越灵活、越复杂。

提　示

调整控制顶点，可调整自由曲线的形状。单条自由曲线控制顶点的个数是阶数加 1。

5.1.2　曲面建模基本概念

1. 片体

片体是指一个或多个没有厚度概念的面的集合，通常所说的曲面就是片体。曲面建模工具中的【直纹】、【通过曲线组】、【通过曲线网格】、【扫掠】、【剖切曲面】等，在某些特定条件下也可生成实体。此时可通过【建模首选项】对话框中的【体类型】选项来控制：选择【实体】，则所生成的是实体；选择【片体】，则所生成的是片体。

2. U、V 方向

从曲面原理部分，可以看到曲面的参数表达式一般使用 U、V 参数，因此曲面的行与列方向用 U、V 来表示。通常曲面横截面线串的方向为 V 方向，扫掠方向或引导线方向为 U 方向，如图 5-9 所示。

3. 阶数

在计算机中，曲面是用一个（或多个）方程来表示的。曲面参数方程的最高次数就是该曲面的阶数。构建曲面时需要定义 U、V 两个方向的阶数，且阶数介于 2～24，通常使用 3～5 阶来创建曲面。曲面在 UG NX 中是作为特征存在的，因而可以用【编辑】｜【特

征】|【编辑参数】来改变 V 方向的阶次。

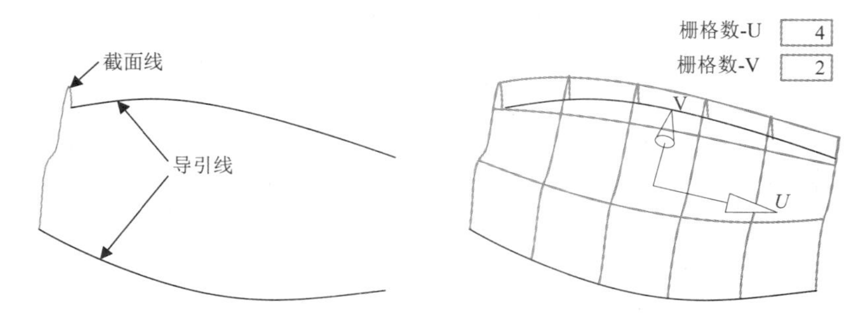

图 5-9

4. 补片

曲面可以由单一补片构成，也可以由多个补片构成。图 5-10（a）中曲面是单一补片，即该曲面只有一个曲面参数方程；图 5-10（b）中曲面是由多个补片构成的，即该曲面有多个参数方程。

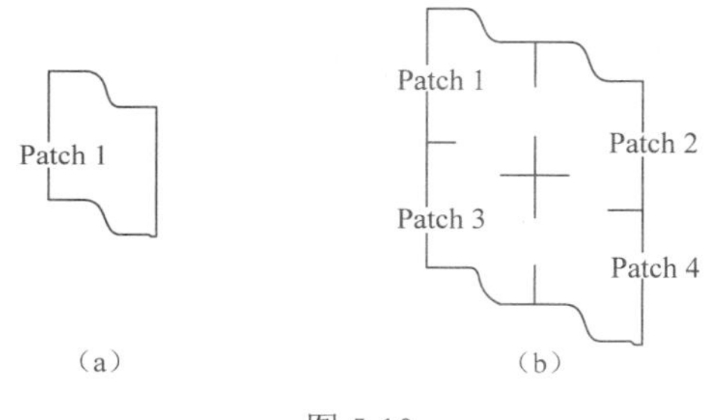

图 5-10

提 示

补片类似于样条的段数。多补片并不意味着是多个面。

5. 栅格线

在线框显示模式下，为便于观察曲面的形状，常采用栅格线来显示曲面。栅格线对曲面特征没有影响。可以通过以下两种方式设置栅格线的显示数量。

- 单击【编辑】|【对象显示】命令（组合键 Ctrl+J），弹出【类选择】对话框，选择需要编辑的曲面对象后，按鼠标中键，弹出如图 5-11（a）所示【编辑对象显示】对话框。在【线框显示】组中即可设置 U、V 栅格数。
- 单击【首选项】|【建模】命令，弹出如图 5-11（b）所示【建模首选项】对话框。

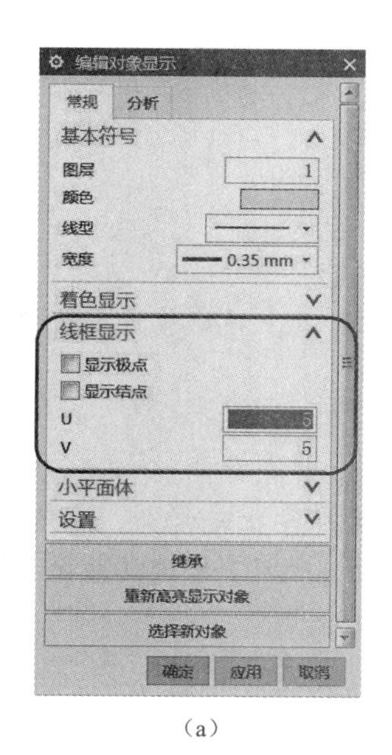

（a）

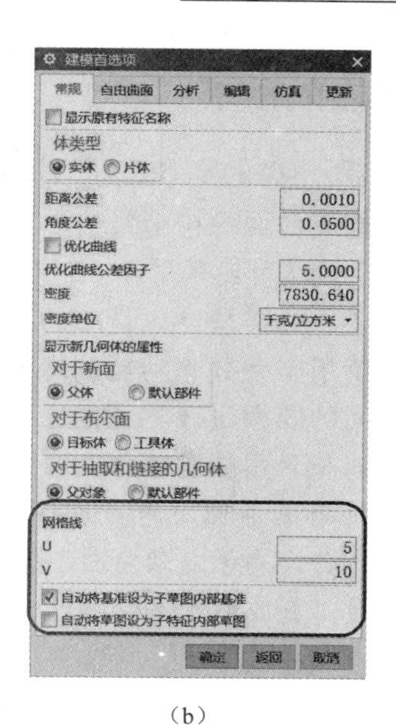

（b）

图 5-11

提　示

第一种设置方式只对所选对象有效，而第二种设置方式只对之后创建的对象有效。

5.1.3　曲面构建方法

按曲面构成原理，可将构建曲面的功能分成三类。

1. 基于点构成曲面

根据输入的点数据生成曲面，如【通过点】、【从极点】、【拟合曲面】等功能。这类曲面的特点是曲面精度较高，但光顺性较差，而且与原始点之间也不相关联，是非参数化的。由于编辑非参数化的几何体比较困难，因此应尽量避免使用这类功能。但在逆向造型中，该功能常用来构建母面。

2. 基于曲线构成曲面

根据现有曲线构建曲面，如【直纹】、【通过曲线组】、【通过曲线网格】、【扫掠】、【截面体】等功能。这类曲面的特点是曲面与构成曲面的曲线是完全关联的，是全参数化的——编辑曲线后，曲面会自动更新。这类功能在构建曲面时，关键是曲线的构造，因而在构造曲线时应尽可能仔细精确，避免重叠、交叉、断点等缺陷。

3. 基于曲面构成新的曲面

根据已有曲面构建新的曲面，如【桥接】、【延伸】、【扩大曲面补片】、【偏置面】、【修剪】、【圆角】等功能。这类曲面也是全参数化的。【实体】工具条中的【面倒圆】和【软倒圆】也属于这一类曲面功能。

5.1.4 基本原则与技巧

曲面建模所遵循的基本原则与技巧如下。

- 用于构成曲面的构造线应尽可能简单且保持光滑连续。
- 曲面次数尽可能采用 3～5 次，避免使用高阶次曲面。
- 使用多补片类型，但是在满足曲面创建功能的前提下，补片数越少越好。
- 尽量使用全参数化功能构造曲面。
- 面之间的圆角过渡尽可能在实体上进行。
- 尽可能先采用修剪实体，再用“抽壳”的方法建立薄壳零件。
- 对于简单的曲面，可一次完成建模；但实际产品往往比较复杂，一般难以一次完成，因此，对于复杂曲面，应先完成主要面或大面，然后光顺连接曲面，最后进行编辑修改，完成整体建模。

5.2 曲面建模常用命令介绍

5.2.1 由点构建曲面

在【曲面】功能区中，以点数据来构建曲面的工具包括【通过点】、【从极点】、【拟合曲面】。接下来对这几个工具进行详细介绍。

提 示

基于点方式创建的曲面是非参数化的，即生成的曲面与原始构造点不关联。当构造点编辑后，曲面不会产生关联性更新变化。

1. 通过点

通过举行阵列点来创建曲面，其主要特点是创建的曲面总是通过所指定的点。

单击【插入】|【曲面】|【通过点】命令，弹出如图 5-12 所示的对话框。该对话框中各选项的含义如下所示。

- 补片类型：可以创建包含单个补片或多补片的体，有两个选项。
  - 单个：表示曲面由一个补片构成。
  - 多个：表示曲面由多个补片构成。
- 沿以下方向封闭：当【补片类型】选择为【多个】时，此下拉列表被激活，共有四个选项。
  - 两者皆否：曲面沿行与列方向都不封闭。
  - 行：曲面沿行方向封闭。
  - 列：曲面沿列方向封闭。
  - 两者皆是：曲面沿行和列方向都封闭。
- 行阶次/列阶次：指定曲面在 U 向和 V 向的阶次。
- 文件中的点：通过选择包含点的文件来定义这些点。

【例 5-1】　以通过点方式创建曲面。

1）打开素材包中的 ch5\Surface_Through_Points.prt，然后单击【插入】|【曲面】|【通过点】命令，弹出【通过点】对话框。

2）保持默认设置，直接单击【确定】按钮，弹出如图 5-13 所示的【过点】对话框。

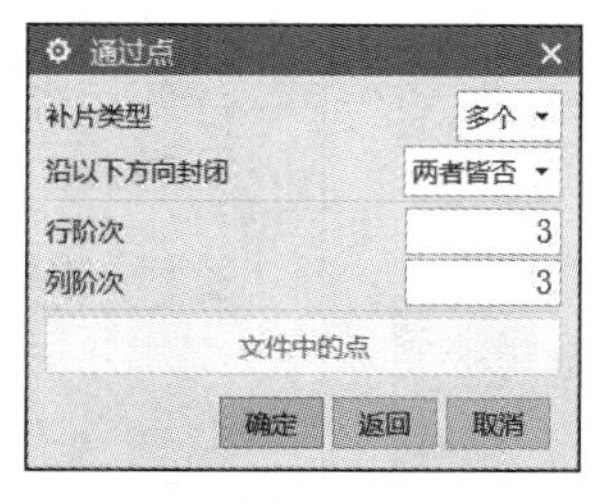

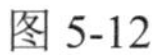
图 5-12

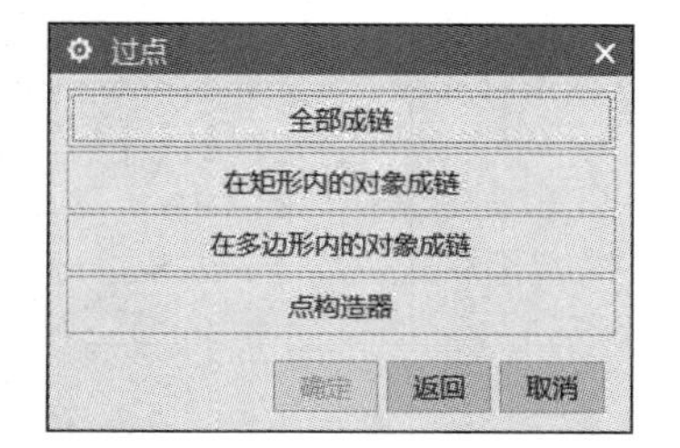

图 5-13

3）单击【在矩形内的对象成链】按钮，指定两个对角点，以框选第一列点，如图 5-14 所示。

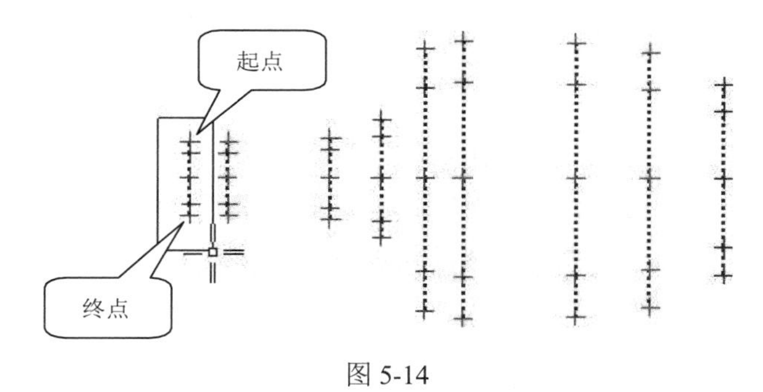

图 5-14

4）在框选的点中指定最上面的点为起点，最下面的点为终点，如图 5-14 所示。

5）重复步骤 3）、4），指定完第二列点时，弹出如图 5-15 所示的对话框，单击【指定另一行】按钮。

6）重复步骤 3）～5），直至指定完所有点，然后单击如图 5-15 所示对话框中的【所有指定的点】按钮，曲面创建完毕，结果如图 5-16 所示。

2. 从极点

通过若干组点来创建曲面，这些点作为曲面的极点。利用该命令创建曲面，弹出的对话框及曲面创建过程与【通过点】相同。差别之处在于定义点作为控制曲面形状的极点，创建的曲面不会通过定义点，如图 5-17 所示。

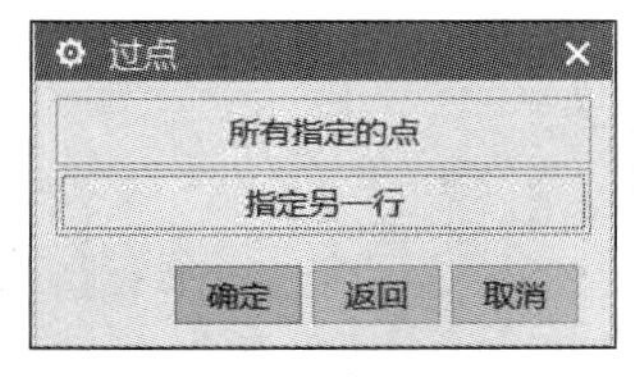

图 5-15

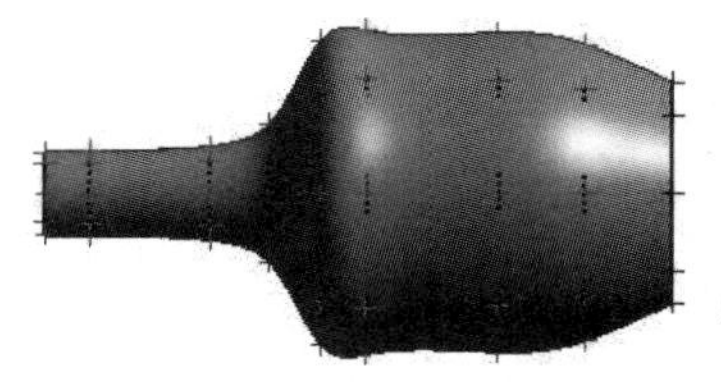

图 5-16

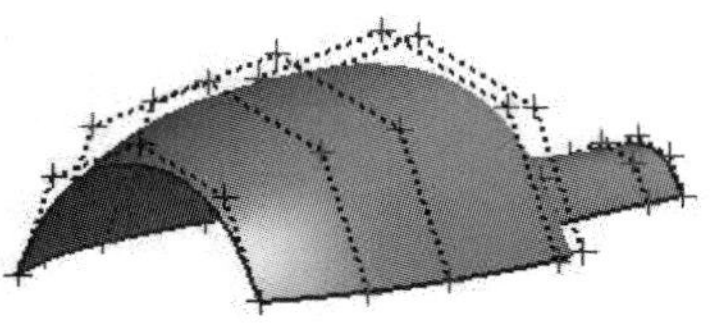

图 5-17

提 示

当指定创建点或极点时，应该用有近似相同顺序的行选择它们。否则，可能会得到不需要的结果，如图5-18所示。

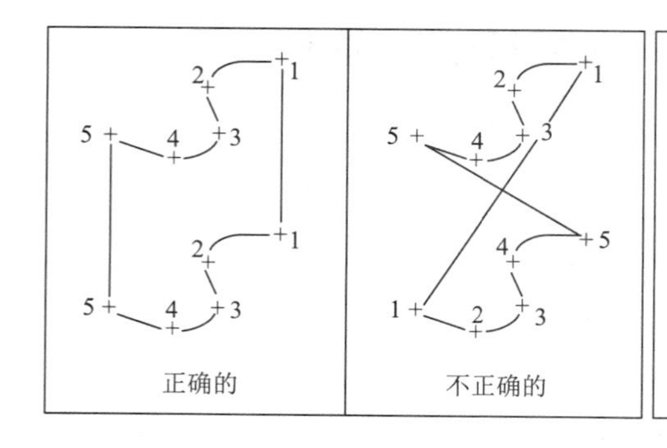

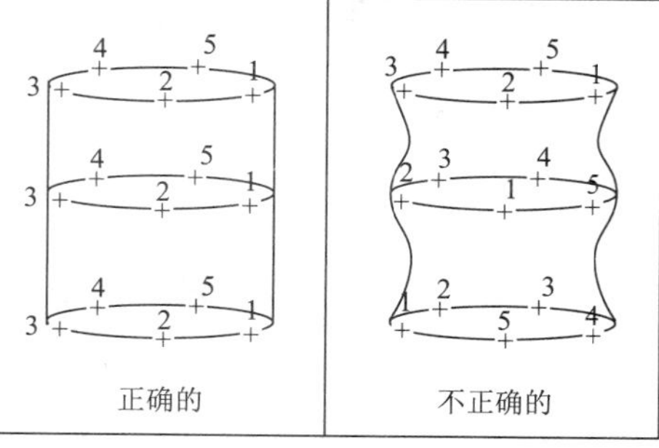

图5-18

3. 拟合曲面

使用【拟合曲面】命令可以创建逼近于大量数据点“云”的片体。

单击【插入】|【曲面】|【拟合曲面】命令，弹出如图5-19所示的对话框。

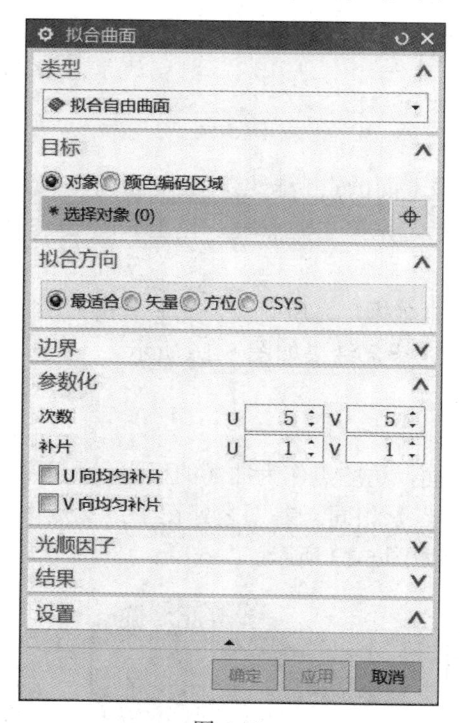

图5-19

> **提 示**
>
> 阶次和补片数越大，精度越高，但曲面的光顺性越差。

【例 5-2】 以拟合曲面方式创建曲面。

1）打开素材包中的 ch5\Surface_clouds.prt，然后单击【格式】|【组】|【新建组】命令，选中图中所有的点，设置名称，并单击【确定】按钮。

2）然后单击【插入】|【曲面】|【拟合曲面】命令，弹出如图 5-19 所示的对话框，设置U、V向阶次均为3，U、V向补片数均为1，其余参数采用默认值。

3）对象选择步骤1）中新建好的组，若不新建组，则此步骤中无法选择点云。

4）单击【确定】按钮，即可根据所选点创建相应的曲面，如图 5-20 所示。

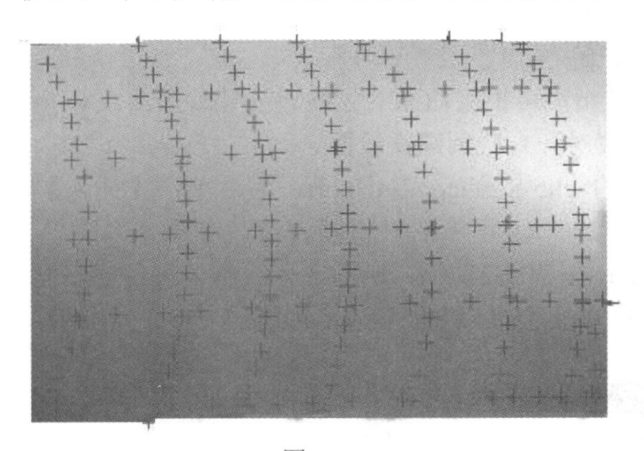

图 5-20

5.2.2 由线构建曲面

在【曲面】功能中以定义的曲线来创建曲面的工具有【直纹】、【通过曲线组】、【通过曲线网格】、【扫掠】、【剖切曲面】等。

> **提 示**
>
> 这类曲面是全参数化的，当构造曲面的曲线被编辑修改后曲面会自动更新。

1. 直纹

【直纹】又称为规则面，可看作由一系列直线连接两组线串上的对应点编织成的一张曲面。每组线串可以是单一的曲线，也可以由多条连续的曲线、体（实体或曲面）边界组成。因此，直纹面的建立应首先在两组线串上确定对应的点，然后用直线将对应点连接起来。对齐方式决定了两组线串上对应点的分布情况，因而直接影响直纹面的形状。

【直纹】工具提供了七种对齐方式。

（1）参数对齐方式

参数对齐方式是指按等参数间隔沿截面对齐等参数曲线。

（2）弧长对齐方式

弧长对齐方式是指按等弧长间隔沿截面对齐等参数曲线。

（3）根据点对齐方式

根据点对齐方式是指按截面间的指定点对齐等参数曲线。用户可通过添加、删除或移动点来优化曲面形状。

（4）距离对齐方式

距离对齐方式是指按指定方向的等距离沿每个截面对齐等参数曲线。

（5）角度对齐方式

角度对齐方式是指按相等角度绕指定的轴线对齐等参数曲线。

（6）脊线对齐方式

脊线对齐方式是指按选定截面与垂直于选定脊线的平面的交线对齐等参数曲线。

（7）可扩展对齐方式

可扩展对齐方式是指沿可扩展曲面的划线对齐等参数曲线。

【例 5-3】 以参数对齐方式创建直纹面。

1）打开素材包中的 ch5\Surface_Ruled.prt，然后单击【插入】|【网格曲面】|【直纹】命令，弹出如图 5-21（a）所示的对话框。

2）指定两条线串：按图 5-21（b）所示选择线串。每条线串选择完毕都要按鼠标中键确认，按下后相应的线串上会显示一个箭头，如图 5-21（b）所示。

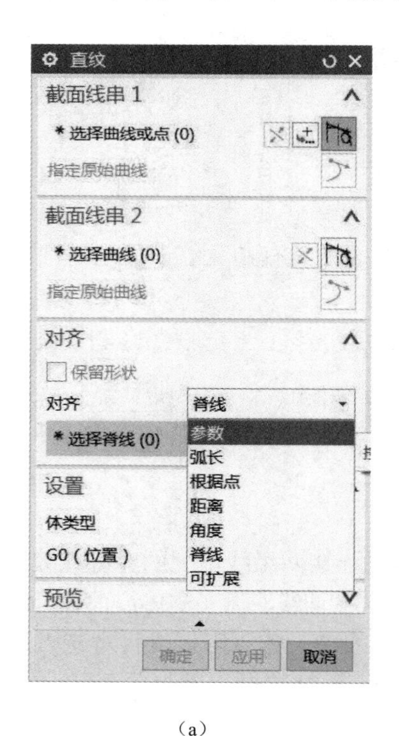

（a）

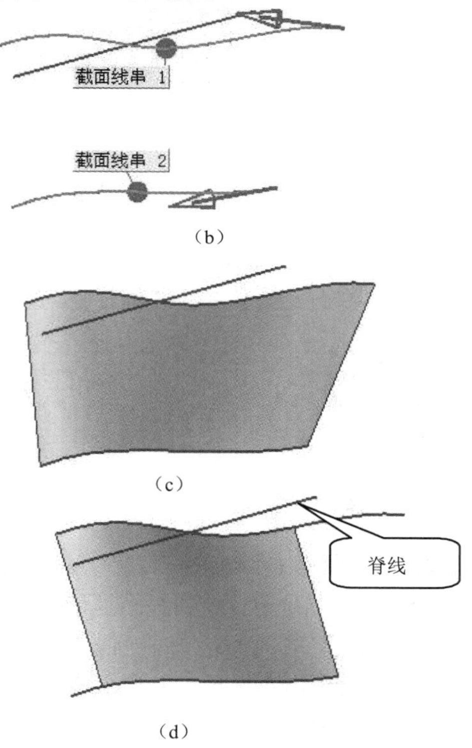

（b）

（c）

（d）

图 5-21

3）指定对齐方式及其他参数：在【对齐】下拉列表中选择【参数】，其余数采用默认值，如图5-21（a）所示。

4）单击【确定】按钮，结果如图5-21（c）所示。

5）双击步骤4）所创建的直纹面，系统弹出【直纹】对话框，将对齐方式改为【脊线】，并选择如图5-21（d）所示的直线作为脊线，单击【确定】按钮即可创建【脊线】对齐方式下的直纹面，如图5-21（d）所示。

提 示

对于大多数直纹面，应该选择每条截面线串相同端点，以便得到相同的方向，否则会得到一个形状扭曲的曲面，如图5-22所示。

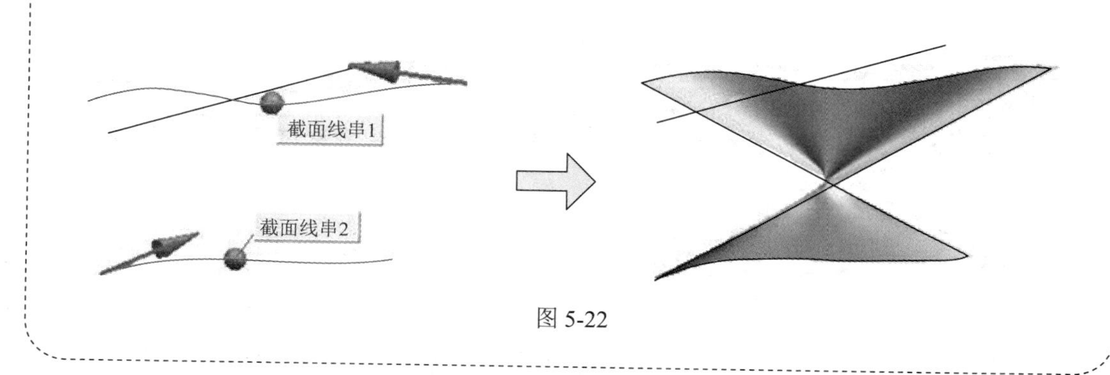

图5-22

2. 通过曲线组

使用【通过曲线组】命令可以通过一组多达150个的截面线串来创建片体或实体。如图5-25所示为【通过曲线组】对话框，该对话框中各选项的含义如下。

（1）截面

【截面】选项区的主要作用是选择曲线组，所选择的曲线将自动显示在【曲线】列表框中。当用户选择第一组曲线后，需单击【添加新集】按钮或者单击鼠标中键，然后才能进行第二组、第三组截面曲线的选择。

（2）连续性

【连续性】选项区用于选择第一个/结束曲线截面处的约束面，然后指定连续性。该选项区中常用选项的含义如下。

- 全部应用：将相同的连续性应用于第一个和最后一个截面线串。
- 第一截面/最后截面：可分别选择G0、G1或G2连续性。如果选中【全部应用】复选框，则选择一个便可更新这两个设置。

（3）对齐

【对齐】选项区的作用是控制相邻截面线串之间的曲面对齐方式。

（4）输出曲面选项

【输出曲面选项】选项区的选项设置如图5-23所示。

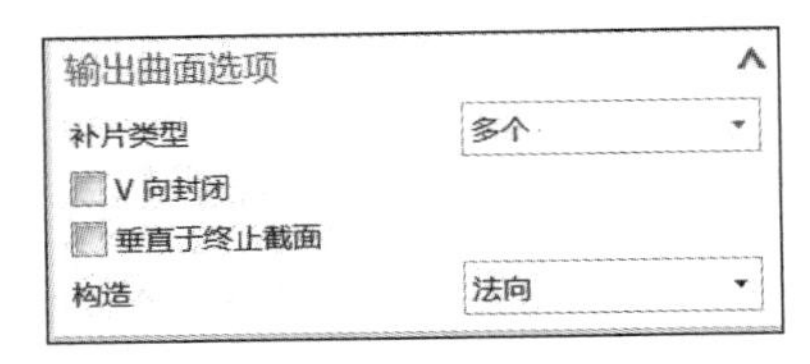

图 5-23

该选项区中常用选项的含义如下。

- 补片类型：补片类型可以是单个或多个。补片类似于样条的段数。多补片并不意味着是多个面。
- V 向封闭：控制生成的曲面在 V 向是否封闭，即曲面在第一组截面线和最后一组截面线之间是否也创建曲面，如图 5-24（a）、（b）所示。

提 示

在【建模首选项】中，要确保【体类型】为【片体】，否则所创建的可能是一个实体，如图 5-24（c）所示。

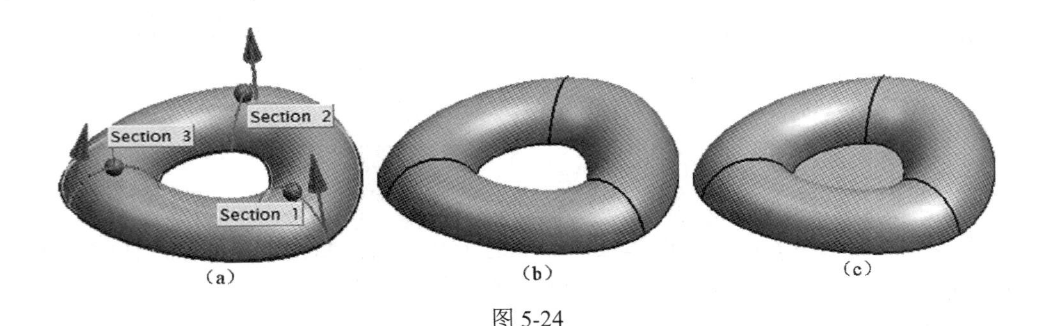

图 5-24

（5）设置

【设置】选项区主要用于控制体类型、曲面的阶次及公差。

在 U 方向（沿线串）中建立的片体阶次默认为 3。在 V 方向（正交于线串）中建立的片体阶次与曲面补片类型相关，只能指定多补片曲面的阶次。

【例 5-4】 以通过曲线组方式创建曲面

1）打开素材包中的 ch5\Surface_Through_Curves.prt，然后单击【菜单】|【插入】|【网格曲面】|【通过曲线组】命令，弹出如图 5-25（a）所示的对话框。

2）选择截面线串：如图 5-25（b）所示，每条截面线串选择完毕后均需按鼠标中键确定，或者单击【添加新集】按钮，相应的截面线串上会生成一个方向箭头和相应的数字编号，并且会自动添加到【通过曲线组】对话框的列表框中，如图 5-25（a）所示。

3）设置参数：选择对齐方式为【参数】，在【最后截面】下拉列表中选择【G1（相切）】，并选择如图 5-25（b）所示的相切面。

4）单击【确定】按钮，结果如图 5-25（c）所示。

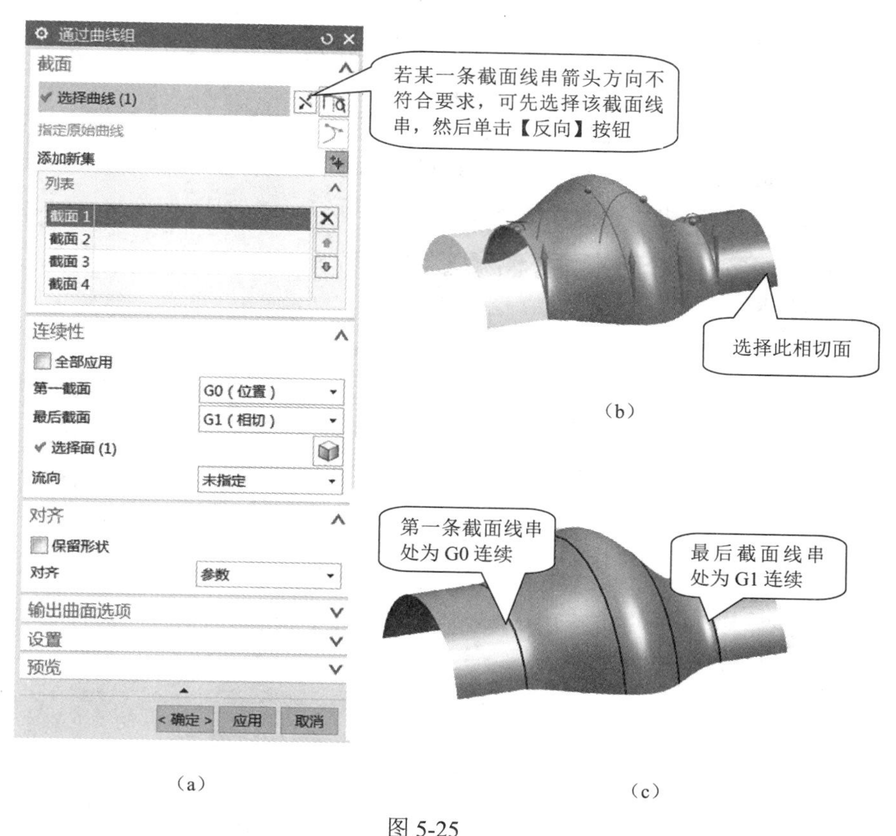

（a）

（b）

（c）

图 5-25

3. 通过曲线网格

【通过曲线网格】就是根据所指定的两组截面线串来创建曲面。第一组截面线串称为主线串，是构建曲面的 U 向；第二组截面线称为交叉线，是构建曲面的 V 向。由于定义了曲面U、V 方向的控制曲线，因此可更好地控制曲面的形状。

主线串和交叉线串需要在设定的公差范围内相交，且应大致互相垂直。每条主线串和交叉线串都可由多段连续曲线、体（实体或曲面）边界组成，主线串的第一条和最后一条还可以是点。

【例 5-5】　以点作为主线串创建【通过曲线网格】曲面。

以点作为主线串创建【通过曲线网格】曲面

1）打开素材包中的 ch5\Surface_Through_Curve_Mesh.prt，然后单击【菜单】｜【插入】｜【网格曲面】｜【通过曲线网格】命令，弹出如图 5-26（a）所示的对话框。

2）指定主曲线：如图 5-26（b）所示，选择“点 1”作为为第 1 条主曲线，按鼠标中键；选择“曲线 4”作为第 2 条主曲线，按鼠标中键；选择“点 2”作为第 3 条主曲线，按鼠标中键；再按一次鼠标中键，以表示主曲线已经选择完毕。选择“点”作为主线串时，可先将【点】对话框中的【类型】设置为【端点】方式。

3）指定交叉曲线：如图 5-26（b）所示，选择曲线 1、2、3 作为交叉曲线，每条交叉曲线选择完毕后，均需按一次鼠标中键，在对应的交叉串上会生成一个方向箭头和相应的数字编号。

4）设置参数：在【输出曲面选项】选项区的【着重】下拉列表框中选择【两者皆是】；在【设置】选项区中，将【交点】公差设置为0.5。

5）单击【确定】按钮，结果如图 5-26（c）所示。

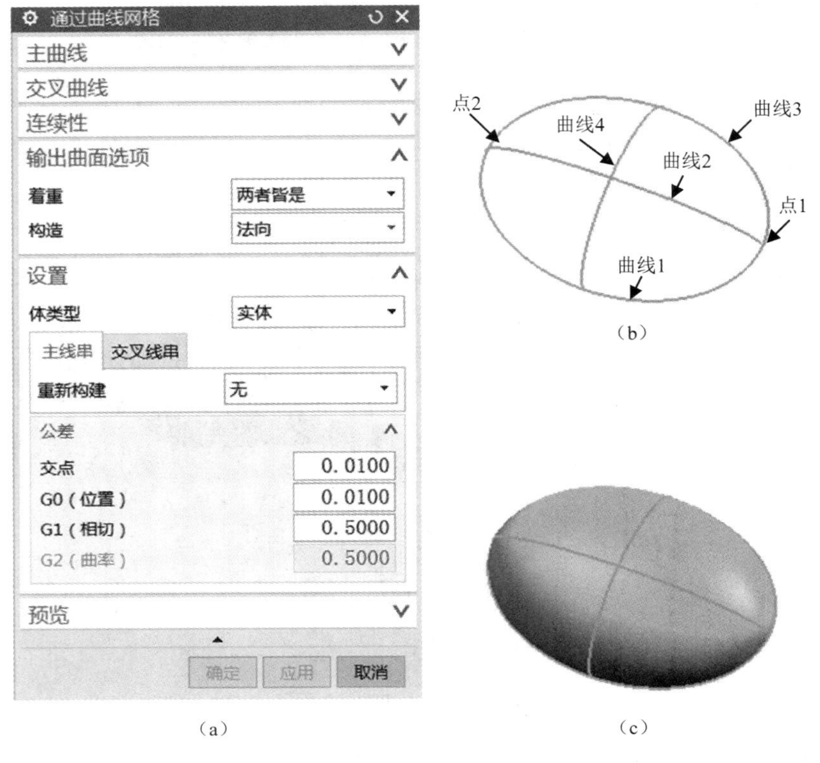

（a）（b）（c）

图 5-26

4. 扫掠

【扫掠】就是将轮廓曲线沿空间路径曲线扫描，从而形成一个曲面。扫描路径称为引导线串，轮廓曲线称为截面线串。

单击【菜单】|【插入】|【扫掠】|【扫掠】命令，弹出如图 5-27 所示的【扫掠】对话框。

（1）引导线

引导线可以由单段或多段曲线（各段曲线间必须相切连续）组成，引导线控制扫掠特征沿 V 方向（扫掠方向）的方位和尺寸变化。扫掠曲面功能中，引导线可以有 1～3 条。

- 若只使用一条引导线，则在扫掠过程中，无法确定截面线在沿引导线方向扫掠时的方位（例如可以平移截面线，也可以平移的同时旋转截面线）和尺寸变化，如图 5-28 所示。因此，只使用一条引导线进行扫掠时，需要指定扫掠的方位与放大比例两个参数。

图 5-27

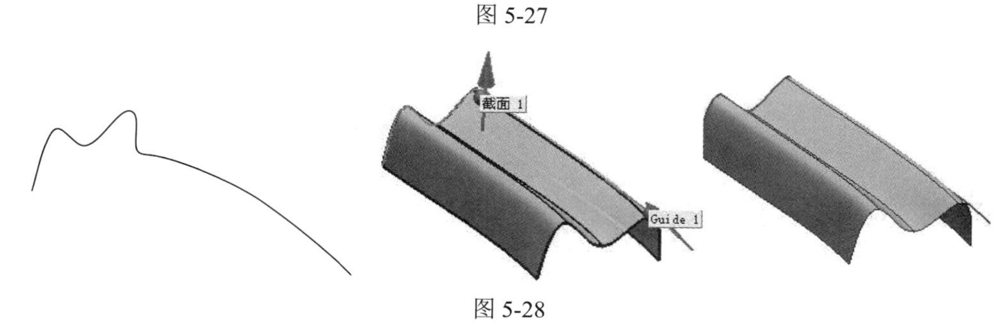

图 5-28

- 若使用两条引导线，截面线沿引导线方向扫掠时的方位由两条引导线上各对应点之间的连线来控制，因此其方位是确定的，如图 5-29 所示。由于截面线沿引导线扫掠时，截面线与引导线始终接触，因此位于两引导线之间的横向尺寸的变化也得到了确定，但高度方向（垂直于引导线的方向）的尺寸变化未得到确定，因此需要指定高度方向尺寸的缩放方式。

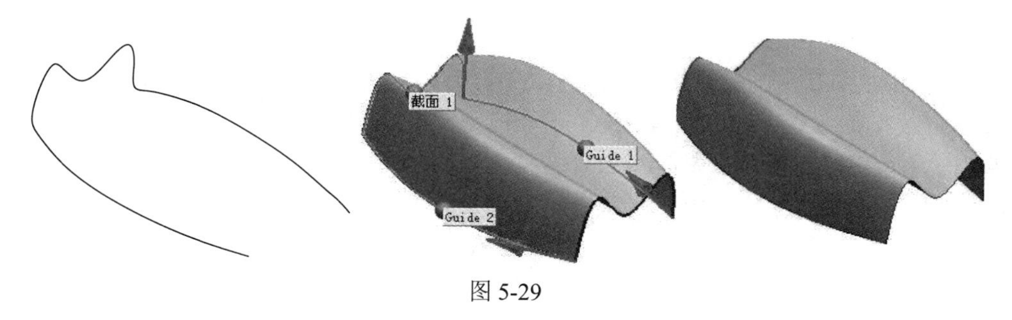

图 5-29

◆ 横向缩放方式：仅缩放横向尺寸，高度方向不进行缩放。

- ◆ 均匀缩放方式：截面线沿引导线扫掠时，各个方向都被缩放。
- 使用三条引导线，截面线在沿引导线方向扫掠时的方位和尺寸变化得到了完全确定，无须另外指定方向和比例，如图 5-30 所示。

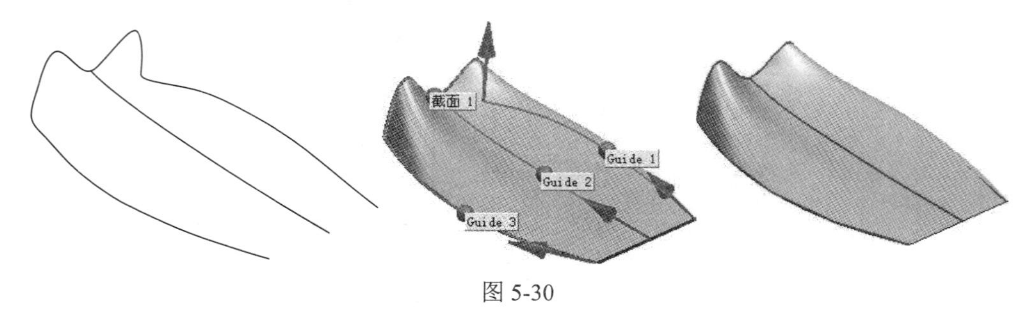

图 5-30

（2）截面

截面也可以由单段或者多段曲线（各段曲线间不一定是相切连续，但必须连续）组成，截面线串可以有 1～150 条。如果所有引导线都是封闭的，则可以重复选择第一组截面线串，以将它作为最后一组截面线串，如图 5-31 所示。

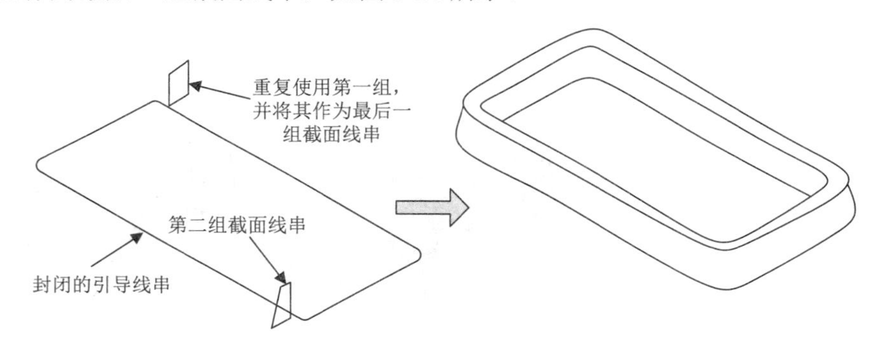

图 5-31

如果选择两条以上截面线串，扫掠时需要指定插值方式（interpolation methods）。插值方式用于确定两组截面线串之间扫描体的过渡形状。两种插值方式的差别如图 5-32 所示。

- 线性：在两组截面线之间线性过渡。
- 三次：在两组截面线之间以三次函数形式过渡。

（3）定位方法

在两条引导线或三条引导线的扫掠方式中，方位已完全确定，因此，定位方法只存在于单条引导线扫掠方式。扫掠工具中提供了七种定位方法，如图 5-27 所示。

- 固定：扫掠过程中，局部坐标系各个坐标轴始终保持固定的方向，轮廓线在扫掠过程中也将始终保持固定的姿态。
- 面的法向：局部坐标系的 Z 轴与引导线相切，局部坐标系的另一轴的方向与面的法向方向一致，当面的法向与 Z 轴方向不垂直时，以 Z 轴为主要参数，即在扫掠过程中 Z 轴始终与引导线相切。“面的法向”从本质上来说就是“矢量方向”方式。

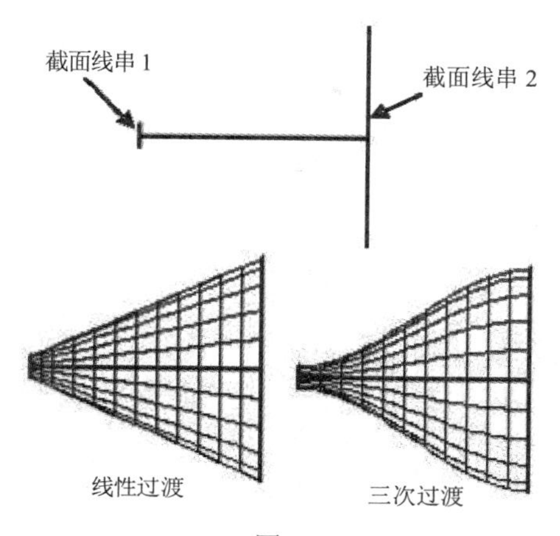

图 5-32

- 矢量方向：局部坐标系的 Z 轴与引导线相切，局部坐标系的另一轴指向所指定的矢量的方向。需注意的是此矢量不能与引导线相切，而且若所指定的方向与 Z 轴方向不垂直，则以 Z 轴方向为主，即 Z 轴始终与引导线相切。
- 另一曲线：相当于两条引导线的退化形式，只是第二条引导线不起控制比例的作用，而只起方位控制的作用（引导线与所指定的另一曲线对应点之间的连线控制截面线的方位）。
- 一个点：与“另一曲线”相似，只是曲线退化为一点。这种方式下，局部坐标系的某一轴始终指向一点。
- 角度规律：使用规律子函数定义一个规律来控制方向。旋转角度规律的方向控制具有一个最大值（限制），为 100 转，即 36000°。
- 强制方向：局部坐标系的 Z 轴与引导线相切，局部坐标系的另一轴始终指向所指定的矢量的方向。需注意的是此矢量不能与引导线相切，而且若所指定的方向与 Z 轴方向不垂直，则以所指定的方向为主，即 Z 轴与引导线并不始终相切。

（4）缩放方法

三条引导线方式中，方向与比例均已经确定；两条引导线方式中，方向与横向缩放比例已确定，所以两条引导线中比例控制只有两个选择：横向缩放方式及均匀缩放方式。因此，这里所说的缩放方法只适用于单条引导线扫掠方式。单条引导线的缩放方法有以下六种，如图 5-27 所示。

- 恒定：扫掠过程中，沿着引导线以同一比例进行放大或缩小。
- 倒圆功能：此方式下，需先定义起始与终止位置处的缩放比例，中间的缩放比例按线性或三次函数关系来确定。
- 另一条曲线：与方位控制类似，设引导线起始点与“另一曲线”起始点处的长度为 a，引导线上任意一点与“另一曲线”对应点的长度为 b，则引导线上任意一点处的缩放比例为 b/a。
- 一个点：与“另一曲线”类似，只是曲线退化为一点。
- 面积规律：指定截面（必须是封闭的）面积变化的规律。

- 周长规律：指定截面周长变化的规律。

（5）脊线

使用脊线可控制截面线串的方位，并避免在导线上不均匀分布参数导致的变形。当脊线串处于截面线串的法向时，该线串状态最佳。

在脊线的每个点上，系统构造垂直于脊线并与引导线串相交的剖切平面，将扫掠所依据的等参数曲线与这些平面对齐，如图5-33所示。

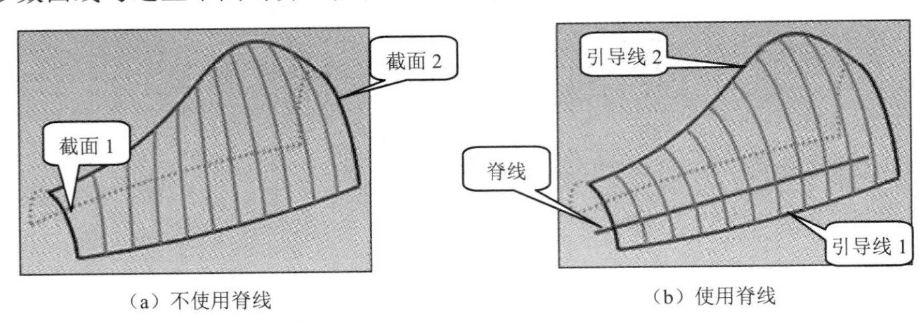

（a）不使用脊线　　（b）使用脊线

图5-33

提 示

脊线与两条或三条引导线串一起使用或与一条引导线串和一方向线串一起使用。

【例5-6】 用单截面线、双引导线方式创建【扫掠】曲面。

1）打开素材包中的ch5\Surface_Swept.prt，然后单击【菜单】|【插入】|【扫掠】|【扫掠】命令，弹出如图5-27所示的【扫掠】对话框。

用单截面线、双引导线方式创建【扫掠】曲面

2）选择截面线串：选择如图5-34（a）所示的截面线串，选择完毕后按鼠标中键，将其添加到【截面】选项区的列表中。截面线串选择完毕后，再次按鼠标中键。

3）选择引导线串：选择如图5-34（a）所示的引导线串，每条引导线串选择完毕后按鼠标中键，将其添加到【引导线】选项区列表中。

4）设置参数：指定对齐方法为【参数】，缩放方式为【恒定】。

5）单击【确定】按钮，结果如图5-34（b）所示。

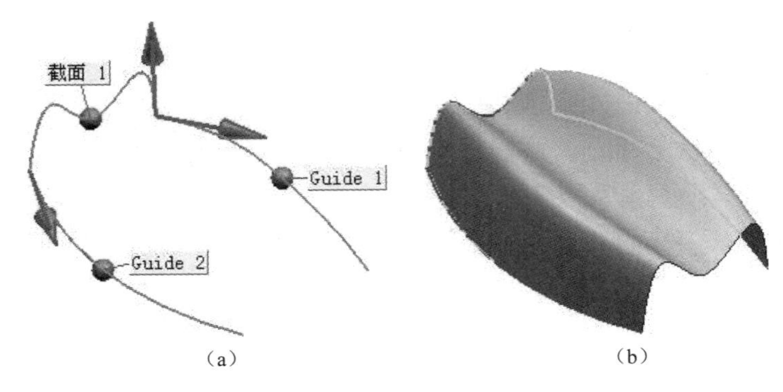

（a）　　（b）

图5-34

5. 剖切曲面

使用【剖切曲面】命令可使用二次曲线构造方法创建曲面。先由一系列选定的截面曲线和面计算得到二次曲线，然后计算的二次曲线被扫掠建立曲面，如图 5-35 所示。

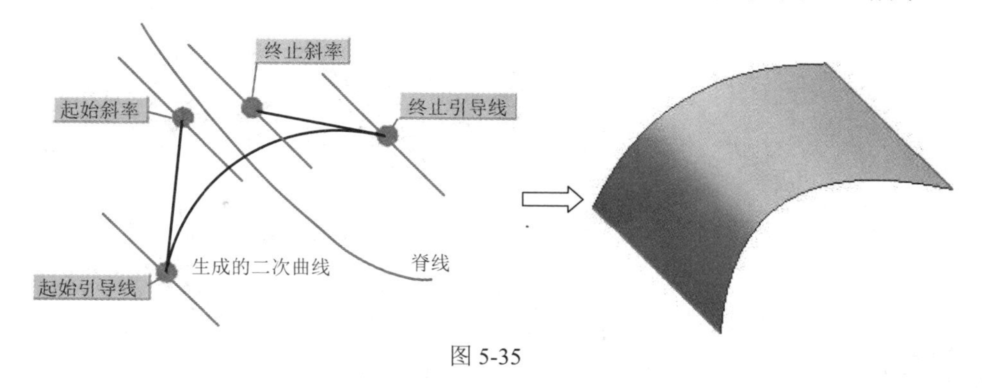

图 5-35

单击【菜单】|【插入】|【扫掠】|【截面】命令，弹出如图 5-36 所示的对话框。

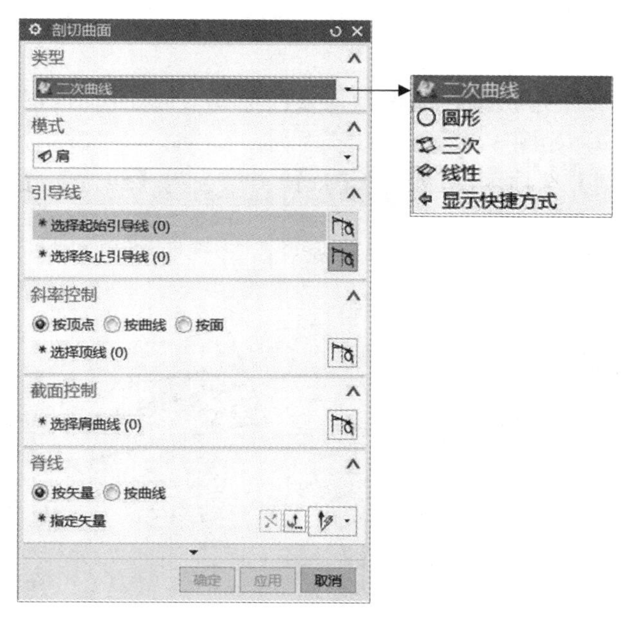

图 5-36

【例 5-7】 用【圆形—三点】方式创建剖切曲面。

1）打开素材包中的 ch5\Surface_Sections_1.prt，然后单击【菜单】|【插入】|【扫掠】|【截面】命令，弹出如图 5-36 所示的对话框。

2）在【类型】下拉列表中选择【圆形】，在【模式】下拉列表中选择【三点】。

3）根据状态栏的提示，依次选择“起始引导线”、“内部引导线”、“终止引导线”和“脊线”，如图 5-37（b）所示，起始引导线同时作为脊

用【圆形—三点】方式创建剖切曲面

线。每条曲线选择完毕后，均需按鼠标中键。

4）单击【确定】按钮，结果如图 5-37（c）所示。

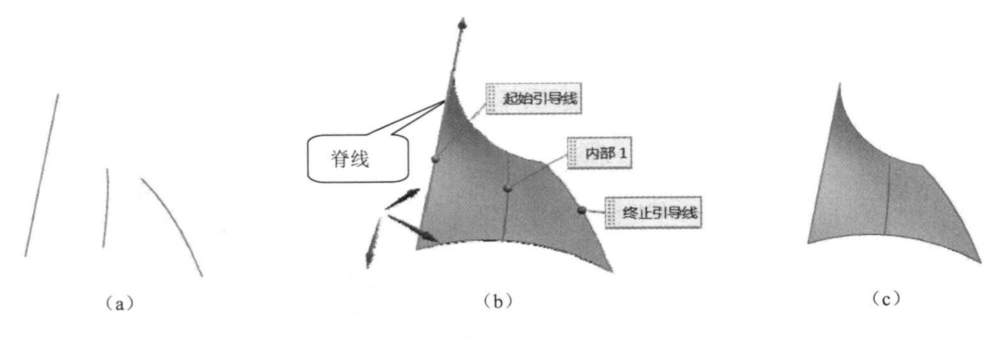

（a）　　（b）　　（c）

图 5-37

【例 5-8】　以【圆形—两点-半径】方式创建剖切曲面。

以【圆形-两点-半径】方式创建剖切曲面

1）打开素材包中的 ch5\Surface_Sections_2.prt，然后单击【菜单】|【插入】|【扫掠】|【截面】命令，弹出如图 5-36 所示的对话框。

2）在【类型】下拉列表中选择【圆形】，在【模式】下拉列表中选择【两点-半径】。

3）根据状态栏的提示，依次选择“起始引导线”、“终止引导线”及“脊线”，如图 5-38（a）所示。

4）在【截面控制】选项区中，选择【规律类型】为【线性】，【起点】值为 3，【终点】值为 5，如图 5-39 所示。

5）单击【确定】按钮，结果如图 5-38（b）所示。

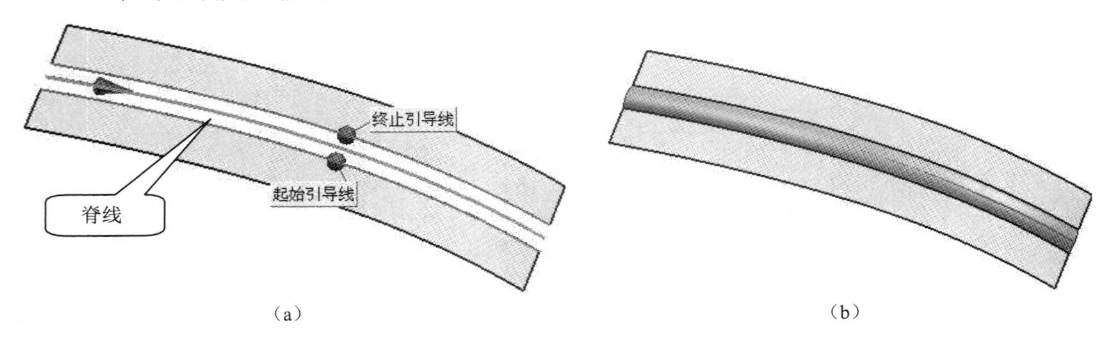

（a）　　（b）

图 5-38

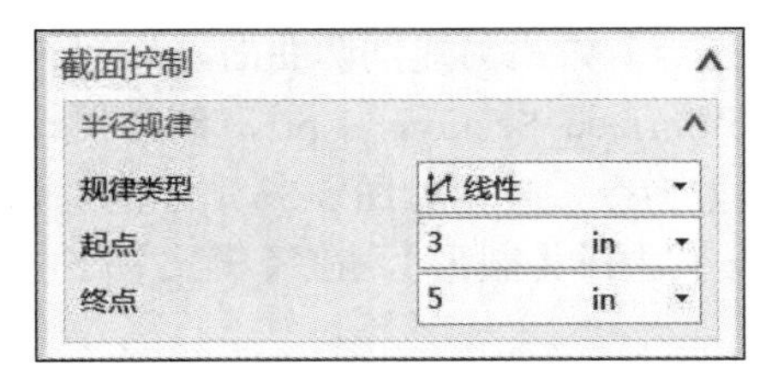

图 5-39

提　示

半径必须大于弦长距离的一半。

【例 5-9】　以【线性】方式创建剖切曲面。

以【线性】方式创建剖切曲面

1）打开素材包中的 ch5\Surface_Sections_3.prt，然后单击【菜单】｜【插入】｜【扫掠】｜【截面】命令，弹出如图 5-36 所示的对话框。

2）在【类型】下拉列表中选择【线性】。

3）根据状态栏的提示，依次选择“起始引导线”和“起始面”，如图 5-40（a）所示。

4）选择起始引导线作为脊线。

5）设置参数：在【截面控制】选项区中设置【规律类型】为【恒定】，输入值为 0。

6）在本例中共有两种创建曲面的结果，分别如图 5-40（b）、（c）所示，单击【显示备选解】按钮，可在这两种解之间进行切换。

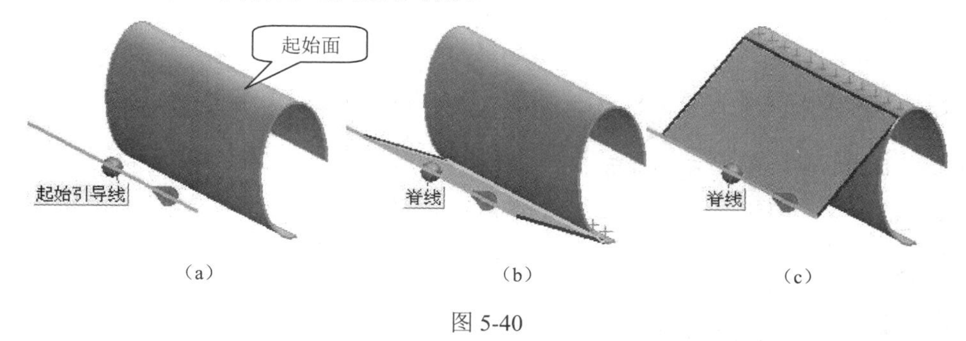

（a）　（b）　（c）

图 5-40

7）选择需要的一种解，单击【确定】按钮，剖切曲面创建完毕。

5.2.3　基于已有曲面构成新曲面

1. 延伸曲面

【延伸曲面】就是在已有曲面的基础上，将曲面的边界或曲面上的曲线进行延伸，生成新的曲面。

单击【曲面】工具条中的【延伸曲面】命令，弹出如图 5-41 所示的对话框。

共有两种延伸方法，如图 5-42 所示。

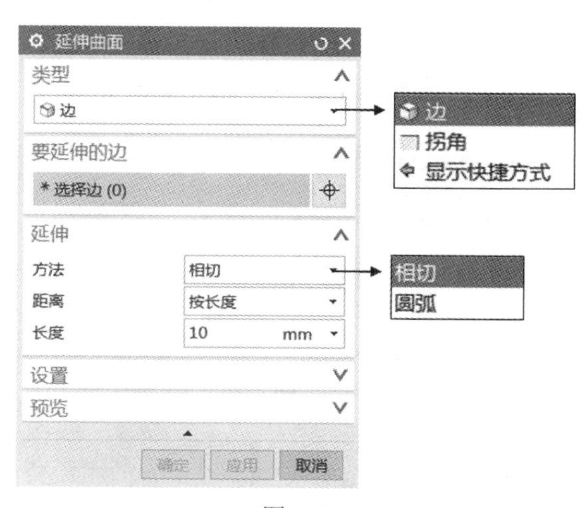

图 5-41

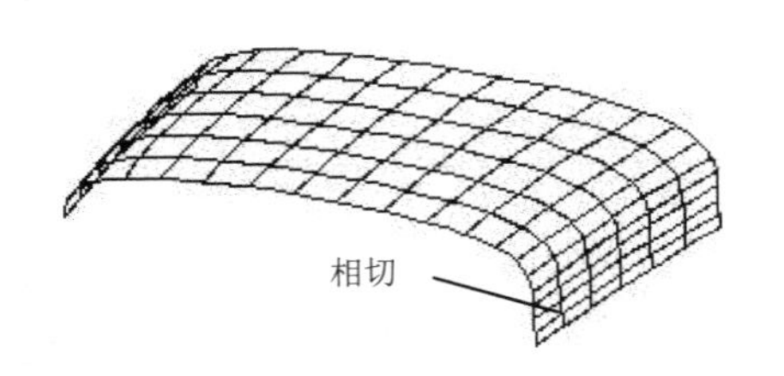

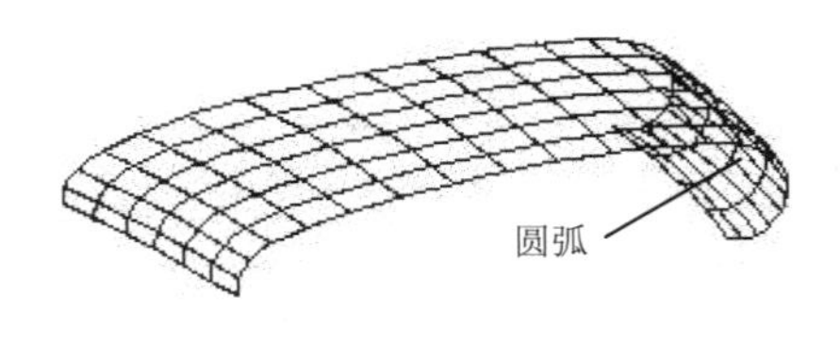

图 5-42

（1）相切

【相切】是指从指定的曲面边缘，沿着曲面的切向方向延伸，生成一个与该曲面相切的延伸面。相切延伸在延伸方向的横截面上是一条直线。

（2）圆弧

【圆弧】是指从指定的曲面边缘，沿着曲面的切向方向延伸，生成一个与该曲面相切的延伸面。圆弧延伸部分的横截面是一段圆弧，圆弧的半径与曲面边界处的曲率半径相等。需注意的是圆弧延伸的边界必须是等参数边，且不能被修剪过。

提 示

需要注意的是，延伸生成的是新曲面，而不是原有曲面的伸长。

【例 5-10】 创建相切延伸曲面。

创建相切延伸曲面

1）打开素材包中的 ch5\Surface_Extension_1.prt，然后单击【菜单】|【插入】|【弯曲曲面】|【延伸】命令，弹出如图 5-41 所示的对话框。

2）在【类型】选项区中选择【边】，在【方法】下拉列表中选择【相切】，在【距离】下拉列表中选择【按长度】。

3）选择基本曲面。

4）选择要延伸的边，如图 5-43 所示，系统会临时显示一个箭头，表示延伸方向。

5）输入延伸长度为 20。

6）单击【确定】按钮，结果如图 5-44 所示。

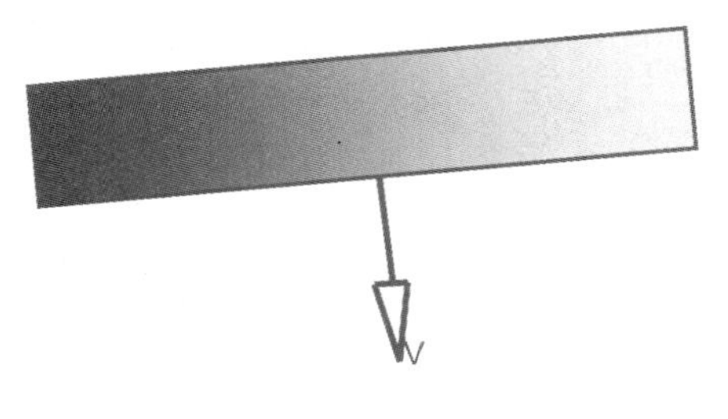

图 5-43

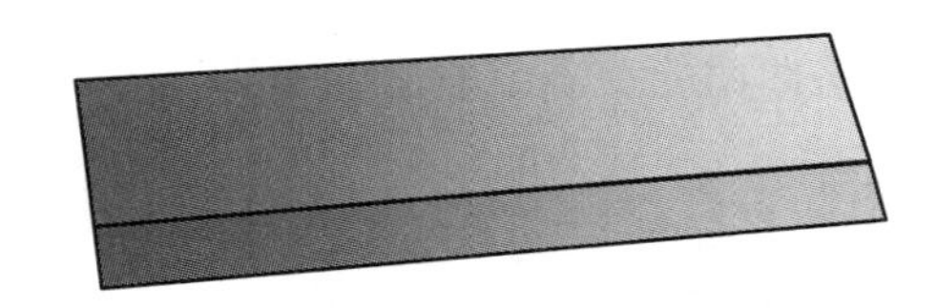

图 5-44

提 示

选取边时需要注意光标应位于面内靠近这条边处。如果一次操作不成功，再重复操作几遍或者转一个视角进行选择即可。

2. N边曲面

【N边曲面】允许用形成一简单闭环的任意数目曲线构建一曲面，可以指定与外侧面的连续性。

单击【菜单】|【插入】|【网格曲面】|【N边曲面】命令，弹出如图5-45所示的对话框。

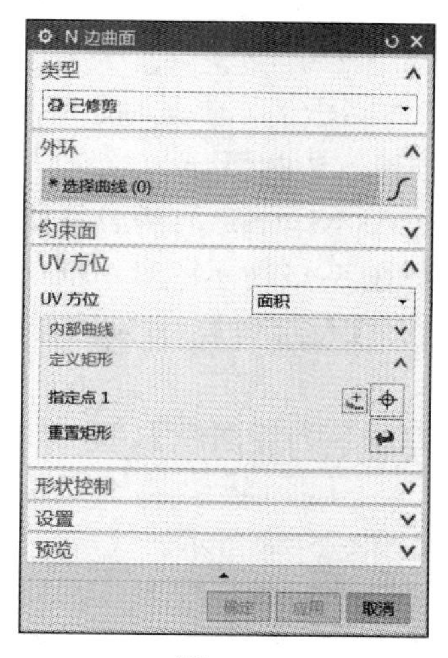

图5-45

【N边曲面】对话框中主要选项的含义如下。

- 类型：可以创建两种类型的N边曲面，如图5-46所示。
  - 已修剪：根据选择的封闭曲线建立单一曲面。
  - 三角形：根据选择的封闭曲线创建的曲面，由多个单独的三角曲面片组成。这些三角曲面片体相交于一点，该点称为N边曲面的公共中心点。

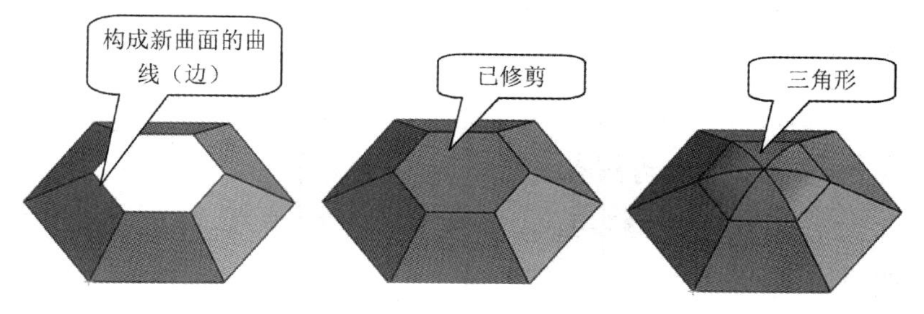

图5-46

- 外环：选择定义N边曲面的边界曲线。
- 约束面：选取约束面的目的是，通过选择的一组边界曲面来创建位置约束、相切约束或曲率连续约束。
- 形状控制：选取【约束面】后，该选项区才可使用。在其下拉列表中，可以选择的选项包括G0、G1和G2三种。
- 设置：主要控制N边曲面的边界。

- 修剪到边界：仅当类型设置为【已修剪】时才显示。如果新的曲面是修剪到指定边界曲线或边，则选中此复选框。
- 尽可能合并面：仅当类型设置为【三角形】时才显示。选中此复选框以把环上相切连续的部分视为单个的曲线，并为每个相切连续的截面建立一个面。如果未选中此复选框，则为环中的每条曲线或边建立一个曲面。
- G0（位置）：通过仅基于位置的连续性（忽略外部边界约束）连接轮廓曲线和曲面。
- G1（相切）：通过基于相切于边界曲面的连续性连接曲面的轮廓曲线。

【例 5-11】 以已修剪方式创建 N 边曲面。

1）打开素材包中的 ch5\Surface_Nside.prt，然后单击【菜单】|【插入】|【网格曲面】|【N 边曲面】命令，弹出如图 5-45 所示的对话框。

2）在【类型】下拉列表中选择【已修剪】，分别选择如图 5-47 所示的“外环”“约束面”“内部曲线”。

3）设置参数：选择【UV 方位】为【面积】，选择【设置】选项区中的【修剪到边界】复选框。

4）单击【确定】按钮，结果如图 5-48 所示。

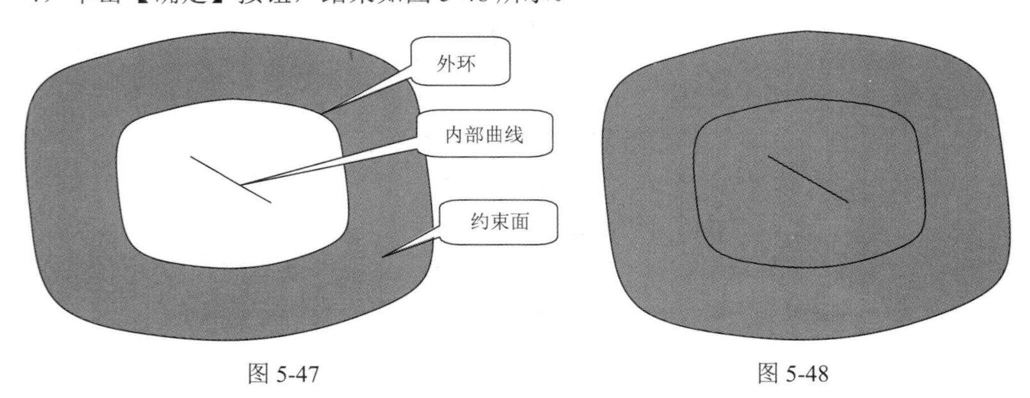

图 5-47　　图 5-48

> **提　示**
> 创建的 N 边曲面会通过内部曲线。

3. 偏置曲面

【偏置曲面】将指定的面沿法线方向偏置一定的距离，生成一个新的曲面。

在偏置操作过程中，系统会临时显示一个代表基面法向的箭头，双击该箭头可以沿着相反的方向偏置。若要反向偏置，也可以直接输入一个负值。

【例 5-12】 将曲面向外偏置 25mm。

1）打开素材包中的 ch5\Surface_Offset.prt，然后单击【菜单】|【插入】|【偏置/缩放】|【偏置曲面】命令，弹出如图 5-49 所示的对话框。

2）选择要偏置的面。

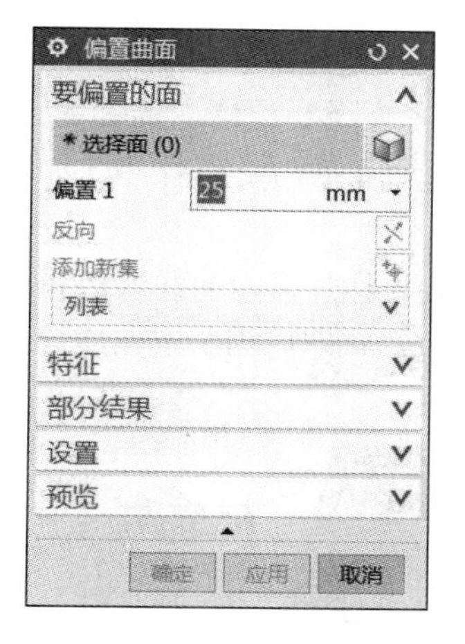

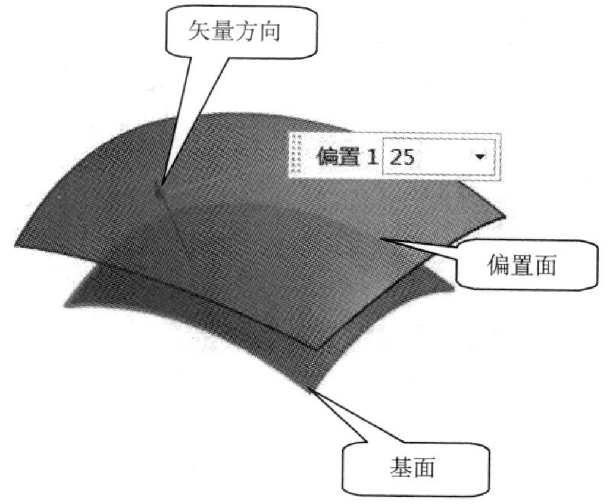

图 5-49

3）输入偏置距离为25。

4）单击【确定】按钮，即可完成偏置曲面的创建。

提 示

向曲面内凹方向偏置时，过大的偏置距离可能会产生自交，导致不能生成偏置曲面。偏置曲面与基面之间具有关联性，因此修改基面后偏置曲面跟着改变，但修剪基面，不能修剪偏置曲面；删除基面，偏置曲面也不会被删除。

4. 修剪的片体

【修剪的片体】是指利用曲线、边缘、曲面或基准平面去修剪片体的一部分。

单击【菜单】|【插入】|【修剪】|【修剪片体】命令，弹出如图 5-50（a）所示的对话框。

该对话框中各选项含义如下。

- 目标：要修剪的片体对象。
- 边界：去修剪目标片体的工具如曲线、边缘、曲面或基准平面等。
- 投影方向：当边界对象远离目标片体时，可通过投影将边界对象（主要是曲线或边缘）投影在目标片体上，以进行投影。投影的方法有【垂直于面】、【垂直于曲线平面】和【沿矢量】。
- 区域：要保留或是要移除的那部分片体。
  - 保留：选中此单选按钮，保留光标选择片体的部分。
  - 放弃：选中此单选按钮，移除光标选择片体的部分。
- 保存目标：修剪片体后仍保留原片体。
- 输出精确的几何体：选择此复选框，最终修剪后片体精度最高。
- 公差：修剪结果与理论结果之间的误差。

【例 5-13】 用基准平面和曲线修剪片体。

1）打开素材包中的 ch5\Surface_Trimmed_Sheet.prt，然后单击【菜单】|【插入】|

【修剪】|【修剪片体】命令，弹出如图 5-50（a）所示的对话框。

2）用基准平面修剪片体：首先在【目标】选项区选择要被修剪的曲面，然后选择基准平面作为目标体，单击【应用】按钮，即可用所选基准平面修剪片体，如图 5-50（c）所示。

3）用曲线修剪片体：如图 5-51 所示，选择曲面为目标片体，曲线为边界对象，在【选择区域】组中选择【放弃】单选按钮，单击【确定】按钮，即可用所选曲线修剪片体。

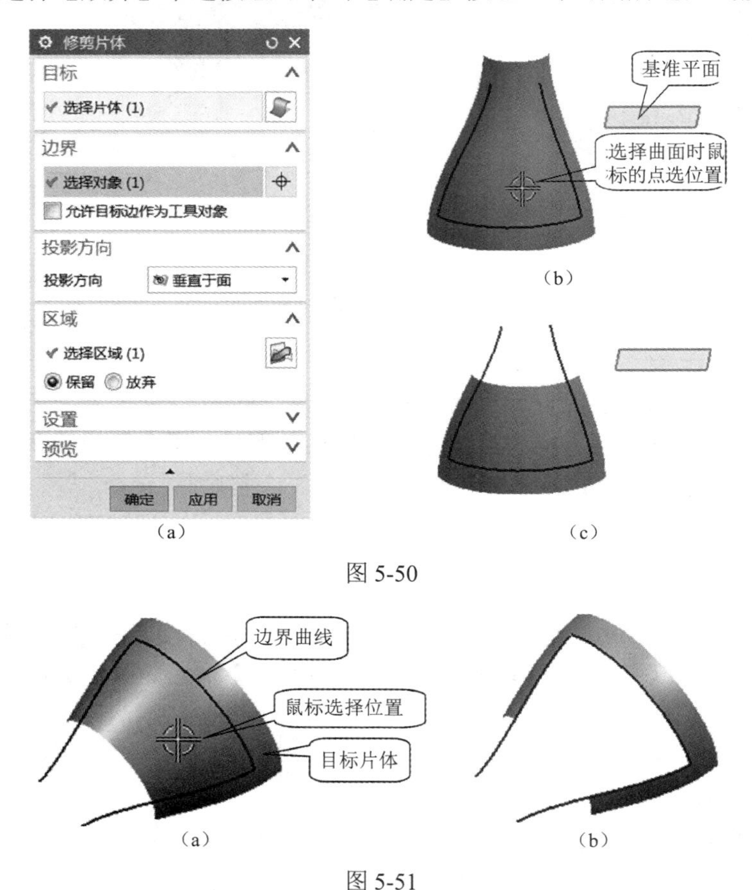

图 5-50

图 5-51

提 示

在使用【修剪的片体】工具进行操作时，应注意修剪边界对象必须要超过目标体的范围，否则无法进行正常操作。

5. 修剪和延伸

【修剪和延伸】是指使用由边或曲面组成的一组工具对象来延伸和修剪一个或多个曲面。

单击【菜单】|【插入】|【修剪】|【修剪与延伸】命令，弹出如图 5-52（a）所示的对话框。

该对话框中包含了两种修剪和延伸类型：【直至选定】和【制作拐角】。

（1）直至选定

【直至选定】是指修剪曲面至选定的参照对象，如面或边等。应用此类型来修剪曲面，修剪边界无须超过目标体。

（2）制作拐角

【制作拐角】是指在目标和工具之间形成拐角。

【例 5-14】 以直至选定对象方式修剪和延伸曲面。

1）打开素材包中的 ch5\Surface_Trim_and_Extend.prt，然后单击【菜单】|【插入】|【修剪】|【修剪和延伸】命令，弹出如图 5-52（a）所示的对话框。

2）在【修剪和延伸类型】下拉列表中选择【直至选定】。

3）修剪曲面。

① 如图 5-52（b）所示，选择目标面并按鼠标中键，然后选择目标边，此时会出现预览效果。

② 单击【应用】按钮，即可完成曲面的修剪，结果如图 5-52（c）所示。

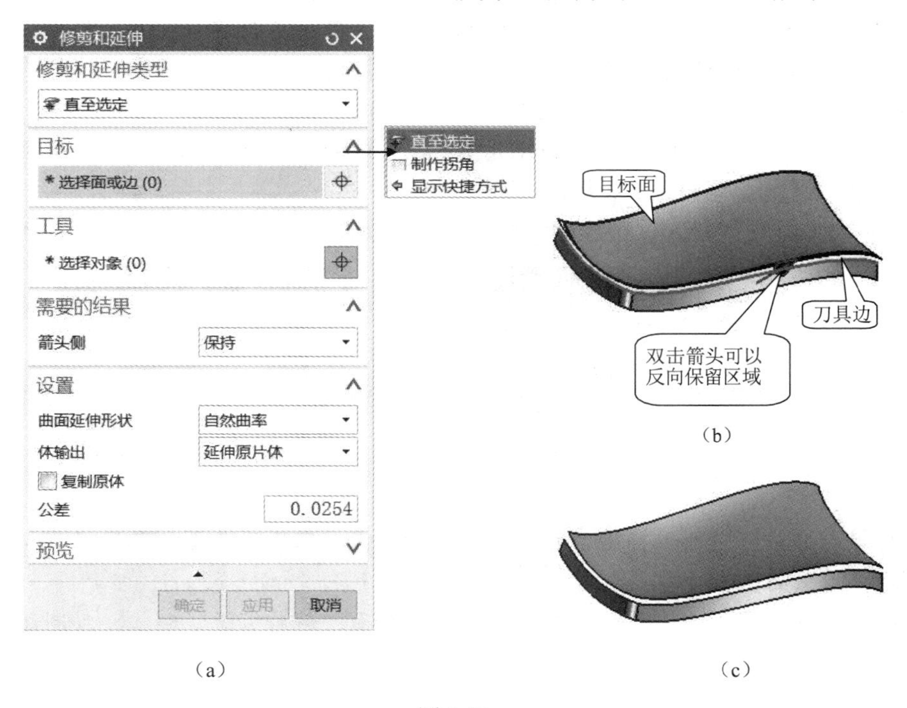

（a） （b） （c）

图 5-52

4）延伸曲面。

① 如图 5-53（a）所示，选择目标边并按鼠标中键，然后选择刀具边，可以根据预览效果反转箭头方向。

② 单击【确定】按钮，即可完成曲面的延伸，结果如图 5-53（b）所示。

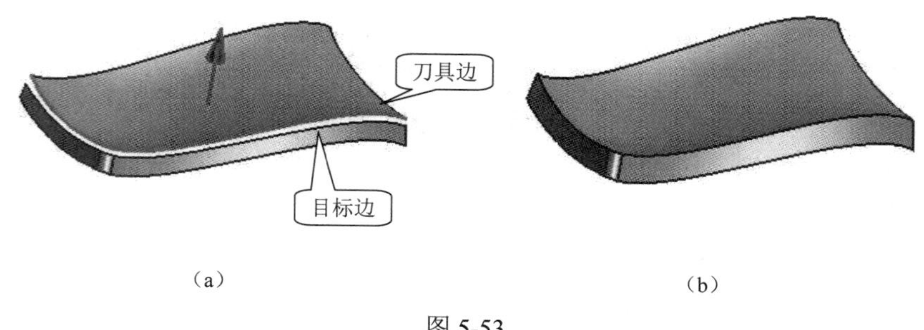

（a）　　　　（b）

图 5-53

提 示

选择目标边和刀具边时，可以将选择条上的【曲线规则】设为【相切曲线】。

5.2.4 编辑曲面

UG NX 系统提供参数化编辑和非参数化编辑两种曲面编辑方式。

参数化编辑：大部分曲面具有参数化特征，如直纹面、通过曲面组曲面、扫掠面等。这类曲面可通过编辑特征的参数来修改曲面的形状特征。

非参数化编辑：非参数化编辑适用于参数化特征与非参数化特征，但特征被编辑之后，特征的参数将丢失，因此在非参数化编辑中，系统会弹出如图 5-54 所示的【确认】对话框，以提示此操作将移除特征的参数。

在非参数化编辑中，为保留原始参数，系统会提供两个选项，如图 5-55 所示。

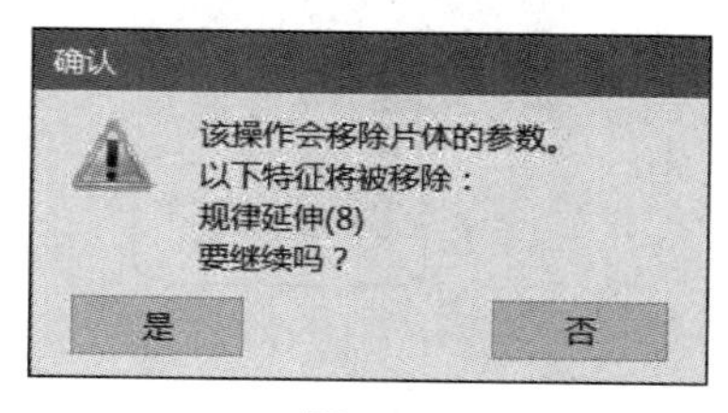

图 5-54

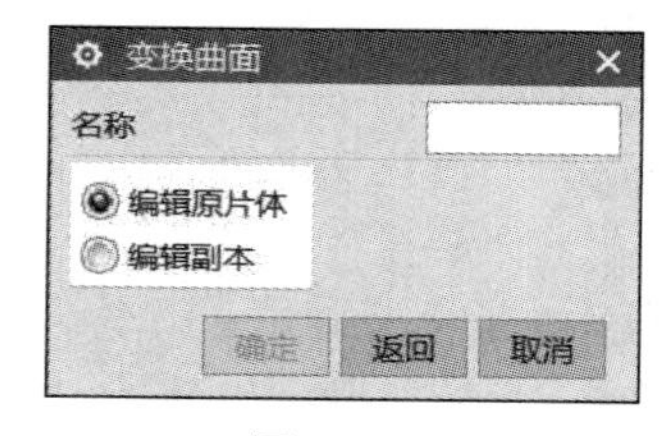

图 5-55

- 编辑原片体：在所选择的曲面上直接进行编辑，编辑后曲面的参数将丢失，一旦存盘，参数将无法恢复。
- 编辑副本：编辑之前，系统自动复制所选曲面，然后编辑复制体。复制体与原曲面不具有相关性，即编辑原曲面后，复制体不会随之改变。

1. 移动定义点

使用【移动定义点】命令可以移动片体上的点（定义点）。该命令默认状态下为隐藏，可通过命令查找器调用。

2. 移动极点

使用【移动极点】命令可以移动片体的极点。这在曲面外观形状的交互设计（如消费

品和汽车车身）中非常有用。该命令默认状态下为隐藏，可通过命令查找器调用。

3. 扩大

【扩大】是指将未修剪过的曲面扩大或缩小。扩大功能与延伸功能类似，但只能对未经修剪过的曲面扩大或缩小，并且将移除曲面的参数。

单击【菜单】|【编辑】|【曲面】|【扩大】命令，弹出如图 5-56 所示的对话框。该对话框中各选项含义如下。

- 选择面：选择要扩大的面。
- 调整大小参数：设置调整曲面大小的参数。
  - 全部：选择此复选框，若拖动下面的任一数值滑块，则其余数值滑块一起被拖动，即曲面在 U、V 方向上被一起放大或缩小。
  - U 向起点百分比/U 向终点百分比/V 向起点百分比/V 向终点百分比：指定片体各边的修改百分比。
  - 重置调整大小参数：使数值滑块或参数回到初始状态。
- 模式：有线性和自然两种模式，如图 5-57 所示。
  - 线性：在一个方向上线性延伸片体的边。线性模式只能扩大面，不能缩小面。
  - 自然：顺着曲面的自然曲率延伸片体的边。自然模式可增大或减小片体的尺寸。
- 编辑副本：对片体副本执行扩大操作。如果没有选择此复选框，则将扩大原始片体。

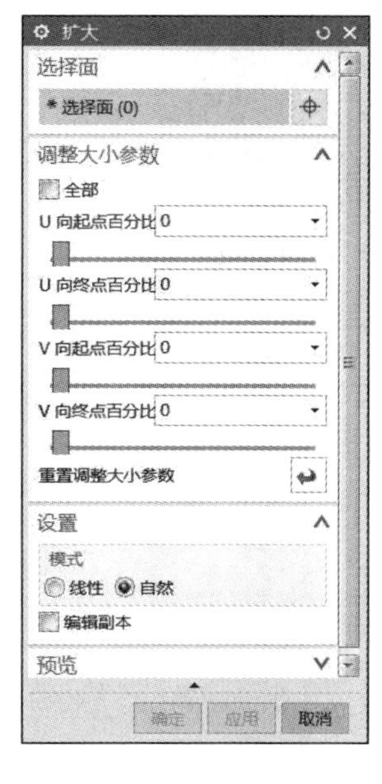

图 5-56

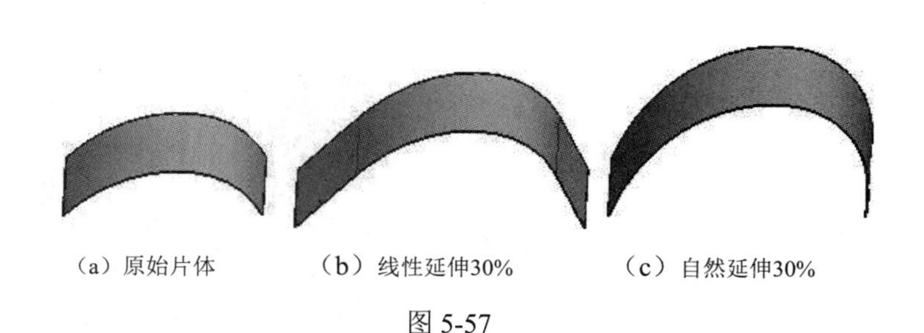

（a）原始片体　（b）线性延伸30%　（c）自然延伸30%

图 5-57

4. 替换边

用当前片体内或外的新边来替换某个片体的单个或连接的边，如图 5-58（a）所示。

5. 局部取消修剪和延伸

移除在片体上所作的修剪（即边界修剪和孔），并将体恢复至参数四边形的形状，如图 5-58（b）所示。

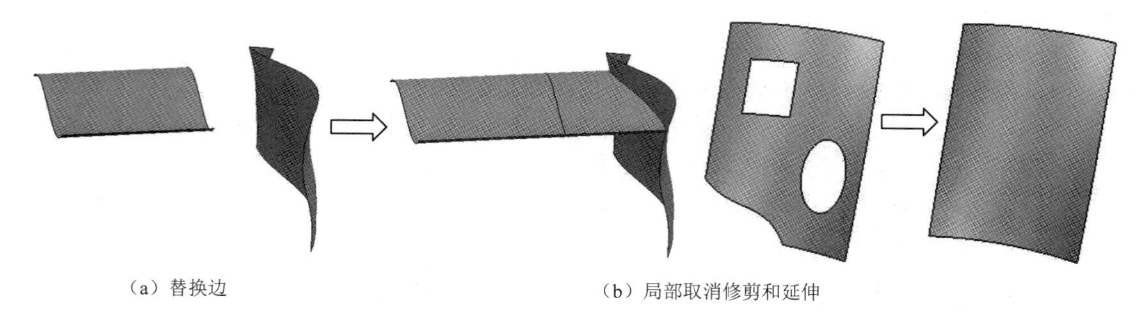

（a）替换边　　（b）局部取消修剪和延伸

图 5-58

【例 5-15】　局部取消修剪和延伸。

1）打开素材包中的 ch5\Boundary.prt，单击【菜单】|【编辑】|【曲面】|【局部取消修剪和延伸】命令，弹出如图 5-59 所示的对话框。

2）选择曲面并选择要删除的边，如图 5-60 所示的高亮曲线。

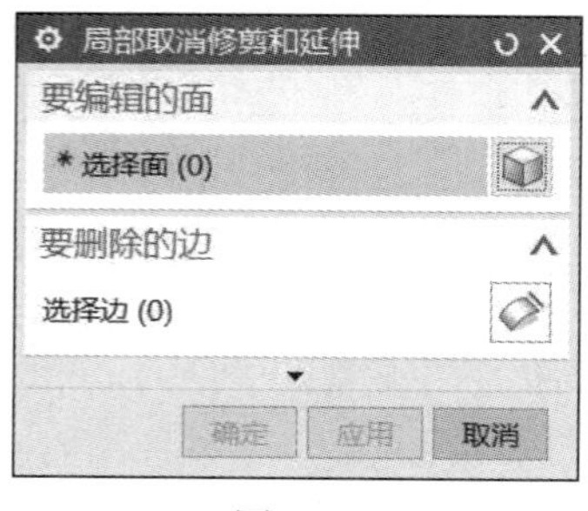

图 5-59

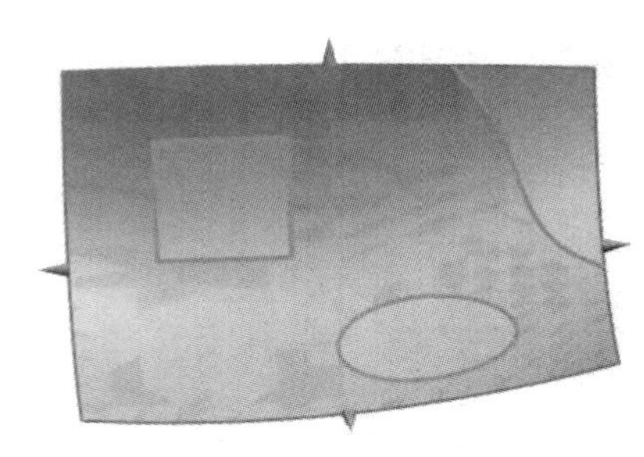

图 5-60

3）单击【确定】按钮，得到如图 5-61 所示的曲线。

图 5-61

5.2.5　曲面分析

建模过程中，经常需要对曲面进行形状的分析和验证，从而保证所建立的曲面满足要求。本节主要介绍一些常用的曲面分析工具，包括截面分析、高亮线分析、曲面连续性分析、半径分析、反射分析、斜率分析、距离分析、拔模分析。

1. 截面分析

截面分析是用一组平面与需要分析的曲面相交，得到一组交线，然后分析交线的曲率、峰值点和拐点等，从而分析曲面的形状和质量。

单击【菜单】|【分析】|【形状】|【截面分析】命令，弹出如图 5-62 所示的对话框。

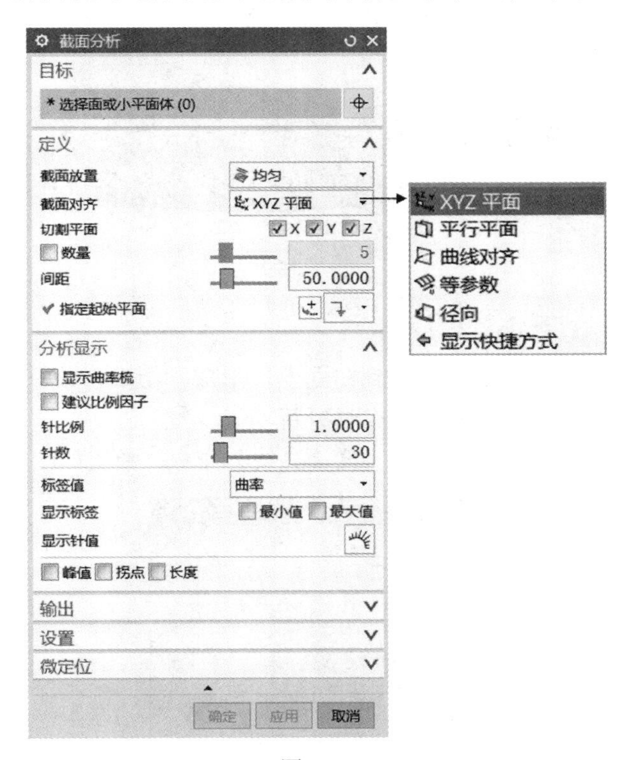

图 5-62

常用创建截面的方法有以下三种。

- 平行平面：剖切截面为一组指定数量或间距的平行平面，如图 5-63 所示。

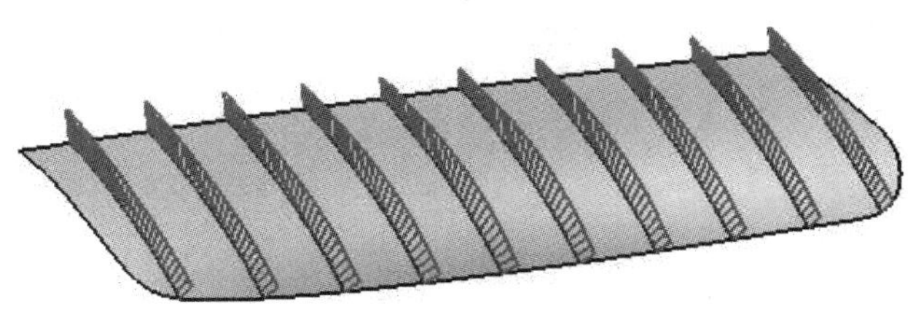

图 5-63

- 等参数：剖切截面为一组沿曲面 U、V 方向，根据指定的数量或间距创建的平面，如图 5-64 所示。

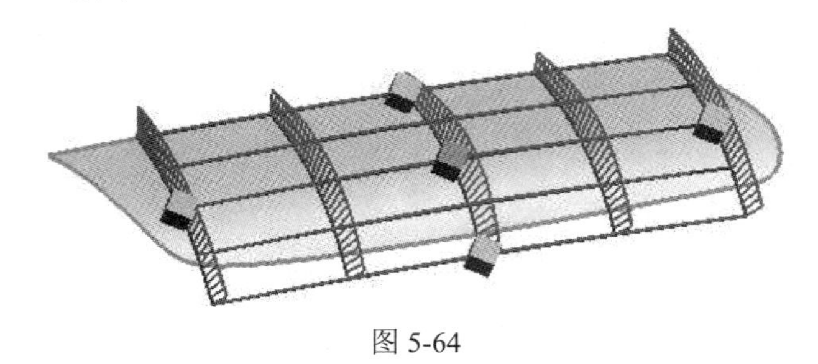

图 5-64

- 曲线对齐：创建一组和所选择曲线垂直的截面，如图 5-65 所示。

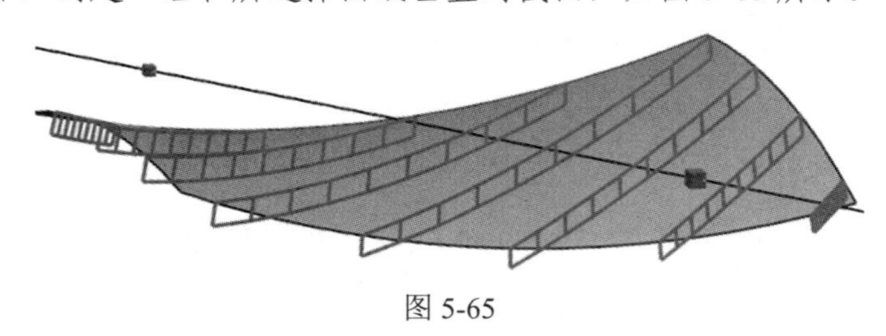

图 5-65

2. 高亮线分析

高亮线是通过一组特定的光源投射到曲面上，形成一组反射线来评估曲面的质量。旋转、平移、修改曲面后，高亮反射线会实时更新。

单击【菜单】|【分析】|【形状】|【高亮线】命令，弹出如图 5-66 所示的对话框。

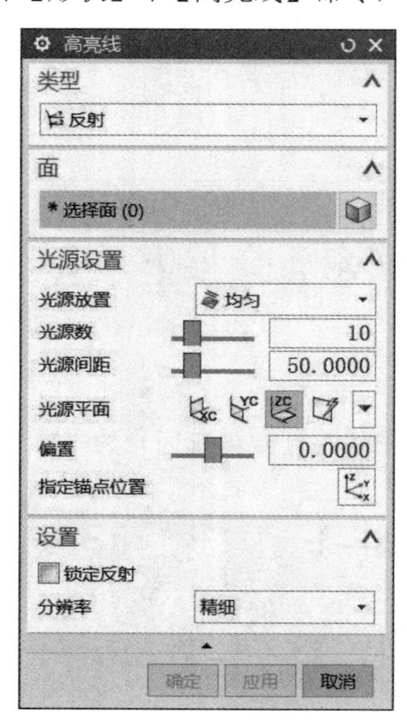

图 5-66

（1）产生高亮线的两种类型

高亮线是一束光线投向所选择的曲面上，在曲面上产生反射线。【反射】类型是从观察方向察看反射线，随着观察方向的改变而改变；而【投影】类型则是直接取曲面上的反射线，与观察方向无关，如图5-67所示。

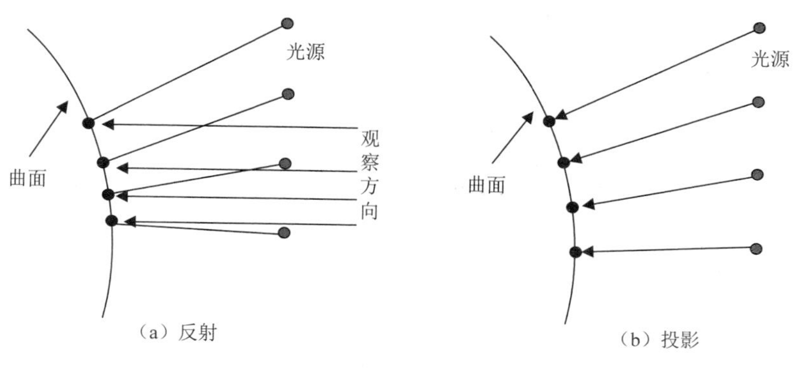

图5-67

反射的光束是沿着动态坐标系的YC轴方向的，旋转坐标系的方向可以改变反射线的形状，同样，改变屏幕视角的方向也可以显示不同的反射形状。但选择【锁定反射】复选框，使其锁定，那么旋转视角方向也不会改变反射线的形状。

（2）光源设置

- 均匀：一种等间距的光源，可以在【光源数】文本框中设定光束的条数（≤200），在【光源间距】文本框中设定光束的间距，如图5-68（a）所示。
- 通过点：高亮线通过在曲面上指定的点，如图5-68（b）所示。
- 在点之间：在用户指定的曲面上的两个点之间创建高亮线，如图5-68（c）所示。

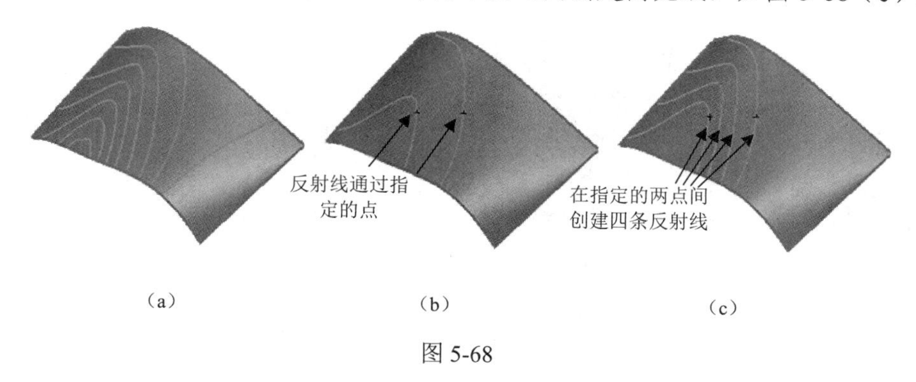

图5-68

3. 曲面连续性分析

利用曲面的连续性分析可以分析两组曲面之间的连续性，包括位置连续（G0）、相切连续（G1）、曲率连续（G2）及流连续（G3）。

单击【菜单】｜【分析】｜【形状】｜【曲面连续性】命令，弹出如图5-69所示的对话框。

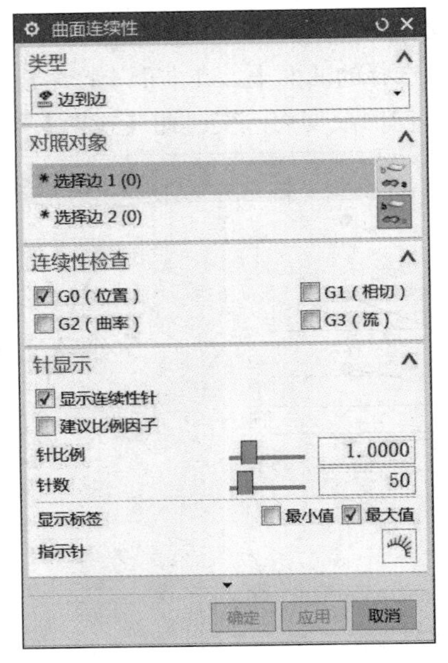

图 5-69

（1）类型

- 边到边：分析两组边缘线之间的连续性关系。
- 边到面：分析一组边缘线与一个曲面之间的连续性关系。

【边到边】和【边到面】两个选项仅选择步骤不同，其分析方法相同。

（2）对照对象

- 选择边 1：选择要充当连续性检查基准的第一组边；选择希望作为参考边的边的相邻面。
- 选择边 2：如果正在使用的类型是边到边，则选择第二组边；如果正在使用的类型是边到面，则选择一组面，将针对这些面测量与第一组边的连续性。

（3）连续性检查

指定连续性分析的类型。

- G0 连续用于检测两条边缘之间的距离分布，其误差单位是长度。若两条边缘重合（即位置连续），则其值为 0。
- G1 连续用于检测两条边缘线之间的斜率连续性，斜率连续误差的单位是弧度。若两曲面在边缘处相切连续，则其值为 0。
- G2 连续用于检查两组曲面之间曲率的误差分布，其单位是 1。曲率连续性分析时，可选用不同的曲率显示方式：截面、高斯、平均、绝对。
- G3 连续用于检查两组曲面之间曲率的斜率连续性（流连续）。

（4）针显示

- 显示连续性针：为当前选定的曲面边和连续性检查显示曲率梳。如果曲面有变化，梳状图会针对每次连续性检查动态更新。
- 建议比例因子：自动将比例设为最佳大小。

- 针比例：通过拖动滑块或输入值来控制曲率梳的比例或长度。
- 针数：通过拖动滑块或输入值来控制梳中显示的总齿数。
- 显示标签：显示每个活动的连续性检查梳的近似位置及最小/最大值。

> **提 示**
>
> 可以使用键盘方向来更改针比例和针密度，针比例或针密度选项上必须有光标焦点。

4. 面分析-半径

半径分析主要用于分析曲面的曲率半径，并且可以在曲面上把不同曲率半径以不同颜色显示，从而可以清楚地分辨半径的分布情况及曲率变化。

【例 5-16】 半径分析。

1）打开素材包中的 ch5\Face_Analysis_Radius.prt，单击【菜单】|【分析】|【形状】|【半径】命令，弹出如图 5-70（a）所示的对话框。

2）设置参数：通常可采用默认值。

3）选择要分析的曲面：选择曲面后，即可显示曲面半径分布规律。

4）选择【半径类型】为【高斯】。

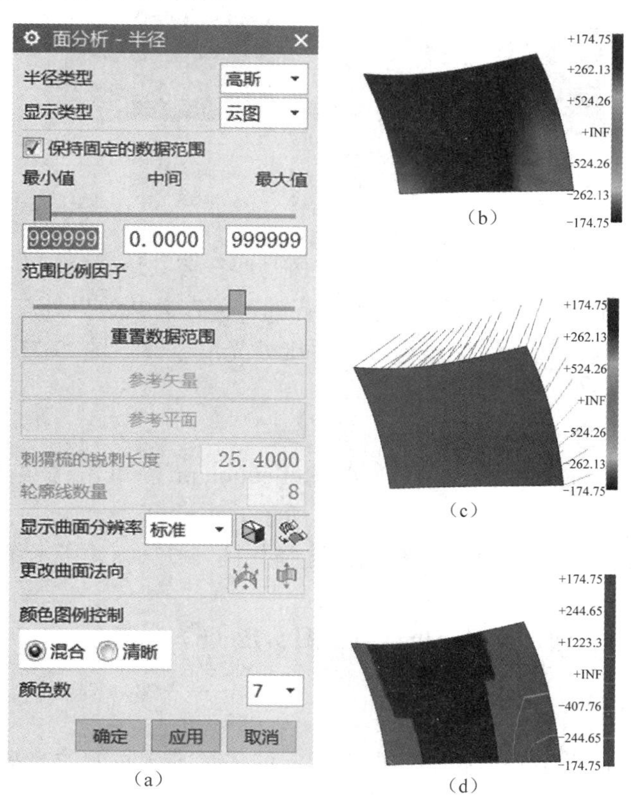

（a） （b） （c） （d）

图 5-70

5）选择【显示类型】。

- 云图：着色显示曲率半径，颜色变化代表曲率变化，如图 5-70（b）所示。
- 刺猬梳：显示曲面上各栅格点的曲率半径梳图，并且使用不同的颜色代表曲率半径，每一点上的曲率半径梳直线垂直于曲面，用户可以自定义刺猬梳的锐刺长度，如图 5-70（c）所示。
- 轮廓线：使用恒定半径的轮廓线来表示曲率半径，每一条曲线的颜色都不相同，用户可指定显示的轮廓线数量，最大为 32 条，如图 5-70（d）所示。

5. 面分析-反射

反射分析，主要是仿真曲面上的反射光，以分析曲面的反射特性。由于反射图形类似于斑马条纹，故其条纹通常又被称为斑马线。利用斑马线可以评价曲面间的连续情况，如图 5-71 所示为两个曲面拼接后的斑马线评价情况。

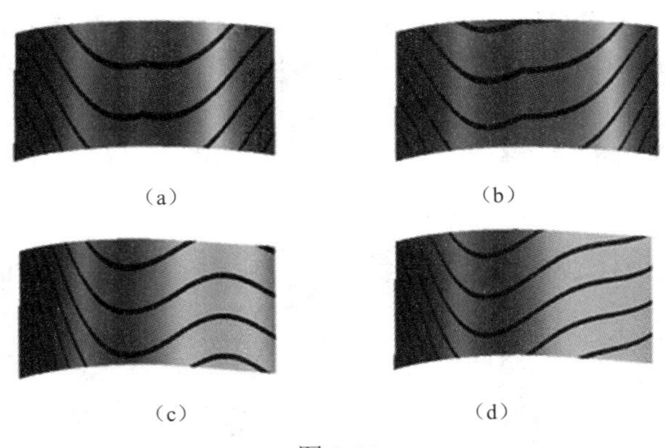

图 5-71

图 5-71（a）中的两曲面是 G0 连续，所以斑马线在公共边界处相互错开；图 5-71（b）中的两曲面是 G1 连续，两曲面的斑马线是对齐的，但在公共边界处有尖角；图 5-71（c）中的两曲面是 G2 连续，两曲面的斑马线在拼接处光滑过渡；图 5-71（d）是 G3 连续情况。可见，斑马线越均匀，曲面质量越高。

【例 5-17】 反射分析。

1）打开素材包中的 ch5\Face_Analysis_Reflection.prt，单击【菜单】|【分析】|【形状】|【反射】命令，弹出如图 5-72（a）所示的对话框。

2）选择【图像类型】为【场景图像】，选择如图 5-72（a）所示第二幅图，其余保持默认设置。

3）单击【确定】按钮，反射分析结果如图 5-72（b）所示。

6. 面分析-斜率

斜率分析是分析曲面上每一点的法向与指定的矢量方向之间的夹角，并通过颜色图显示和表现出来。在模具设计分析中，曲面斜率分析方法应用很广泛，主要以模具的拔模方向为参考矢量，对曲面的斜率进行分析，从而判断曲面的拔模性能。

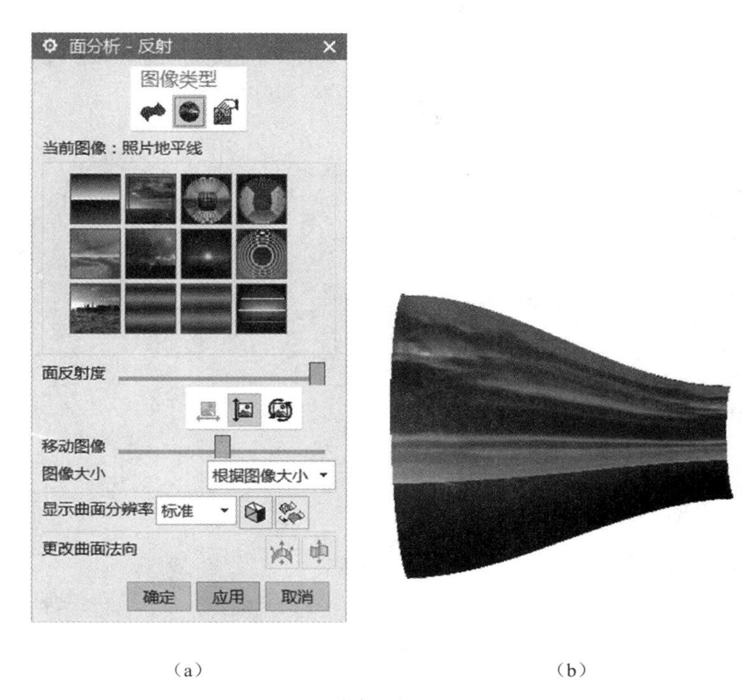

（a）　　　　　　　　　　（b）

图 5-72

斜率分析与反射分析相似，不同之处是需要指定一个矢量方向。在此不再赘述。

7. 面分析-距离

距离分析用于分析选择曲面与参考平面之间的距离，进而分析曲面的质量。

【例 5-18】　距离分析。

1）打开素材包中的 ch5\Face_Analysis_Distance.prt，然后单击【菜单】|【分析】|【形状】|【距离】命令，弹出【刨】对话框。该对话框用于指定或构造一个参考平面，如图 5-73 所示。

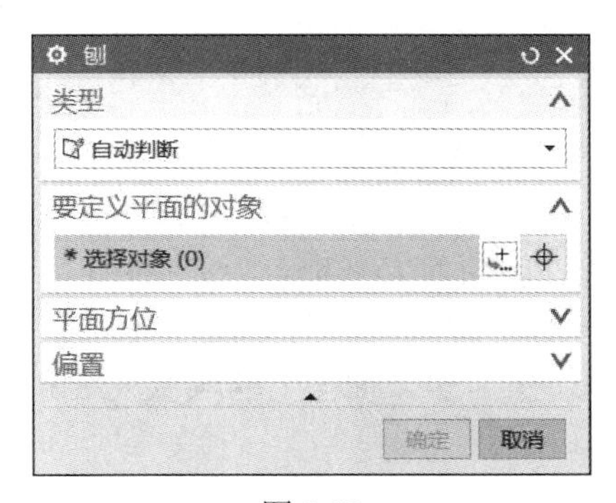

图 5-73

2）选择或构造一个平面：如图 5-74（b）所示，选择直线（注意不要选中直线的控制点），然后选择直线靠近曲面一侧的端点，系统自动构建一个过直线端点且垂直于直线的基准平面。

3）单击【确定】按钮，弹出如图 5-74（a）所示的【面分析-距离】对话框，并在曲面上以颜色显示曲面到参考平面的距离，如图 5-74（c）所示。

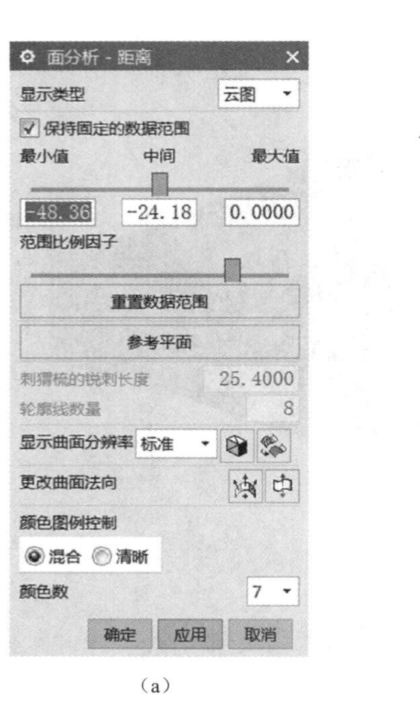

（a）

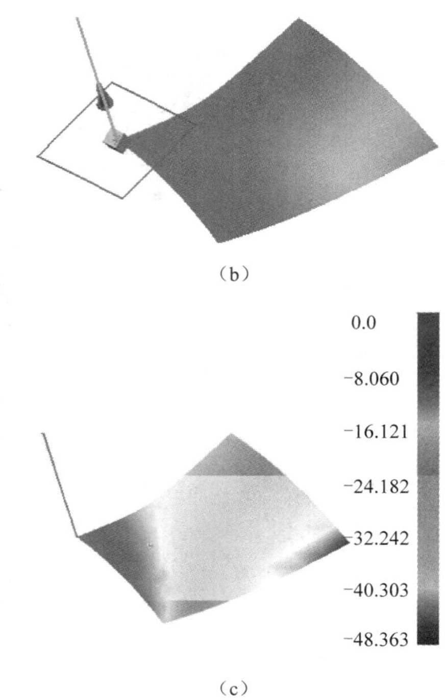

（b）

（c）

图 5-74

8．拔模分析

通常对于钣金成型件、汽车覆盖件模具、模塑零件，沿拔模方向的侧面都需要一个正向的拔模斜度，如果斜度不够或者出现反拔模斜度，那么所设计的曲面就是不合格的。拔模分析提供对指定部件反拔模状况的可视反馈，并可以定义一个最佳冲模冲压方向，以使反拔模斜度达到最小值。

【例 5-19】　拔模分析。

1）打开素材包中的 ch5\Draft_Analysis.prt，单击【菜单】｜【分析】｜【形状】｜【拔模分析】命令，弹出如图 5-75（a）所示的对话框。系统临时显示一动态坐标系，选择曲面之后，曲面颜色分区显示，如图 5-75（b）、（c）所示。

2）动态坐标系的 Z 轴就是分析中所使用的拔模方向。在【目标】选项区中选择要分析的面，接着在【指定方位】中选择 Z 轴，曲面上的颜色区域随之发生变化，如图 5-75（d）所示。

提　示

拔模分析中使用四种颜色来区分不同的拔模区域：曲面法向与拔模正向（Z 轴正向）的夹角小于 90°，默认用绿色表示；曲面法向与拔模负向（Z 轴负向）的夹角小于 90°，默认用红色表示；在红色和绿色之间可以设置过渡区域，可以设置-15°～0°

及0°～15°作为过渡区域，改变该区域时在对话框中拖动【限制】滑块即可。

在【拔模分析】对话框中选择【显示等斜线】复选框，系统可以显示颜色中间的分界线，单击【保存等斜线】按钮可以将等斜线保留下来。

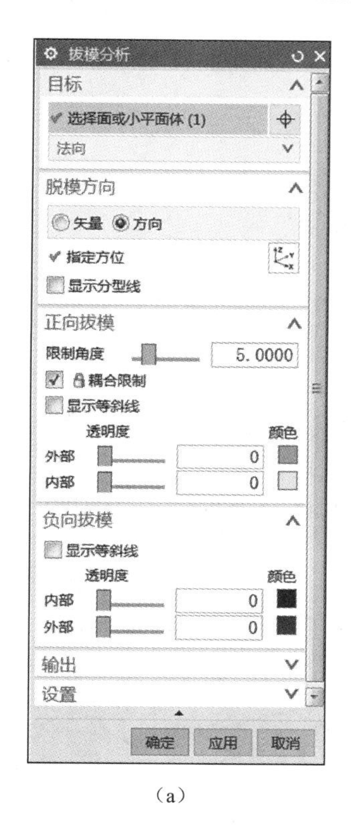

（a）

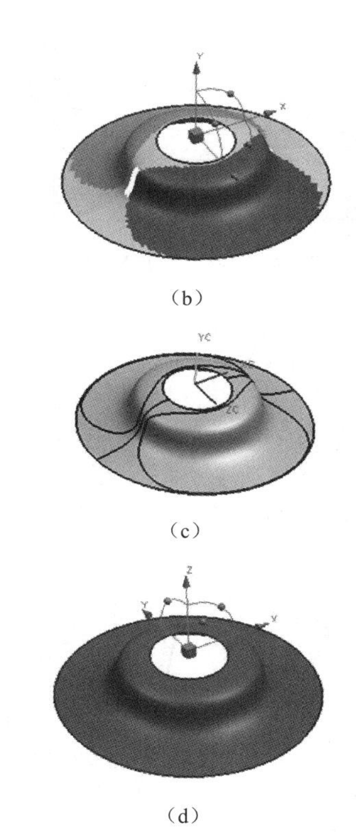

（b）

（c）

（d）

图 5-75

5.3 小家电外壳建模实例

参考文件 xiaojiadian.prt，完成如图 5-76（a）所示的某一塑料件的建模，图 5-76（b）是产品本体的模型（凸台已被删除）。

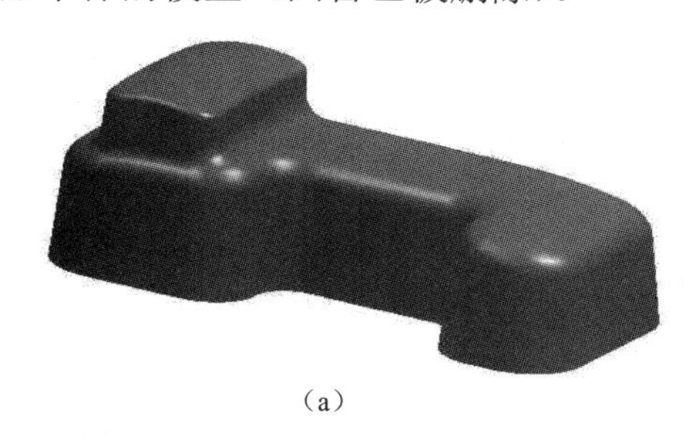

（a）

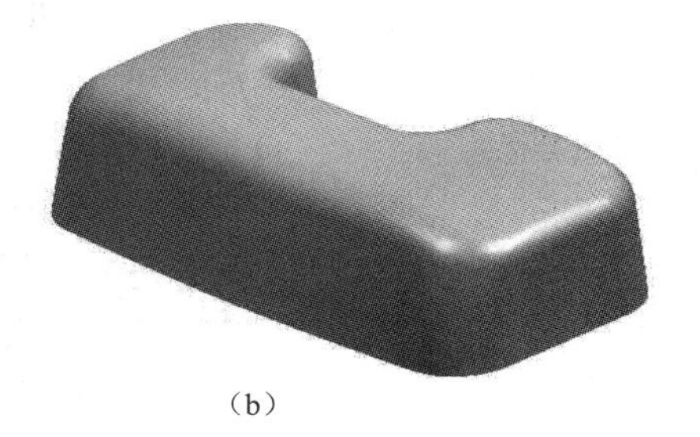

（b）

图 5-76

操作步骤如下：

1. 制作本体

1）以X-Y 平面为草图平面创建第一个草图，如图 5-77 所示。

2）调整 WCS：先绕 Z 轴旋转-90°，再绕 X 轴旋转 90°，最后沿 Z 轴移动 80°，结果如图 5-78 所示。

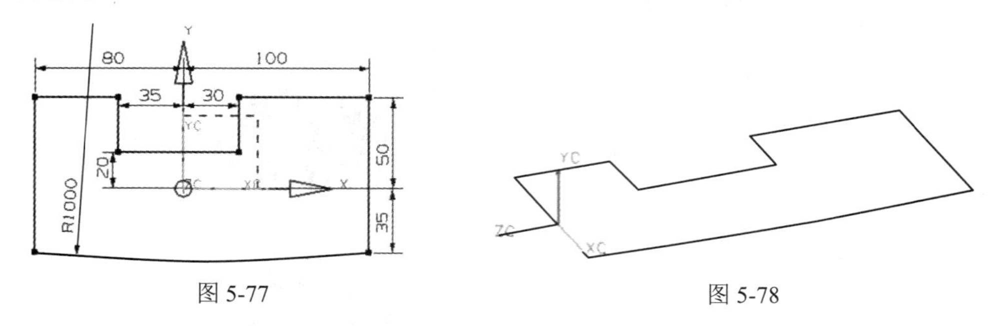

图 5-77　　图 5-78

3）以 X-Y 平面为草图平面创建第二个草图，其中 R300 的圆弧至 Y 轴距离为 10，如图 5-79 所示。

4）调整 WCS：先绕 Y 轴旋转 180°，再沿 Z 轴移动 180°，结果如图 5-80 所示。

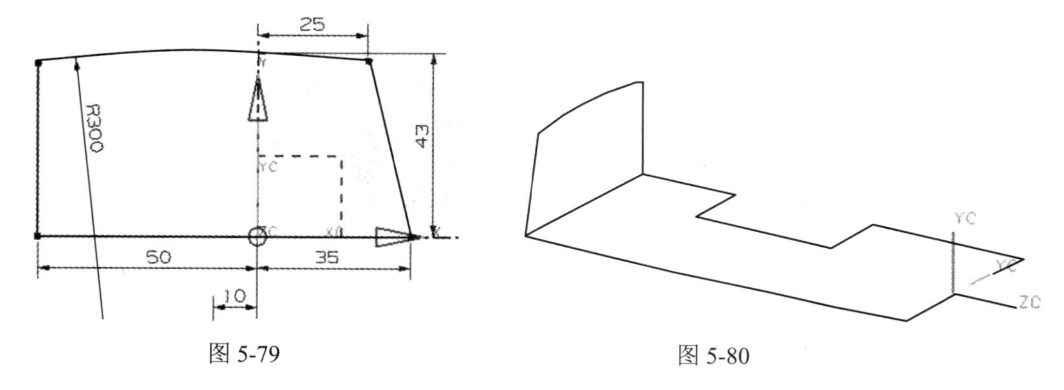

图 5-79　　图 5-80

5）以 X-Y 平面为草图平面创建第三个草图，其中 R300 的圆弧至 Y 轴距离为 10，如图 5-81 所示。

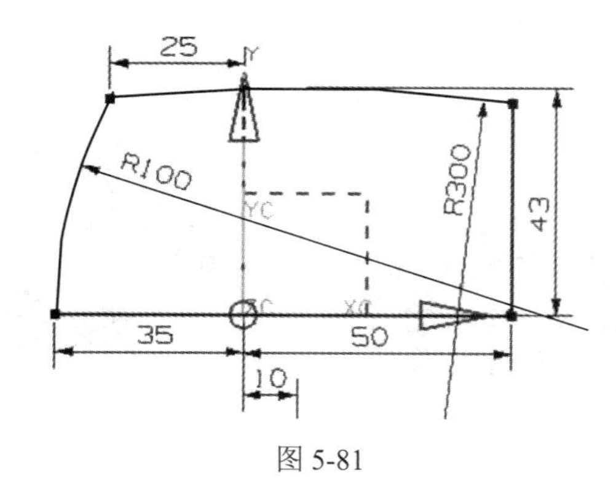

图 5-81

6）调用【曲线长度】工具，延长如图 5-82 所示的两条曲线。

7）调用【扫掠】工具生成侧面，如图 5-83 所示。

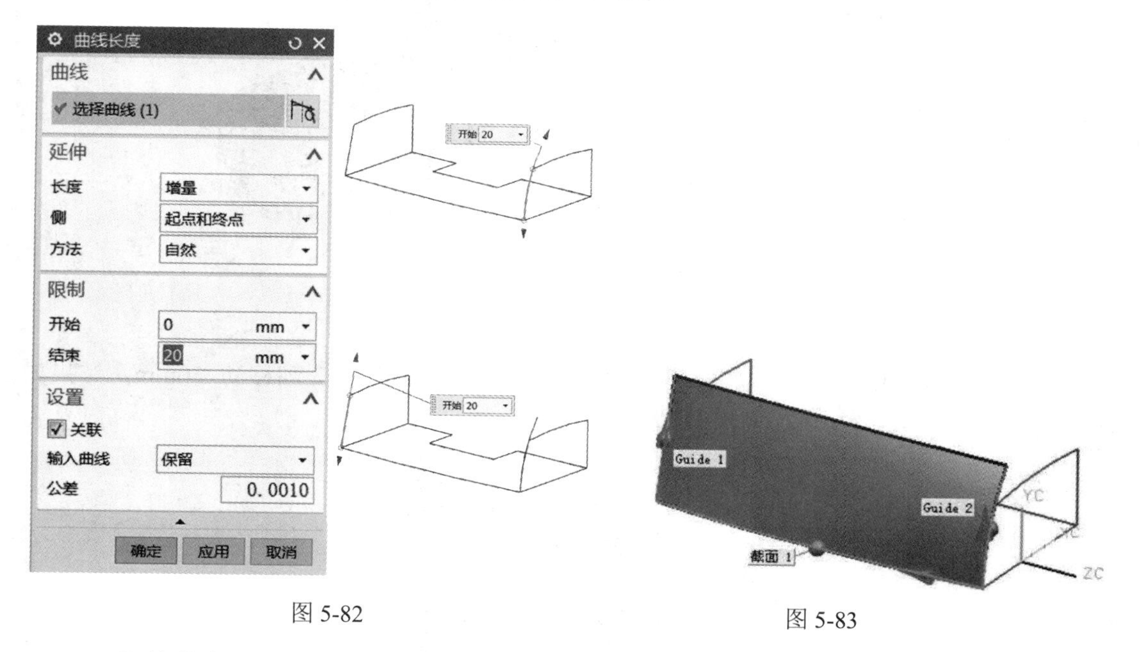

图 5-82

图 5-83

8）拉伸其余侧面，其开始距离为 0mm，结束距离为 60mm，如图 5-84 所示。

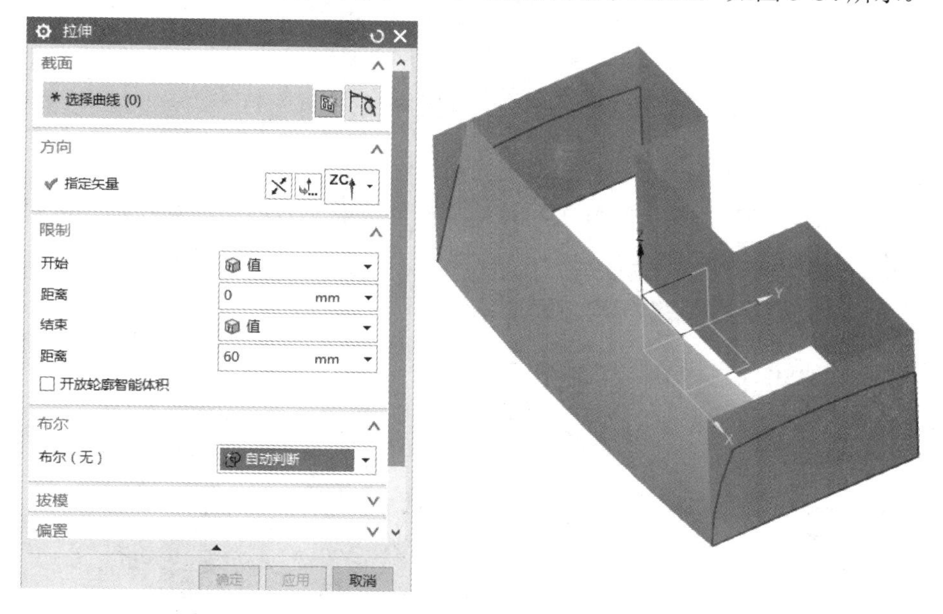

图 5-84

9）修剪组合所有侧面，如图 5-85 所示。

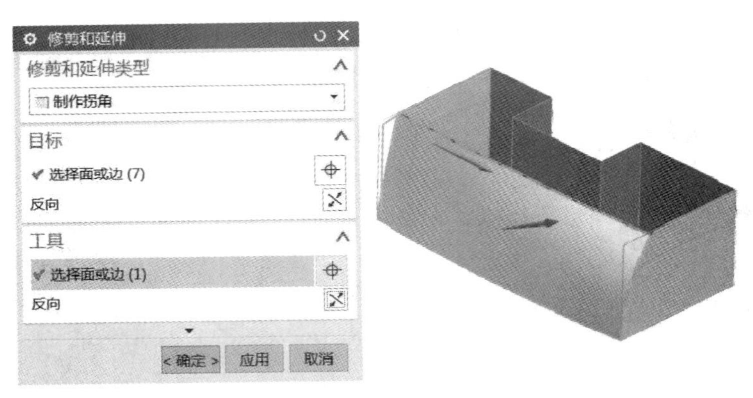

图 5-85

10）调整 WCS：首先移动 WCS 到绝对坐标系，然后沿 ZC 轴移动 50mm，结果如图 5-86 所示。

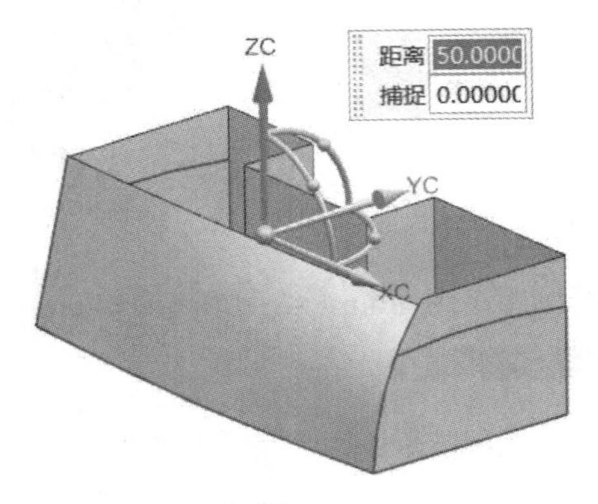

图 5-86

11）创建一条与 YC 轴重合的直线，并将其拉伸成面，直线长度和拉伸长度只要超过所有的侧面即可，如图 5-87 所示。

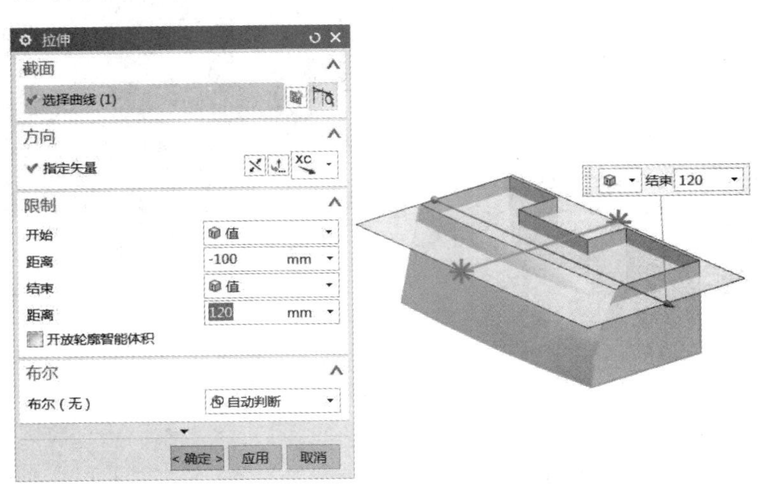

图 5-87

12）调用【曲线长度】工具，将图5-88所示的两条曲线的两端各延长20mm。

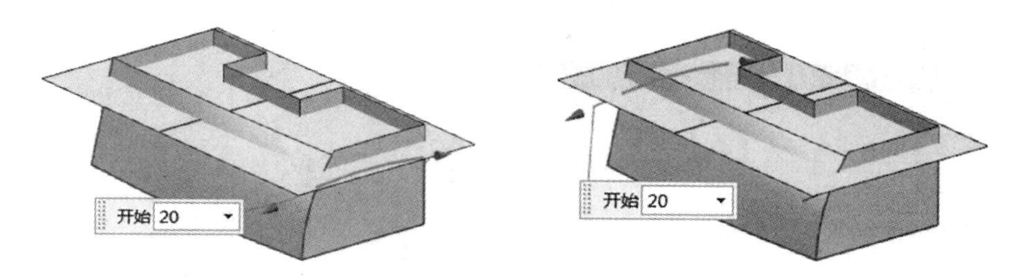

图5-88

13）调用【剖切曲面】工具，选择【圆相切】类型，创建剖切曲面，如图5-89所示。

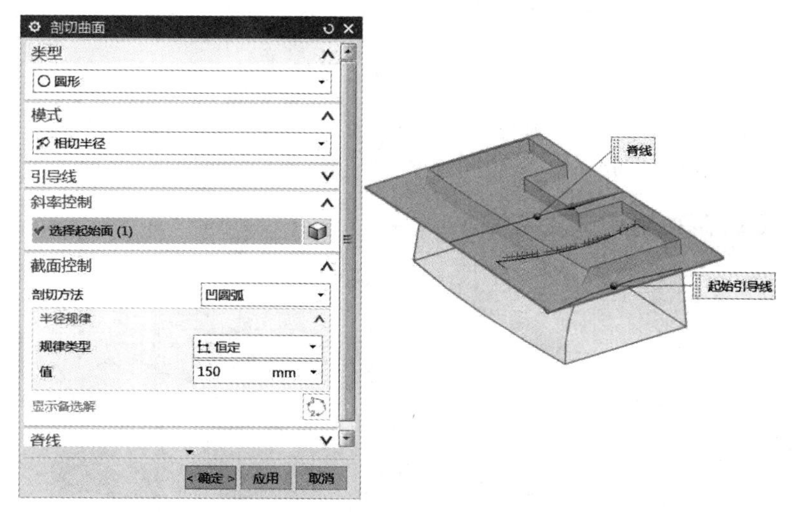

图5-89

14）以同样的方式在另一侧创建圆相切曲面，如图5-90所示。

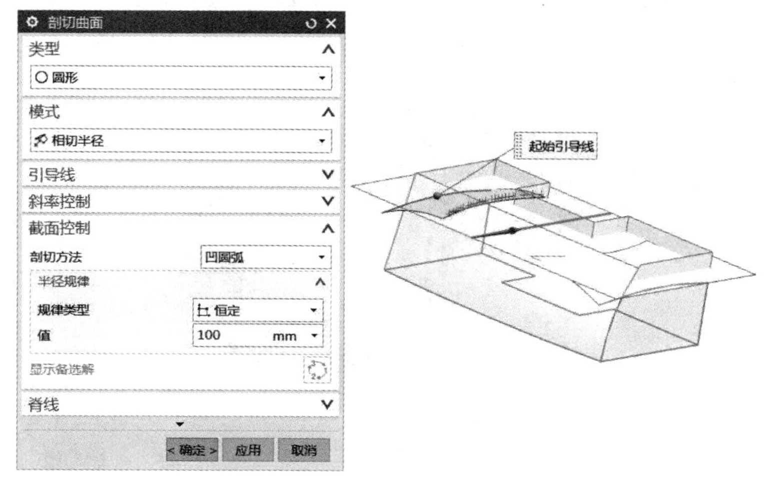

图5-90

15）调用【修剪和延伸】工具，以步骤 11）创建的拉伸为目标，以步骤 14）创建的剖切曲面为刀具，修剪曲面，如图 5-91 所示。

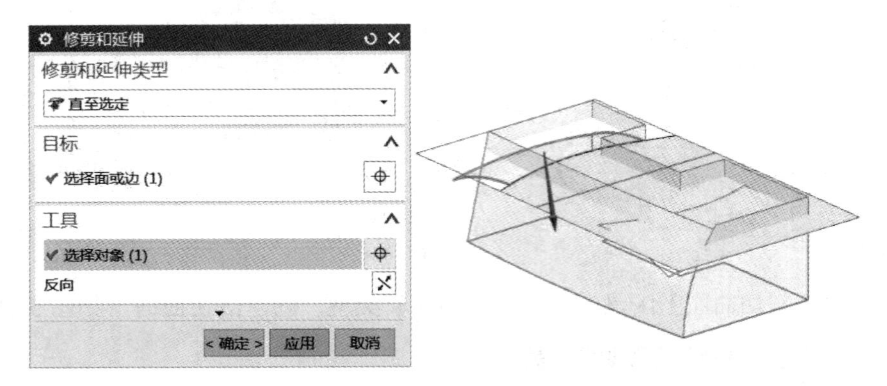

图 5-91

16）以同样的方式修剪另一侧的剖切曲面，然后再以所有顶面为刀具，修剪并组合顶面和侧面，结果如图 5-92 所示。

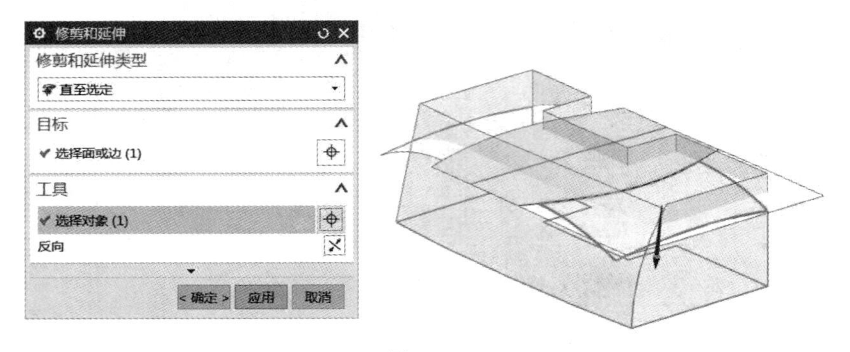

图 5-92

17）以步骤 1）创建的草图为“平面截面”，创建有界平面，如图 5-93 所示。

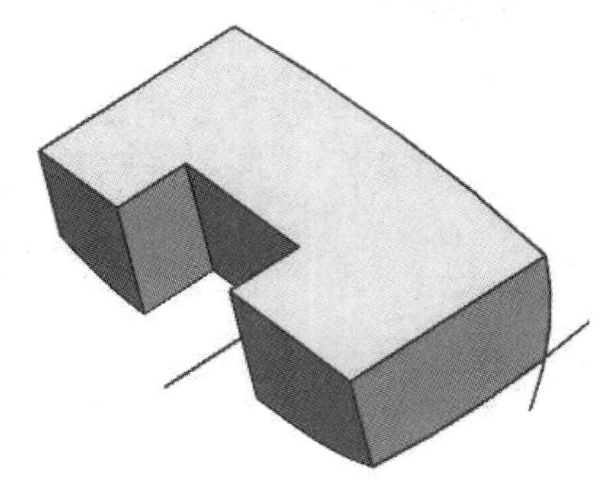

图 5-93

18）缝合所有面。

19）以 ZC 轴为矢量，以图 5-94 所示的边为固定边创建拔模特征，拔模角度为 2°。

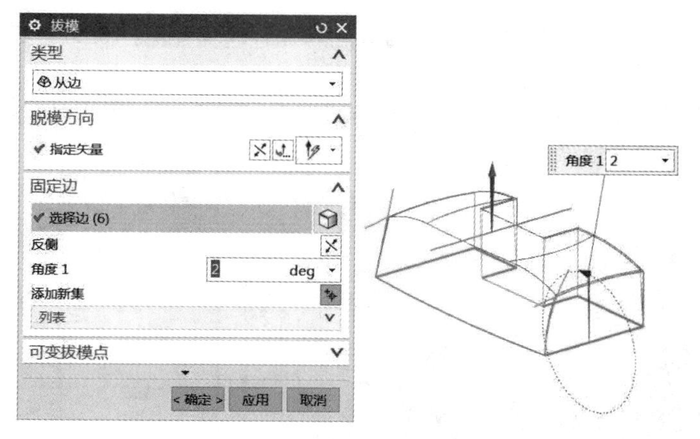

图 5-94

20）为侧面各边倒圆角，各圆角值如图 5-95 所示。

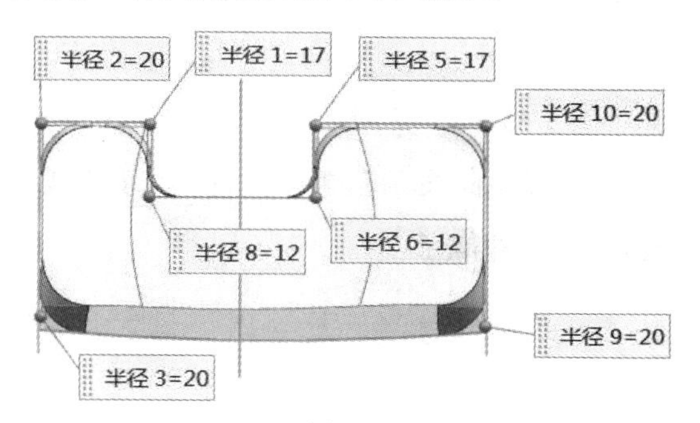

图 5-95

21）为顶边变半径倒圆角，如图 5-96 所示。

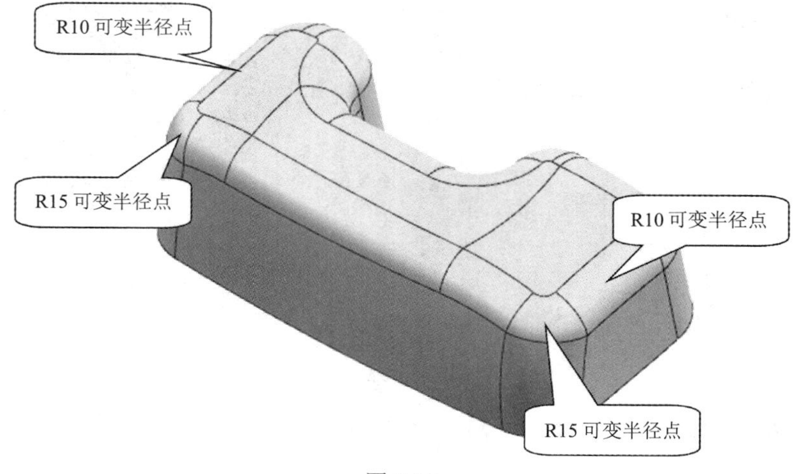

图 5-96

2. 凸台制作

1）调整WCS：首先沿XC轴移动65mm，然后沿YC轴移动10mm，结果如图5-97（a）所示。

2）以WCS的XC-YC平面为草图平面创建第四个草图，如图5-97（b）所示。

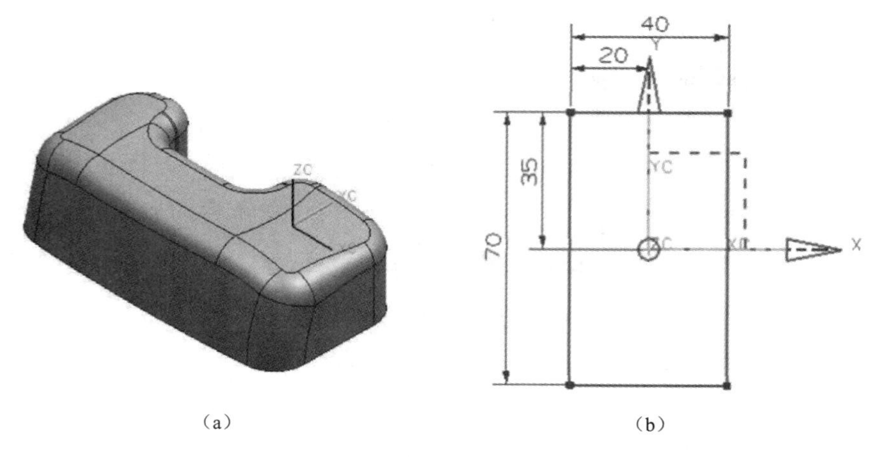

图5-97

3）以步骤2）创建的草图为截面曲线，创建拉伸特征，其参数设置如图5-98所示。

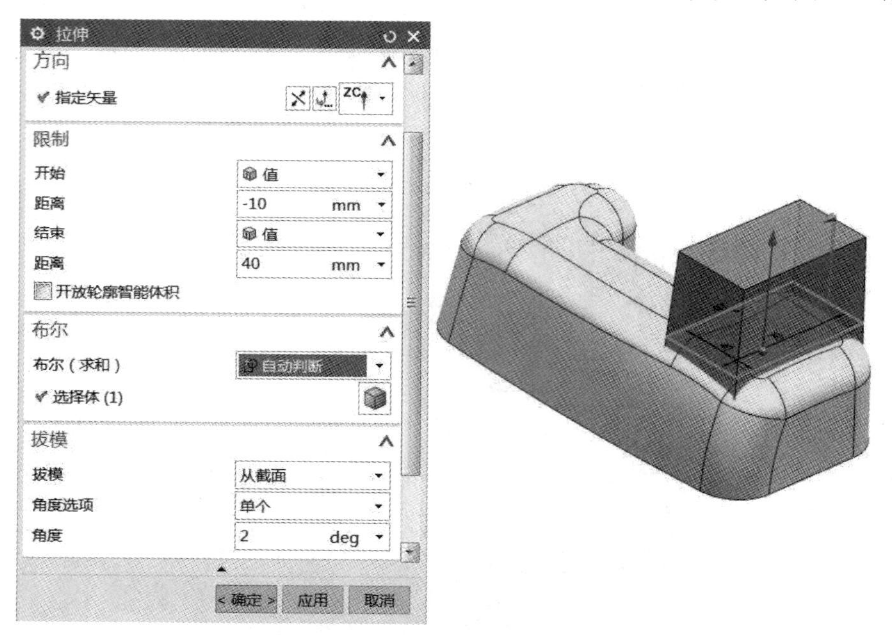

图5-98

4）调整WCS，使其绕XC轴旋转90°，如图5-99所示。

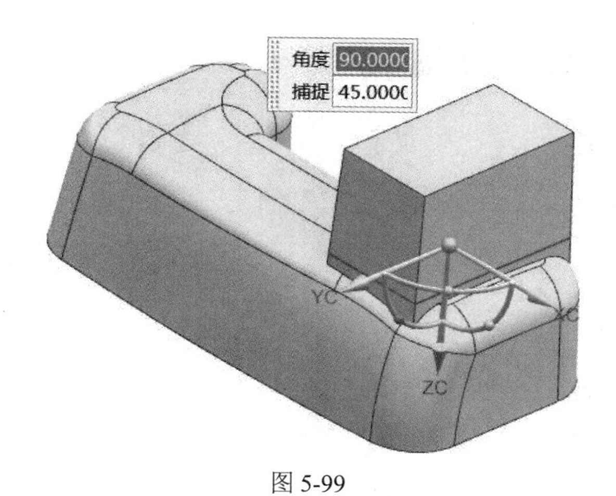

图 5-99

5）以 WCS 的 XC-YC 平面为草图平面创建第五个草图，如图 5-100 所示。

6）调整 WCS，使其绕 YC 轴旋转 90°，如图 5-101 所示。

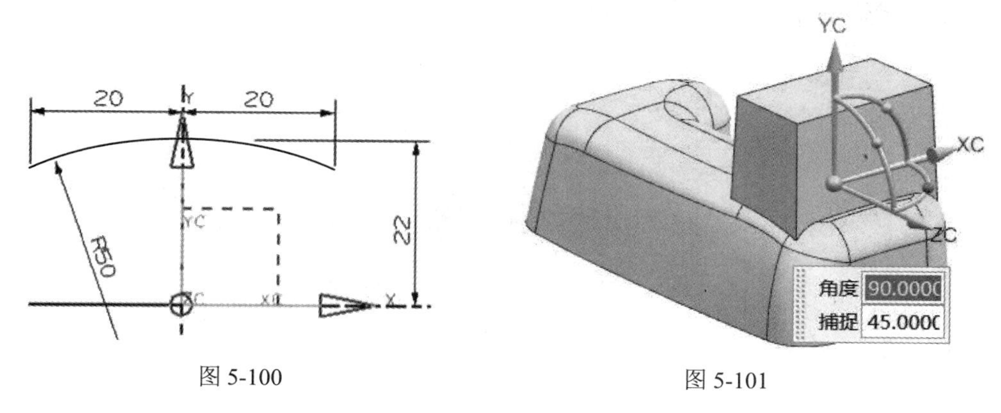

图 5-100　　图 5-101

7）以 WCS 的 XC-YC 平面为草图平面创建第六个草图，如图 5-102 所示。

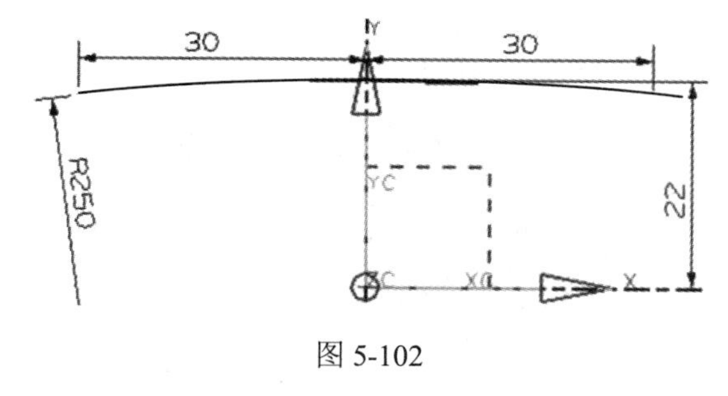

图 5-102

8）以步骤 5）创建的草图为截面，以步骤 7）创建的草图为引导线，创建扫略面，如图 5-103 所示。

9）调用【替换面】工具将实体的顶面替换为扫略面，如图 5-104 所示。

10）倒圆角，其中凸台侧面四边的圆角值为 8，顶边的圆角值为 3，如图 5-105 所示。

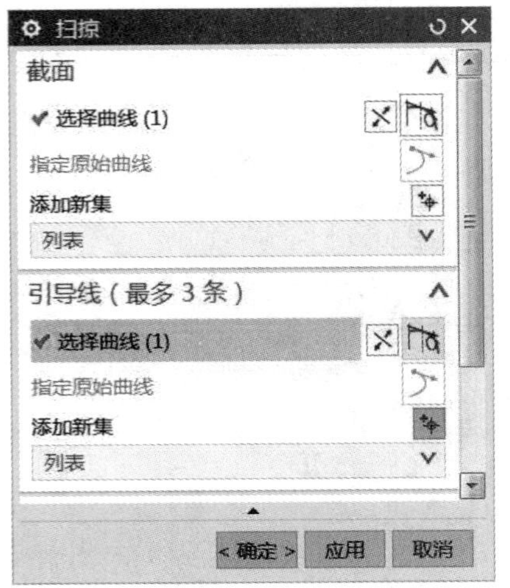

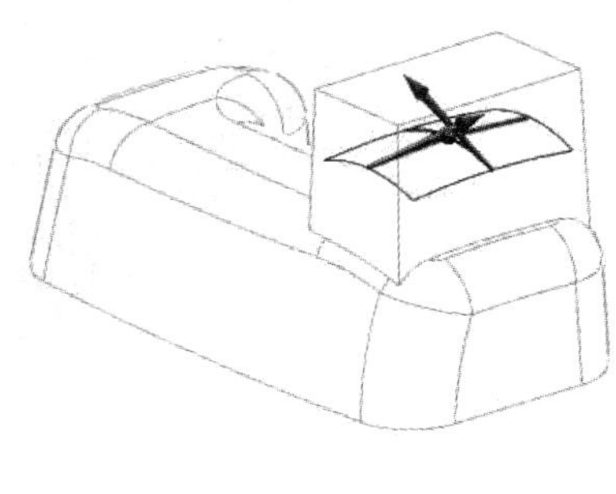

图 5-103

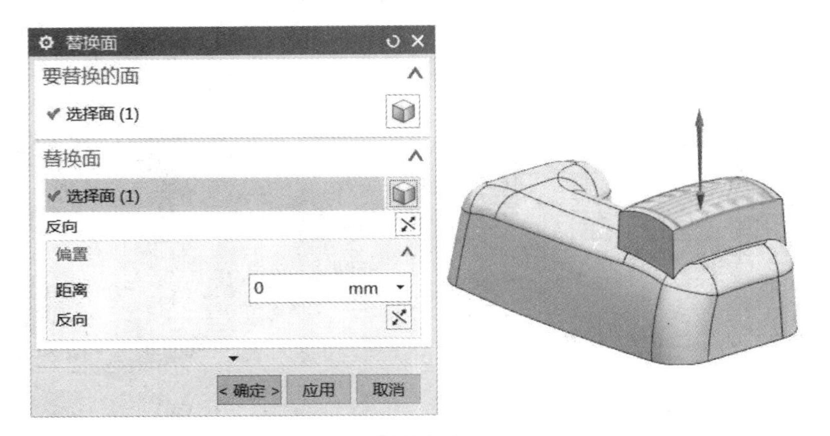

图 5-104

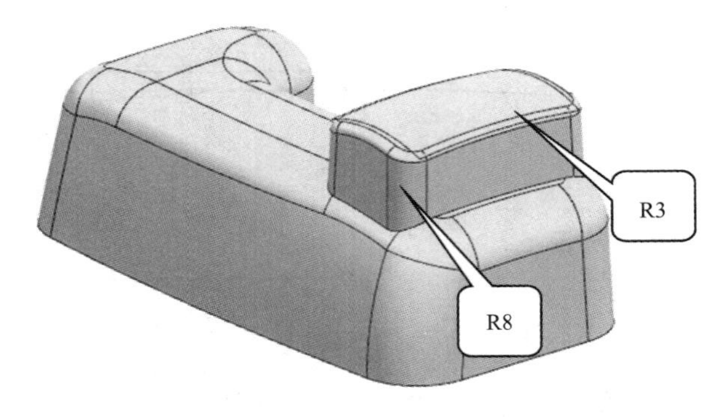

图 5-105

3. 本体与凸台之间的圆角连接

1）将本体和凸台布尔求和。

2）进行边倒圆，如图 5-106 所示。

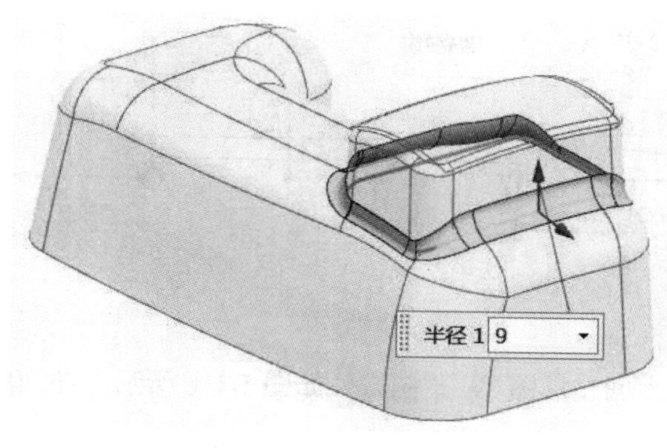

图 5-106

5.4 手机外壳底板曲面建模

参照文件 Mobile_Shell_Bottom.prt，完成如图 5-107 所示的手机底板外壳的建模。

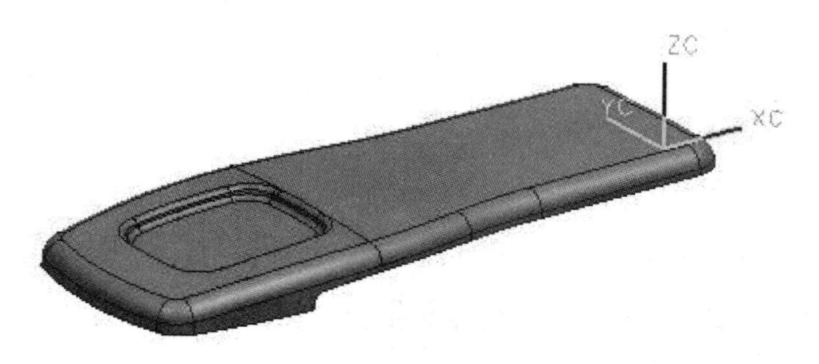

图 5-107

操作步骤如下。

1）在XC-YC 平面上创建草图 1，如图 5-108 所示（需注意草图方位，下同）。

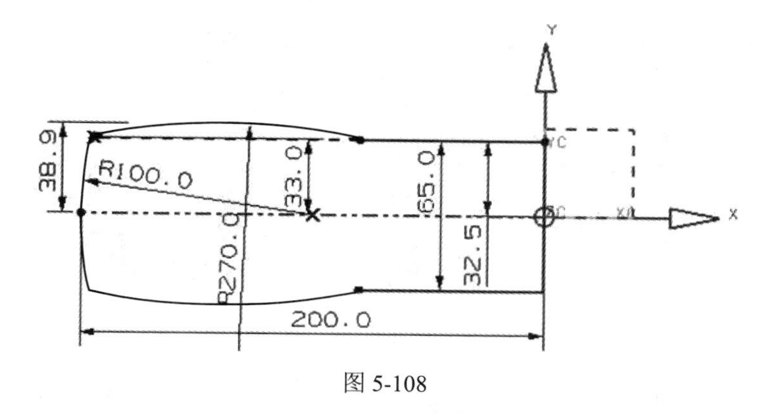

图 5-108

2）在XC-ZC 平面上创建草图 2，如图 5-109 所示。

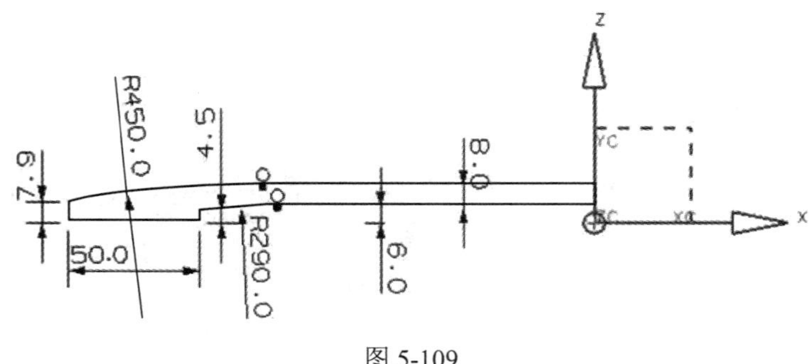

图 5-109

3）在XC-YC 平面上创建草图 3，草图方位如图 5-110 所示，详细尺寸如图 5-111 所示。

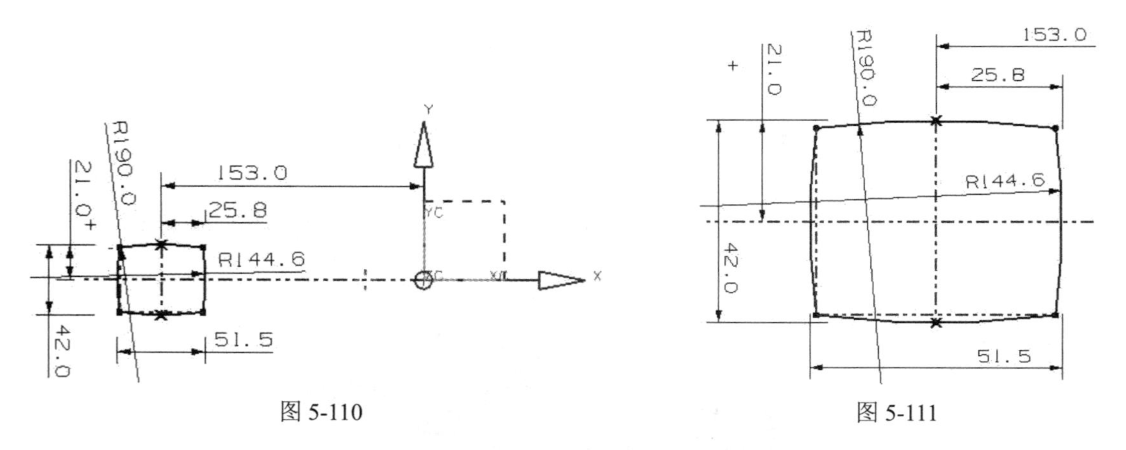

图 5-110　　　　图 5-111

4）利用草图 1 内的曲线拉伸一个实体，如图 5-112 所示。

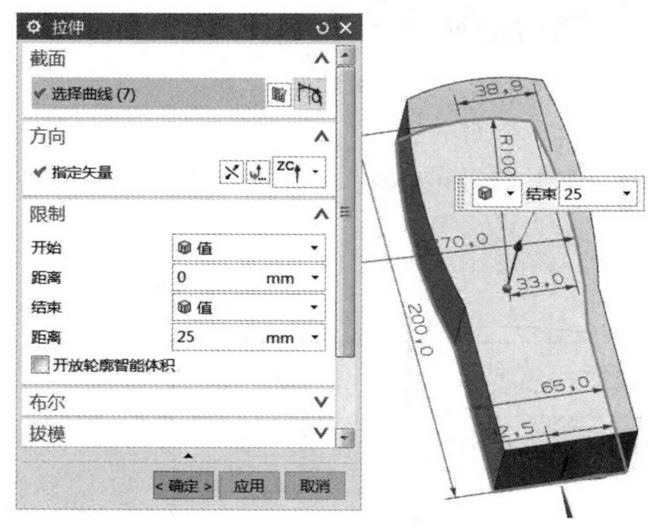

图 5-112

5）对步骤 4）拉伸出的实体的侧面进行拔模，如图 5-113 和图 5-114 所示。

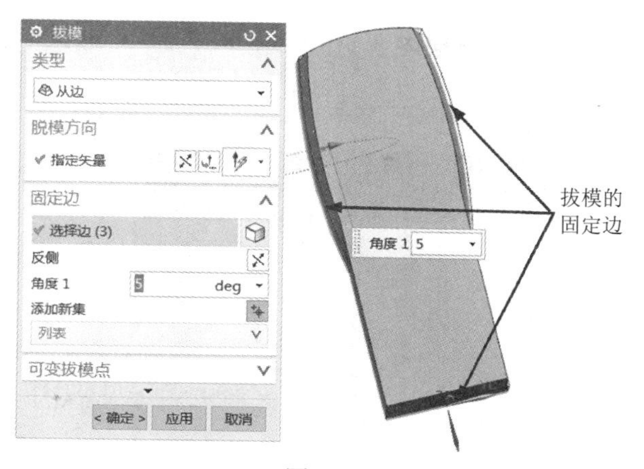

图 5-113

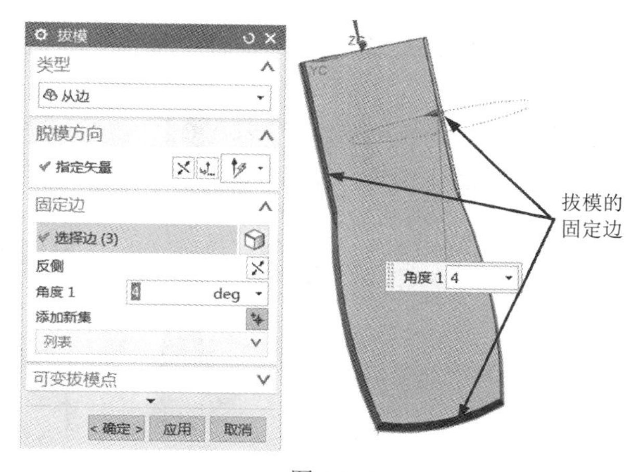

图 5-114

6）利用草图 2 内的曲线拉伸一个实体，并将此实体与步骤 5）所创建的实体求交，如图 5-115 所示。

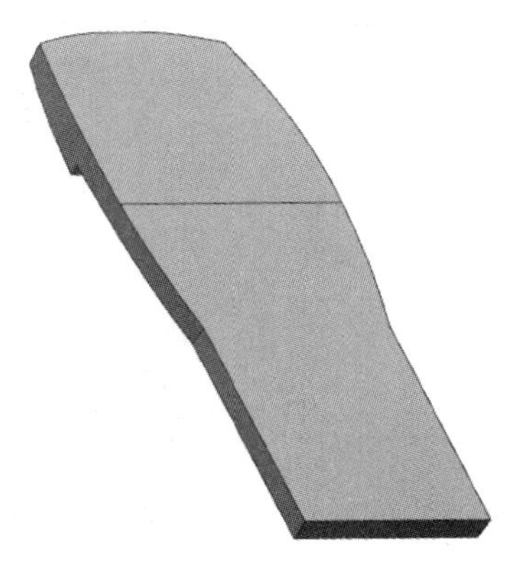

图 5-115

7）在YC-ZC平面上创建草图，如图5-116所示。

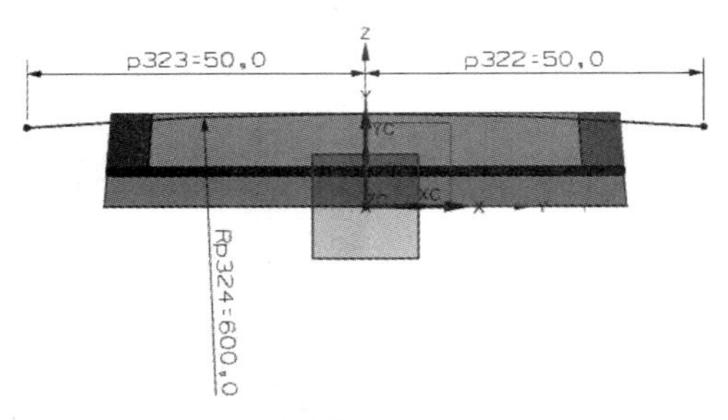

图5-116

8）利用【沿引导线扫掠】命令以步骤7）创建的草图为【截面】，以步骤2）创建的草图中的顶部线为【引导线】创建一个扫掠曲面，如图5-117所示。

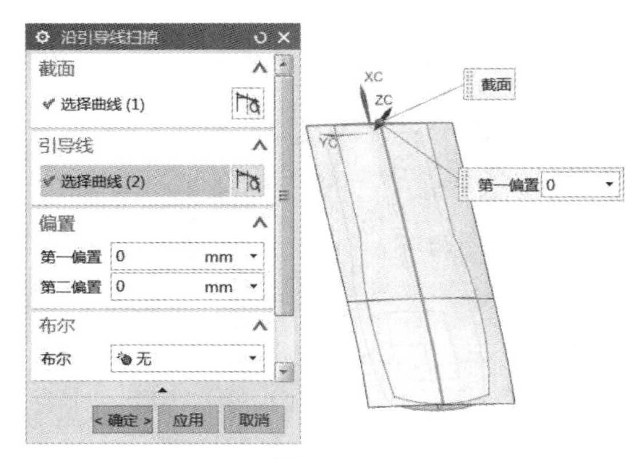

图5-117

9）将零件本体的顶面替换成步骤8）创建的曲面，如图5-118所示。

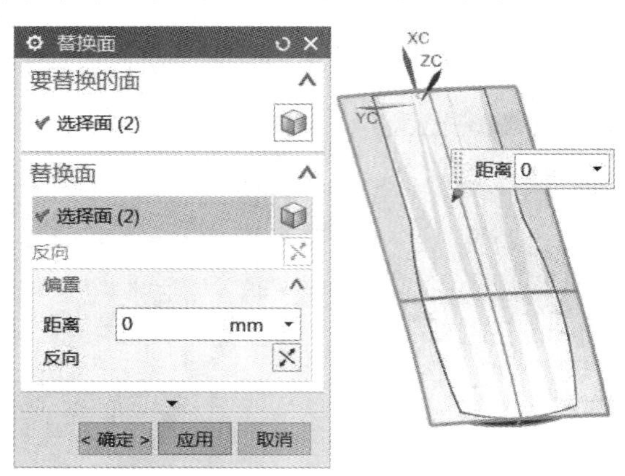

图5-118

10）利用步骤3）创建的草图拉伸一个片体，如图5-119所示。

11）隐藏不需要的特征，利用步骤10）创建的曲面将零件本体拆分为两块实体，如图5-120所示。

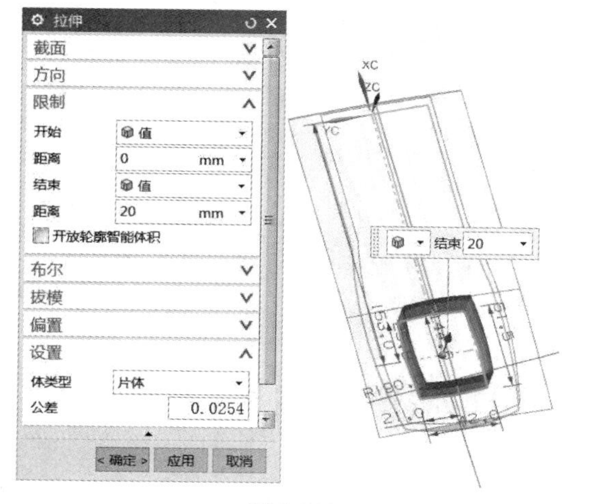

图 5-119

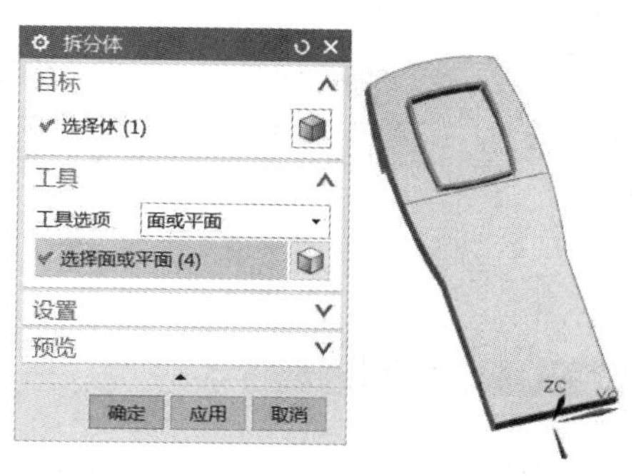

图 5-120

12）将拆分得到的体的顶面里外偏置 3.5mm，如图 5-121 所示，然后将拆分开的体再进行【求和】，得到零件上的内凹结构，如图 5-122 所示。

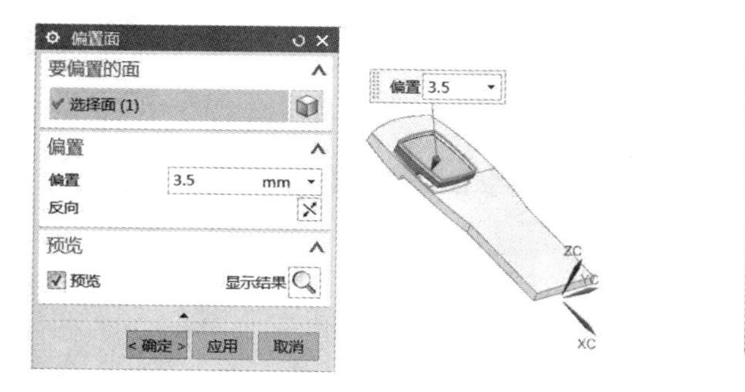

图 5-121

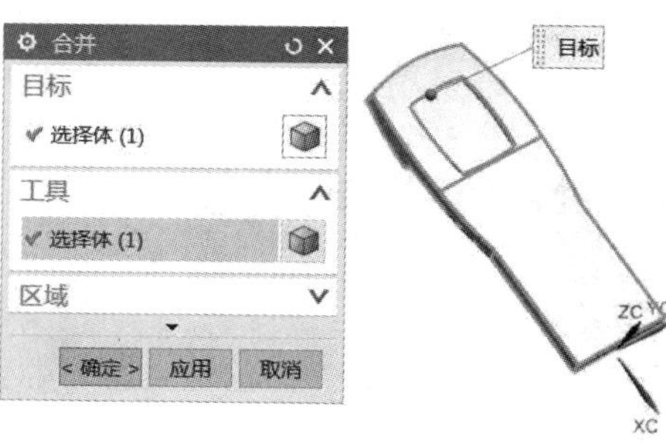

图 5-122

13）对顶部的凹槽结构进行拔模，拔模的固定边为顶面的边线，如图 5-123 所示。

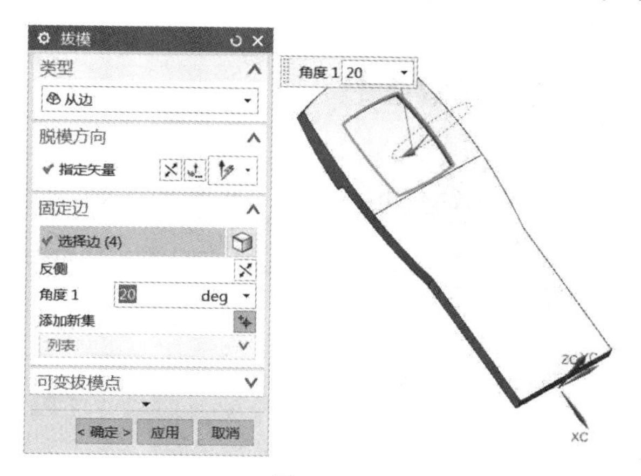

图 5-123

14）对各个需要倒圆角的棱边进行倒圆角，如图 5-124～图 5-130 所示。

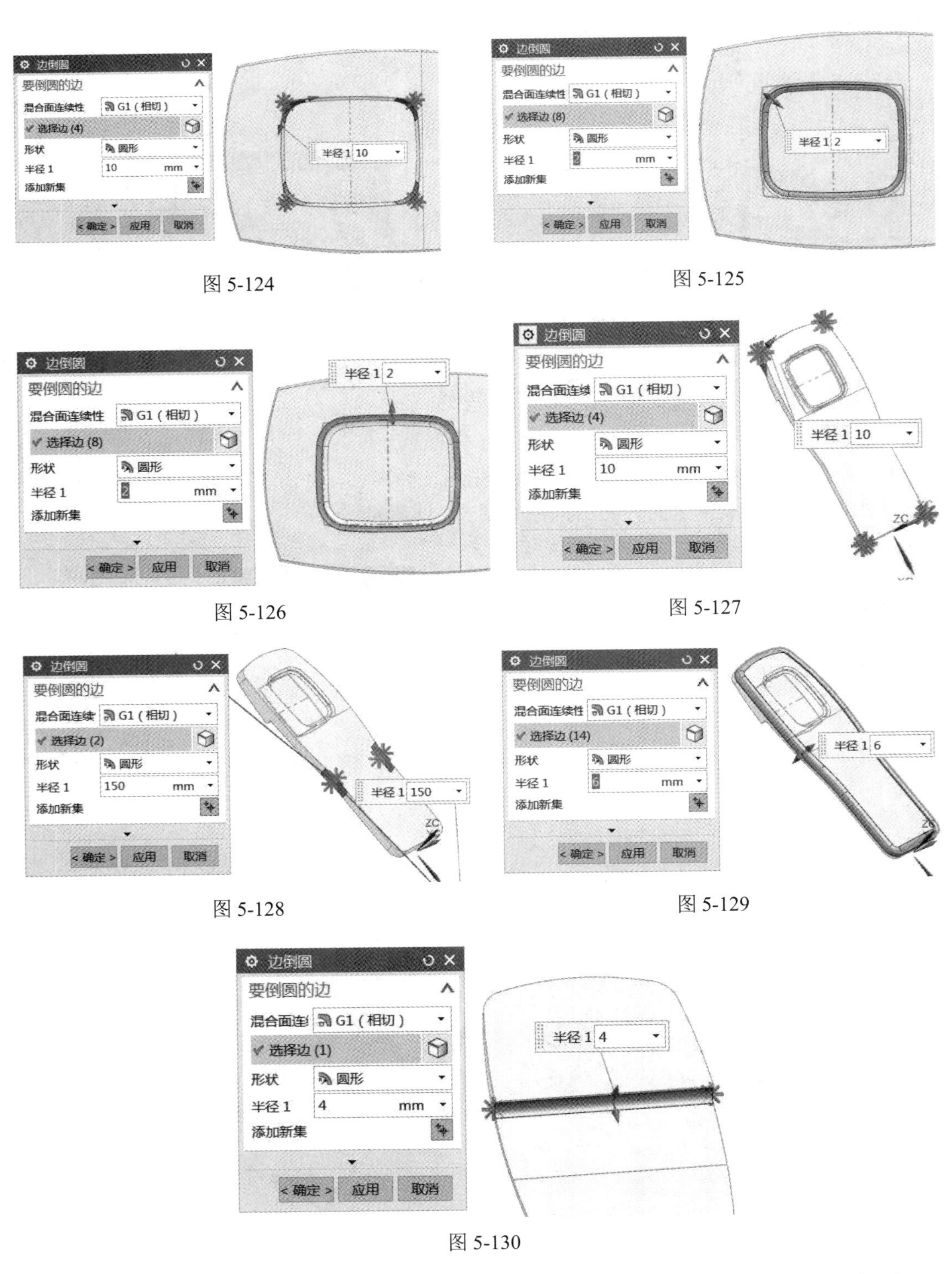

图 5-124

图 5-125

图 5-126

图 5-127

图 5-128

图 5-129

图 5-130

15）对倒圆角后的实体进行抽壳，如图 5-131 所示，抽壳时需选中底部的所有面。

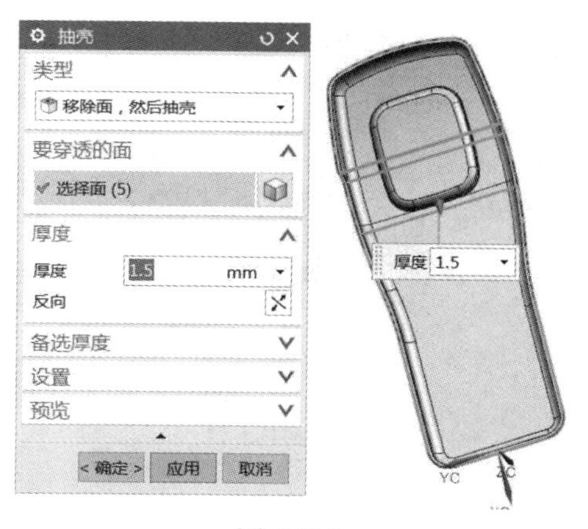

图 5-131

16）以抽壳后的实体的底边为截面拉伸一个实体，如图 5-132 所示，在【布尔】选项组中选【无】。

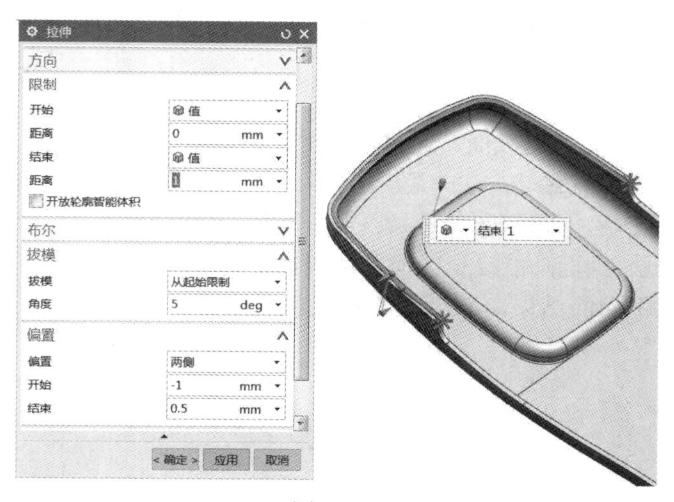

图 5-132

17）为了能顺利进行【求差】，将步骤 16）拉伸出的实体两端面向外适当地偏置一段距离，如图 5-133 所示。

18）利用步骤 17）创建的实体对零件本体进行【求差】，如图 5-134 所示。

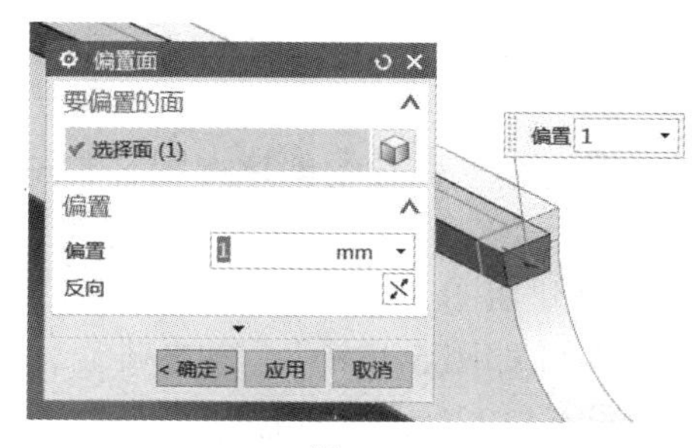

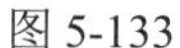

图 5-133

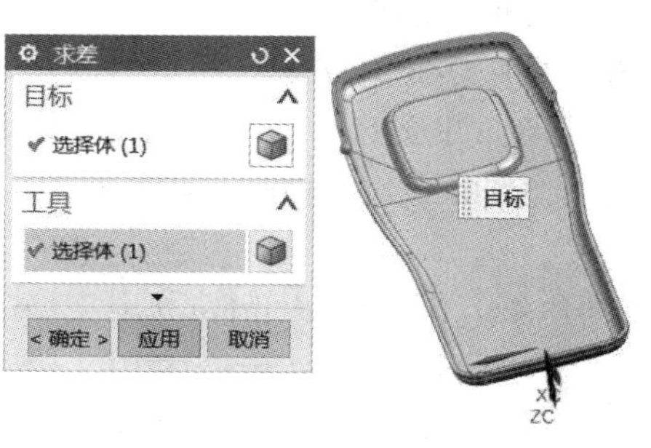

图 5-134

手机底板外壳的最终结果如图 5-135 所示。

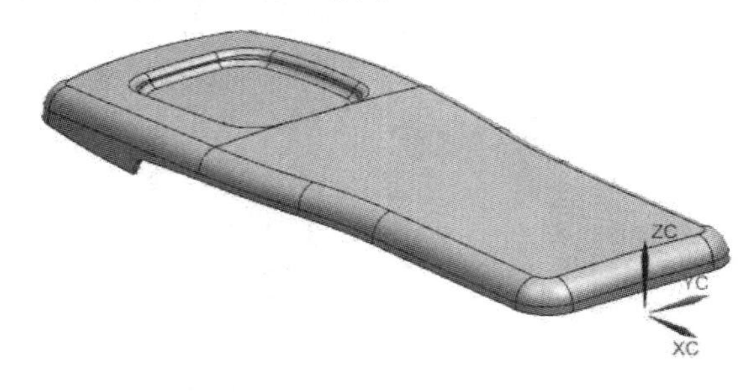

图 5-135

本章小结

本章首先介绍了曲线与曲面的基本原理，由于曲面建模功能比较复杂，是较难掌握的部分，所以了解其原理对于理解曲面建模中各个功能相关参数的意义非常有帮助，可以方便读者灵活运用曲面建模功能。

接着介绍了与曲面建模相关的一些基本概念；然后结合实例详细介绍了曲面建模中的核心功能，主要包括从点云、直纹面、通过曲线组、扫掠面、剖切曲面、桥接曲面、偏置曲面等；并介绍了常用的曲面编辑方法。最后还介绍了曲面建模过程中常用的曲面分析方法，包括截面分析、高亮线分析、曲面连续性分析、半径分析、拔模分析等。

与实体功能相比，曲面功能较少，但使用更灵活，每项功能中选项也更多。选择不同的选项往往会产生不同的结果，甚至会差别很大，读者应用心体会这些选项对曲面建模结果的影响。

思考与练习

1. 什么是等参数线？
2. 什么是对齐方式？常用的对齐方式有哪些？
3. 偏置的定义是什么？偏置与平移的区别是什么？
4. 扫掠的原理是什么？为什么在不同的定位方式下，扫掠生成的结果不同？
5. 什么是曲线或曲面的阶次？
6. 补片数越多越好吗？
7. 简述曲面建模的基本原则与技巧。
8. 打开 Surface_EX_1.prt，以矩形为截面线、螺旋线为引导线创建如图 5-136 所示的实体。
9. 打开 Surface_heimes.prt，利用文档中的曲线创建如图 5-137 所示的安全帽。
10. 打开 Surface_EX_1.prt，利用文档中的曲线创建如图 5-138 所示的咖啡壶。
11. 根据图样文件 Electrical_Case.pdf，完成如图 5-139 所示的机电外壳的建模。

图 5-136

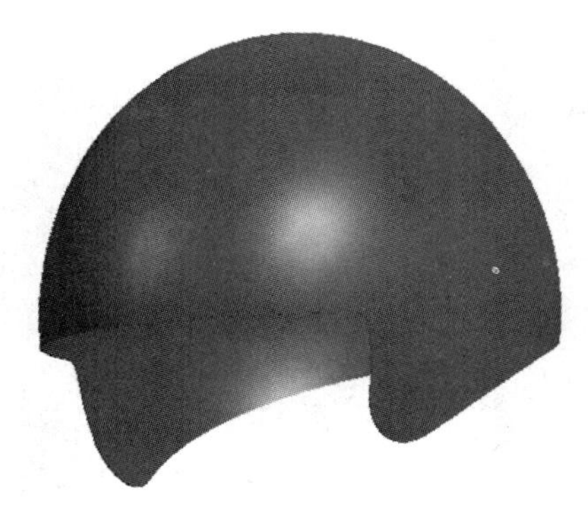

图 5-137

图 5-138

图 5-139

第6章 装　配

学习目标 ☞

- 了解 UG NX 装配模块的特点、用户界面及一般的装配过程。
- 掌握常用的装配术语。
- 掌握装配导航器的使用方法。
- 掌握装配约束，并能在组件间创建合适的装配约束。
- 掌握部件间建模方法。
- 掌握常用的组件操作方法。
- 掌握爆炸视图的创建方法。
- 掌握装配建模的方法。
- 熟练掌握添加组件、装配约束、WAVE 几何链接器等装配工具。

任何一台机器都是由多个零件组成的。将零件按装配工艺过程组装起来，并调整、试验使之成为合格产品的过程，称为装配。

在 UG NX 中，可模拟实际产品的装配过程，将所建立的零部件进行虚拟装配。装配结果可用于创建二维装配图、用于运动分析、进行零部件间的干涉检查等。

本章主要介绍 UG NX 的装配功能。通过学习本章，读者能够轻松掌握从底向上建立装配、自顶向下建立装配、引用集、爆炸视图、装配顺序等重要知识。

6.1　装配功能概述

所谓装配，就是通过关联条件在部件间建立约束关系，从而确定部件在产品中的空间位置。

UG NX 具有很强的装配能力，其装配模块不仅能快速地将零部件组合成产品，而且在装配的过程中能参照其他部件进行关联设计。此外，生成装配模型后，可以根据装配模型进行间隙分析、干涉分析，还可以建立爆炸视图，以显示装配关系。

UG NX 采用虚拟装配的方式进行装配建模，而不是将部件的实际几何体复制到装配中。虚拟装配用来管理几何体，它是通过指针链接部件的。采用虚拟装配有以下显著特点。

- 装配文件较小，对装配的内存需求少。
- 因为不用编辑基本几何体，装配的显示可以简化。
- 由于共用一个几何体的数据，所以对原部件进行任何编辑修改，装配部件中的组件都会自动更新。

6.1.1 装配模块调用

新建文件时类型选择【装配】,【主页】功能区中就会有一部分【装配】功能区，如图 6-1 所示。

与装配相关的功能命令大多集中在【装配】中，其他与装配有关的功能还有：

- 【菜单】|【格式】|【引用集】，用于管理引用集，如创建引用集、删除引用集、编辑引用集（向引用集中添加对象或从引用集中删除对象）。
- 【菜单】|【工具】|【装配导航器】。

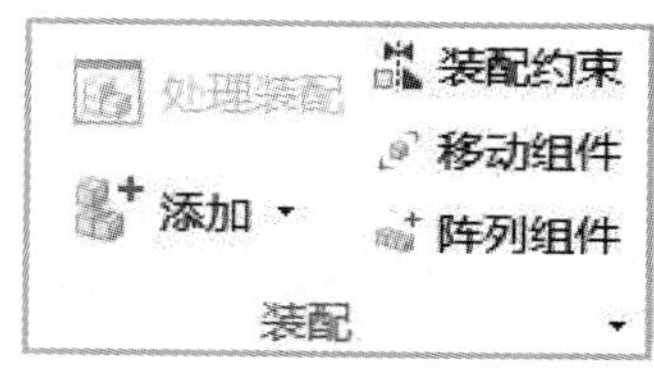

图 6-1

6.1.2 装配术语

为便于读者学习后续内容，下面集中介绍有关的装配术语。

1. 装配

装配是一个包含组件对象的部件。

> **提 示**
>
> 由于采用的是虚拟装配，装配文件并没有包括各个部件的实际几何体数据，因此，各个零部件文件应与装配文件在同一个目录下，否则打开装配文件时很容易出错。

2. 子装配

子装配是一个相对概念，当一个装配被更高层次的装配所使用时它就成了子装配。

子装配实质上是一个装配，只是被更高一层的装配作为一个组件使用。例如，一辆自行车是由把手、车架、两个车轮等所构成的，而车轮又由钢圈、内胎、外胎等构成。车轮是一个装配，但当被更高一层的装配——自行车所使用时，其在整个装配中只是一个组件，成为子装配。

3. 组件对象

组件对象是指向独立部件或子装配的指针。一个组件对象记录的信息有部件名称、层、颜色、线型、线宽、引用集和装配约束等。

装配、子装配、组件对象和组件部件的关系如图 6-2 所示。

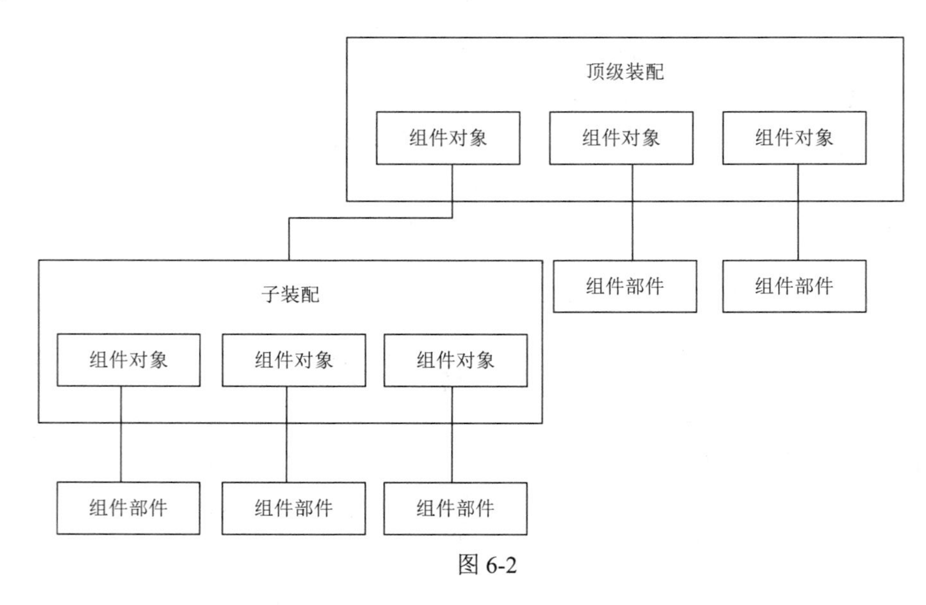

图 6-2

4. 组件部件

组件部件是被一装配内的组件对象引用的部件。

保存在组件部件内的几何体在部件中是可见的，在装配中它们被虚拟引用而不是复制。

例如，汽车后轴 axle_subassm.prt 由一根车轴和两个车轮所构成，该装配中含有三个组件对象：左车轮、右车轮及车轴，但这里只有两个组件部件：一个是车轮（假设两个车轮是相同的，即基于同一个车轮模型 wheel.prt），另一个是车轴 axle.prt，如图 6-3 所示。

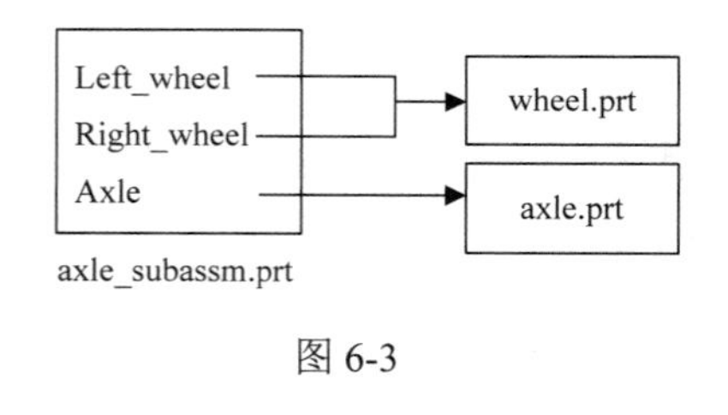

图 6-3

由于指向车轮的组件对象只包含车轮的部件名称、层、颜色、引用集等信息，并不包含车轮的全部信息（如车轮造型的过程），所以组件对象远小于相应部件文件的大小。

5. 零件

零件是指装配外存在的零件几何模型。

提 示

零件与组件对象的区别：组件对象是指针实体，所包含的几何体的信息小于零件的几何信息。

6. 从底向上装配

从底向上装配是指先创建部件几何模型，再组合成子装配，最后生成装配部件的装配方法。

7. 自顶向下装配

自顶向下装配是指先生成总体装配，然后下移一层，生成子装配和组件，最后生成单个零部件的装配方法。

8. 混合装配

混合装配是指自顶向下装配和从底向上装配的结合。设计时，往往是先创建几个主要部件模型，然后将它们装配在一起，再在装配体中设计其他部件。

混合装配一般会涉及部件间建模技术。

6.1.3　装配中部件的不同状态

装配中部件有两种不同的状态方式：显示部件和工作部件。

1. 显示部件

当前显示在图形窗口中的部件称为显示部件。改变显示部件的常用方法如下。

- 通过改变装配导航器中对应组件名称前面的勾选来进行部件是否显示的设置。
- 在装配导航器或视图中选择组件并右击，然后在弹出的快捷菜单中选择【设为显示部件】命令。
- 单击【菜单】|【装配】|【关联控制】|【设置显示部件】命令，然后再选择组件。

2. 工作部件

工作部件是指当前正在创建或编辑修改的部件。

工作部件可以是显示部件，或是包含在显示部件中的任何一个组件部件。如图 6-4 所示，显示部件是整个装配，而工作部件只是其中的钳座。

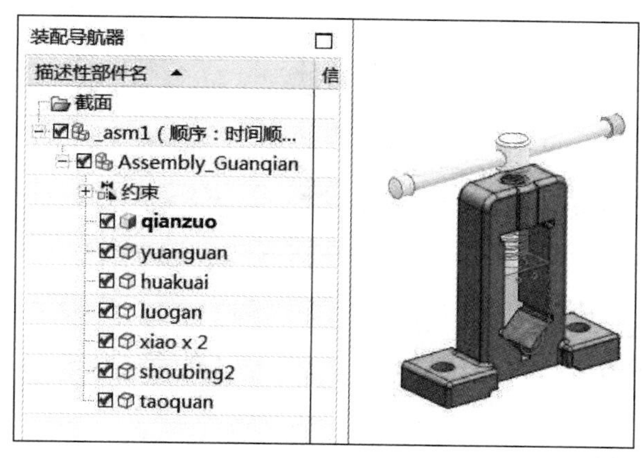

图 6-4

改变工作部件的常用方法如下。

- 在装配导航树或视图窗口中双击组件，即可将此组件转换为工作部件。

- 在装配导航树或视图中选中组件并右击，然后在弹出的快捷菜单中选择【设为工作部件】命令。
- 单击【菜单】|【装配】|【关联控制】|【设为工作部件】命令，然后再选择组件。

6.1.4 装配的一般思路

装配的一般思路如下。

1）制作各个零部件。

2）新建一个部件文件，并调用装配模块。

3）将零部件以组件的形式加入。

4）指定组件间的装配约束。

5）对于需要参照其他零部件进行设计的零件，采用部件间建模技术进行零部件设计。

6）保存装配文件。

6.2 装配常用命令介绍

6.2.1 概述

装配导航器用树形结构表示部件的装配结构，每一个组件以一个节点显示，如图 6-5 所示。它可以清楚地表达装配关系，还可以完成部件的常用操作，如将部件改变为工作部件或显示部件、隐藏与显示组件、替换引用集等。

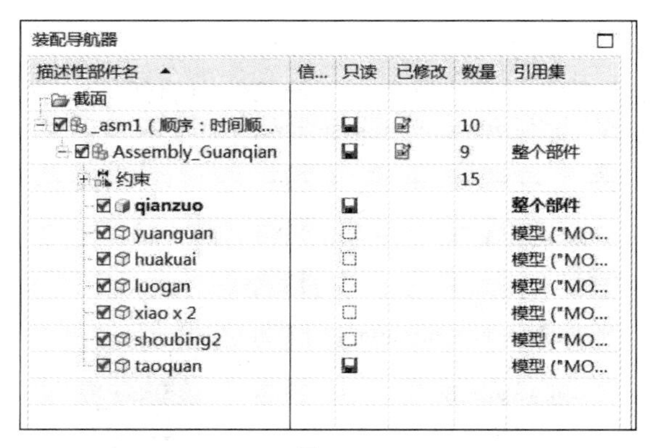

图 6-5

6.2.2 装配导航器的设置

1. 打开装配导航器

在 UG NX 10.0 中，单击视图左侧资源工具条上的装配导航器图标 ，即可打开装配导航器。

2. 装配导航器中的图标

在装配导航器中，为了识别各个节点，子装配和部件用不同的图标表示。

1）：表示一个装配或子装配。

① ：图标显示为黄色，表示该装配或子装配为工作部件。

② ：图标显示为灰色，且边框为实线，表示该装配或子装配为非工作部件。

③ ：图标全部是灰色，且边框为虚线，表示该装配或子装配被关闭。

2）：表示一个组件。

① ：图标显示为黄色，表示该组件为工作部件。

② ：图标显示为灰色，且边框为实线，表示该组件为非工作部件。

③ ：图标全部是灰色，且边框为虚线，表示该组件被关闭。

3）⊞或⊟：表示装配树节点的展开和压缩。

① 单击⊞：展开装配或子装配树，以列出装配或子装配的所有组件，同时加号变减号。

② 单击⊟：压缩装配或子装配树，即把装配或子装配树压缩成一个节点，同时减号变加号。

4）☑、☑或□：表示装配或组件的显示状态。

① ☑：当前部件或装配处于显示状态。

② ☑：当前部件或装配处于隐藏状态。

③ □：当前部件或装配处于关闭状态。

3. 装配导航器中弹出的菜单

在装配导航器中，选中一个组件并右击，将弹出如图 6-6 所示的快捷菜单（在视图窗口选中一个组件并右击，也会弹出类似的快捷菜单）。

提　示

部件导航器中快捷菜单的选项会随组件状态及是否激活【装配】和【建模】应用模块而改变。

图 6-6

- 设为工作部件：将所选组件设置为工作部件。
- 设为显示部件：将所选组件设置为显示部件。
- 显示父项：使所选组件的父节点成为显示部件。父节点成为显示部件时，工作部件保持不变。
- 替换引用集：替换所选组件的引用集。例如，可以将所选组件替换成自定义引用集或系统默认引用集 Empty（空的）、Entire Part（完整的部件）。
- 替换组件：用另一个组件来替换所选组件。
- 装配约束：编辑被选定组件的装配约束。
- 移动：移动被选定的组件。

- 抑制/解除抑制：抑制组件和隐藏组件的作用相似，但抑制组件从内存中消除了组件数据；解除抑制就是取消组件的抑制状态。
- 隐藏/显示：隐藏/显示组件或装配。
- 属性：列出所选组件的相关信息。这些信息包括组件名称、所属装配名称、颜色、引用集、约束名称及属性等。

4. 设置装配导航器显示项目

在装配导航器空白处右击，在弹出的快捷菜单中选择【列】选项，可以增加、删除、调整装配导航器项目。

6.2.3 从底向上装配

1. 概念与步骤

从底向上装配就是在设计过程中先设计单个零部件，在此基础上进行装配生成总体设计。所创建的装配体将按照组件、子装配体和总装配的顺序进行排列，并利用约束条件进行逐级装配，从而形成装配模型，如图 6-7 所示。

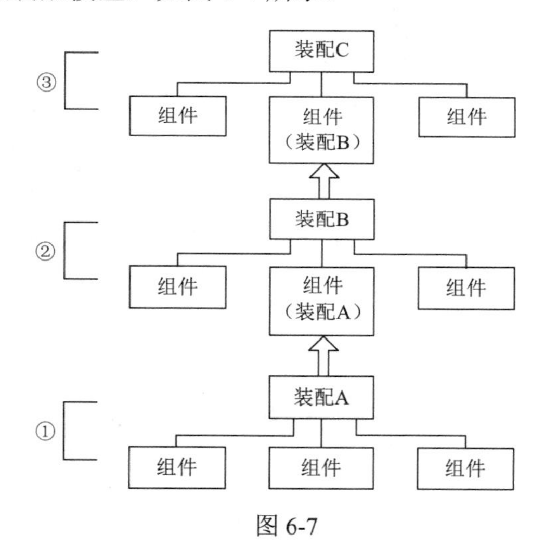

图 6-7

从底向上装配的操作步骤通常如下。

1）新建一个装配文件。通常装配文件名应具有一定的意义，且容易识别，如鼠标的装配文件可取名为 mouse_asm.prt。

2）调用【建模】模块与【装配】模块。

3）加入待装配的部件。

选择【菜单】|【装配】|【组件】|【添加组件】，或单击【装配】功能区中的【添加】命令，将弹出如图 6-8 所示的对话框。

选择部件的方式有两种。

- 从磁盘中添加组件：指定磁盘目录，并选择已创建好的三维几何体。添加后，自动成为该装配中的组件，同时添加到“已加载的部件”列表中。

- 从已加载的组件中添加组件：从“已加载的部件”列表中选择组件。

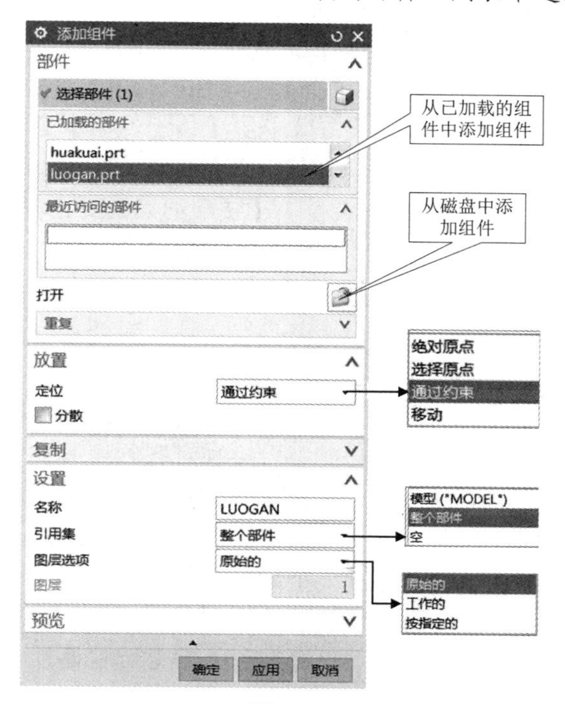

图 6-8

4）设置相关参数。

① 定位：指定添加组件后定位组件的方式。

- 绝对原点：添加的组件放在绝对点（0，0，0）。
- 选择原点：添加的组件放在选定点，按鼠标中键后出现点构造器，用于指定组件的放置位置。
- 通过约束：添加的组件将通过约束与已有组件定位，出现【装配约束】对话框。
- 移动：添加的组件加进来后移动定位，出现【移动组件】对话框。

② 名称：默认为部件文件名称。若一个部件在多个位置被引用，通常应重新指定不同的组件名称来区别不同位置的同一个部件。

③ 引用集：默认的引用集为【整个部件】，表示加载组件的所有信息。

④ 图层选项：用于指定组件在装配文件中的层位置，有以下选项。

- 原先的：表示部件作为组件加载后，将放置在部件原来的层位置。例如，创建部件时，部件放在第 10 层，当部件作为组件加载后，组件将被放置在装配文件的第 10 层。
- 工作的：表示部件作为组件加载后，将放置在装配文件的工作层。
- 按指定的：表示部件作为组件加载后，将放置在指定层（可在其下方的文本框中输入指定的层号）。

5）保存装配文件。

2. 装配约束

装配约束是指组件的装配关系，以确定组件在装配中的相对位置。装配约束由一个或多个关联的约束组成，关联约束限制组件在装配中的自由度。

选择【菜单】|【装配】|【组件位置】|【装配约束】命令，或单击【装配】功能区中的【装配约束】命令，即可调用【装配约束】对话框，如图6-9所示。

图6-9

【装配约束】对话框包含11种装配约束条件，即接触对齐约束、同心约束、距离约束、固定约束、平行约束、垂直约束、对齐/锁定约束、等尺寸配对约束、胶合约束、中心约束和角度约束。

（1）接触对齐约束

接触对齐约束其实是两个约束：接触约束和对齐约束。接触约束是指约束对象贴着约束对象，图6-10表示在圆柱1的上表面和圆柱2的下表面之间创建接触约束。对齐约束是指约束对象之间是对齐的，且在同一个点、线或平面上，图6-11表示在圆柱1的轴与圆柱2的轴之间创建对齐约束。

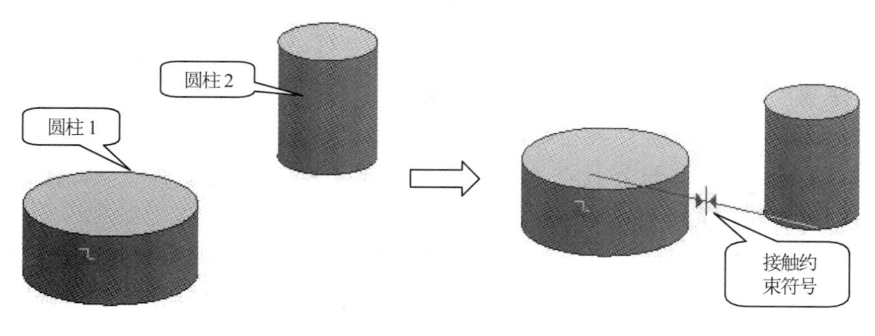

图6-10

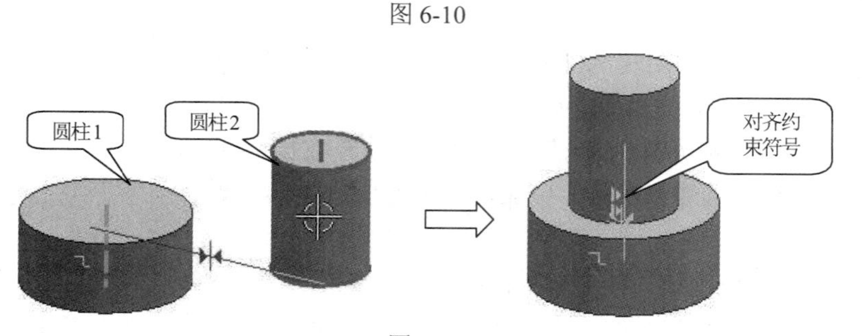

图6-11

提 示

图 6-10、图 6-11 所示约束两圆柱体的过程也可以用【同心约束】单步完成，请参见图 6-12。

创建接触对齐约束的操作步骤如下。

1）调用【装配约束】工具。

2）在图 6-9 所示对话框的【类型】下拉列表中选择【接触对齐】。

3）根据实际需要对【设置】选项区中的选项进行设置。

4）设置【方位】选项。

① 首选接触：当接触和对齐约束都可能时，显示接触约束。在大多数模型中，接触约束比对齐约束更常用。当接触约束过度约束装配时，将显示对齐约束。

② 接触：约束对象，使其曲面法向在反方向上。

③ 对齐：约束对象，使其曲面法向在相同的方向上。

④ 自动判断中心/轴：自动将约束对象的中心或轴进行对齐或接触约束。

5）选择要约束的两个对象。

6）如果有多种解，可以单击【反向上一个约束】按钮在可能的解之间切换。

7）完成添加约束后，单击【确定】或【应用】按钮即可。

（2）同心约束

同心约束是指约束两个组件的圆形边界或椭圆边界，以使中心重合并使边界的面共面，如图 6-12 所示。

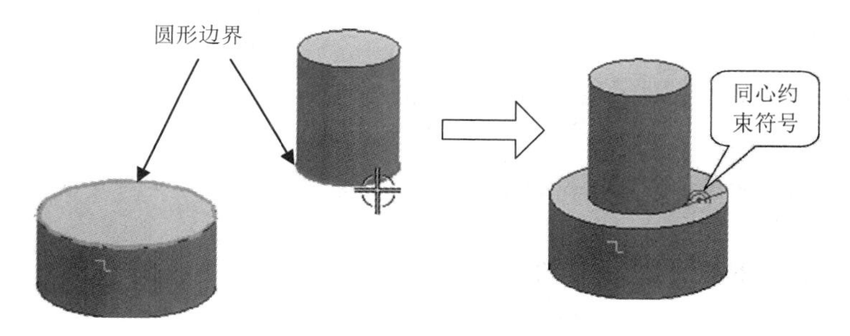

图 6-12

（3）距离约束

距离约束主要是调整组件在装配中的定位。通过距离约束可以指定两个对象之间的最小 3D 距离。图 6-13 表示指定面 1 与面 2 之间的最小 3D 距离为 150mm。

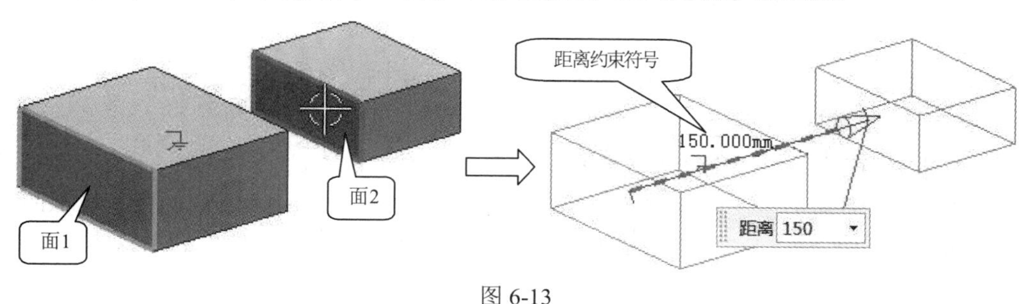

图 6-13

（4）固定约束

固定约束将组件固定在其当前位置。要确保组件停留在适当位置且根据其约束其他组件时，此约束很有用。

（5）平行约束

平行约束是指定义两个对象的方向矢量为互相平行。图 6-14 表示指定长方体 1 的上表面和长方体 2 的上表面之间为平行约束。

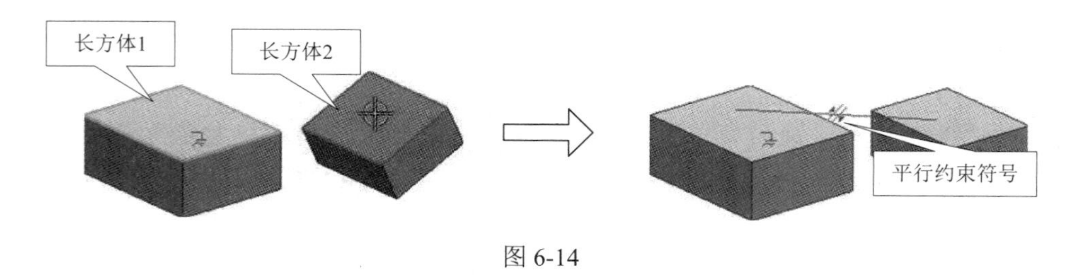

图 6-14

创建平行约束的操作步骤如下。

1）调用【装配约束】工具。

2）在图 6-9 所示对话框的【类型】下拉列表中选择【平行】。

3）根据实际需要对【设置】选项区中的选项进行设置。

4）选择要使其平行的两个对象。

5）如果有多种解，可以单击【反向上一个约束】按钮在可能的解之间切换。

6）完成添加约束后，单击【确定】或【应用】按钮即可。

（6）垂直约束

垂直约束是指定义两个对象的方向矢量为互相垂直。

（7）对齐/锁定约束

对齐/锁定约束是指将对象对齐约束并进行锁定，在对齐约束下未进行约束的自由度都会自动被锁定约束。

（8）等尺寸配对约束

等尺寸配对约束是指对具有相等尺寸的对象特征进行约束。此约束对确定孔中销或螺栓的位置很有用。如果尺寸变为不等，则该约束无效。

（9）胶合约束

胶合约束是指将组件“焊接”在一起，使它们作为刚体移动。胶合约束是一种不做任何平移、旋转、对齐的装配约束。

（10）中心约束

中心约束能够使一对对象之间的一个或两个对象居中，或使一对对象沿着另一个对象居中。中心约束共有三个子类型。

1）1 对 2：在后两个所选对象之间使第一个所选对象居中。

2）2 对 1：使两个所选对象沿第三个所选对象居中。如图 6-15 所示，依次选择面 1、面 2（面 2 是与面 1 对称的面）和基准平面，应用 2 对 1 中心约束后，基准平面自动位于面 1 和面 2 中间。

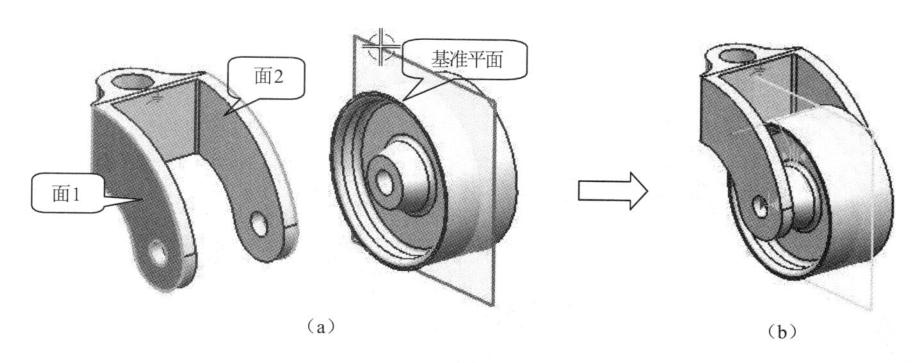

图 6-15

3）2 对2：使两个所选对象在两个其他所选对象之间居中。如图 6-16 所示，依次选择面 1、面 2（面 2 是与面 1 对称的面）、面 3、面 4（面 4 是与面 3 对称的面），应用 2 对 2 中心约束后，面 3 和面 4 自动位于面 1 和面 2 中间。

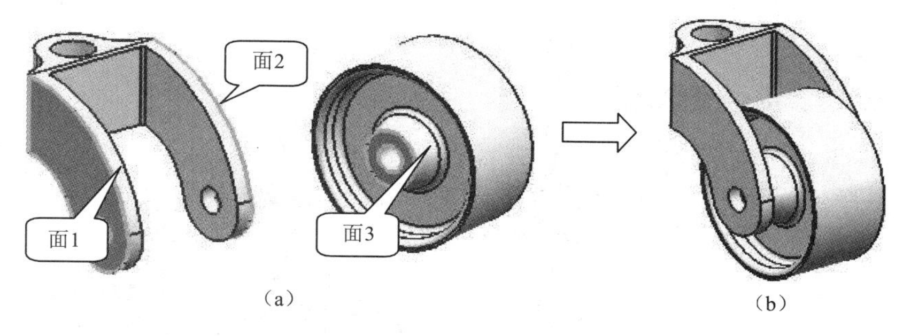

图 6-16

创建中心约束的操作步骤如下。

1）调用【装配约束】工具。

2）在图 6-9 所示对话框的【类型】下拉列表中选择【中心】。

3）根据实际需要对【设置】选项区中的选项进行设置。

4）设置【子类型】：可选择 1 对2、2 对1 或2 对2。

5）若【子类型】为 1 对2 或2 对1，则设置【轴向几何体】。

①【使用几何体】：对约束使用所选圆柱面。

②【自动判断中心/轴】：使用对象的中心或轴。

6）选择要约束的对象，对象的数量由【子类型】决定。

7）如果有多种解，可以单击【反向上一个约束】按钮在可能的解之间切换。

8）完成添加约束后，单击【确定】或【应用】按钮即可。

（11）角度约束

角度约束是指两个对象呈一定角度的约束。角度约束可以在两个具有方向矢量的对象间产生，角度是两个方向矢量的夹角。这种约束允许关联不同类型的对象，如可以在面和边缘之间指定一个角度约束。角度约束有两种类型：3D 角和方向角。图 6-17 表示在两圆柱的轴之间创建 90° 的角度约束。

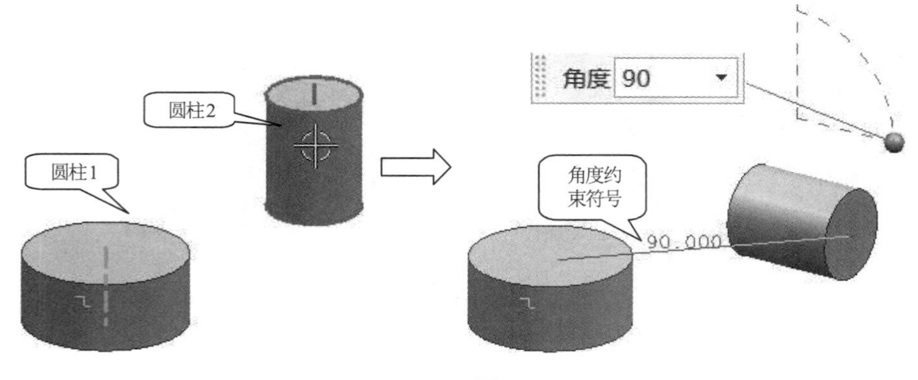

图 6-17

3. 移动组件

选择【菜单】|【装配】|【组件位置】|【移动组件】命令，或单击【装配】功能区中的【移动组件】命令，即可调用【移动组件】对话框，如图 6-18 所示。

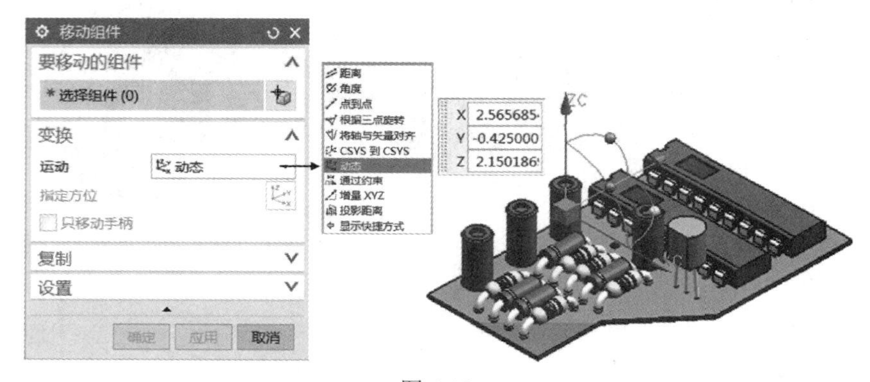

图 6-18

【移动组件】命令用来在一装配中在所选组件的自由度内移动它们。可以选择组件动态移动（如通过拖动手柄），也可以建立约束以移动组件到所需位置，还可以同时移动不同装配级上的组件。

完成夹具的装配

【例 6-1】 完成夹具的装配。

（1）新建装配文件

1）创建一个单位为英寸、名为 Clamp_assem 的文件，并保存在 D:\Clamp 下。

2）调用建模和装配模块，并打开装配导航器。

3）将光盘中该例所用到的部件文件都复制到装配文件所在的目录 D:\Clamp 下。

提 示

装配文件的单位与零部件的单位应保持一致，否则有些操作，如【设为工作部件】不能进行。

装配文件所使用的零部件最好与装配文件位于同一目录下。

（2）添加组件clamp_base并定位

1）添加组件clamp_base。

① 单击【装配】功能区中的【添加】命令，弹出【添加组件】对话框，如图6-8所示。

② 从磁盘加载组件：单击【打开】按钮，弹出【部件文件选择】对话框，选取clamp_base.prt文件。

③ 参数设置：将【定位】设为【绝对原点】、【引用集】设为【模型】、【图层选项】设为【原始的】，其余选项保持默认值。

④ 单击【确定】按钮，完成组件clamp_base的添加。

2）为组件clamp_base添加装配约束。

① 单击【装配】功能区中的【装配约束】命令，即可调用【装配约束】对话框，如图6-9所示。

② 在【类型】下拉列表中选择【固定】。

③ 选择刚添加的组件clamp_base。

④ 单击【确定】按钮，完成对组件clamp_base的约束。

（3）添加组件clamp_cap并定位

1）添加组件clamp_cap。

① 调用【添加组件】工具。

② 加载文件clamp_cap.prt。

③ 参数设置：将【定位】设为【选择原点】、【引用集】设为【模型】、【图层选项】设为【原始的】，其余选项保持默认值。

④ 单击【确定】按钮，系统弹出【点】对话框，用于指定组件放置的位置。

⑤ 在视图区域合适的位置单击鼠标左键，在光标单击处就会出现clamp_cap组件。

2）重定位组件。

若组件位置放置不合理，可以对组件进行重定位。

3）定位组件clamp_cap。

此过程中需要使用三种装配约束：对齐约束、中心约束（2对2）、平行约束。

① 对齐约束使组件clamp_cap与组件clamp_base圆孔中心轴线对齐。

- 单击【装配】功能区中的【装配约束】命令，弹出【装配约束】对话框，在【类型】下拉列表中选择【接触对齐】，并设置【方位】为【自动判断中心/轴】。
- 依次选择如图6-19所示的中心线1和中心线2，完成对齐约束的添加，结果如图6-20所示。

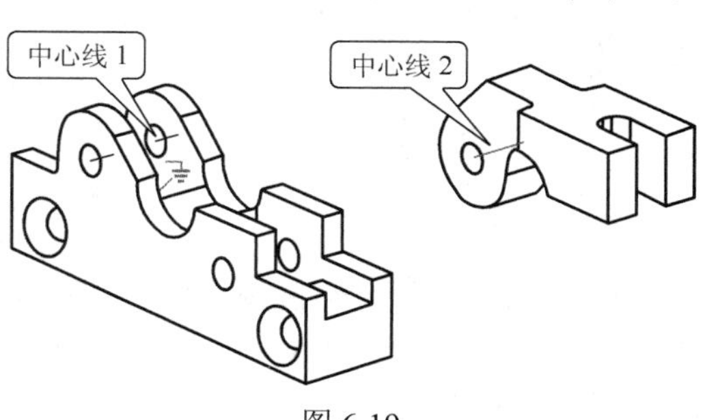

图6-19

② 中心约束使组件clamp_cap与组件clamp_base对称分布。

- 在【装配约束】对话框的【类型】下拉列表中选择【中心】，并设置【子类型】为【2对2】。
- 依次选择图6-20、图6-21中的面1、面2、面3和面4，完成中心约

束的添加，结果如图 6-22 所示。其中图 6-21 是图 6-20 旋转后得到的视图。

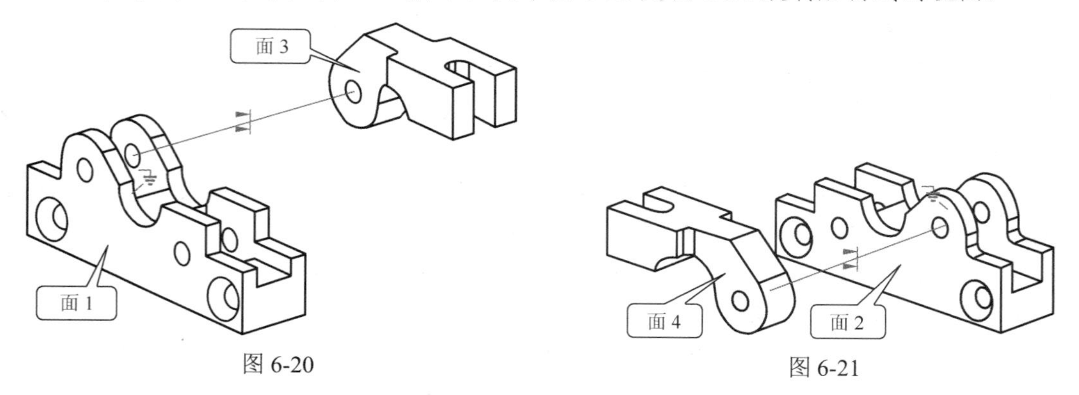

图 6-20　　图 6-21

③ 平行约束使组件 clamp_cap 的上表面与组件 clamp_base 的上表面平行。

- 在【装配约束】对话框的【类型】下拉列表中选择【平行】。
- 依次选择图 6-22 所示的面 1 和面 2。
- 单击【确定】按钮，完成组件 clamp_cap 的定位。

（4）添加组件 clamp_lug 并定位

1）添加组件 clamp_lug。

参照组件 clamp_cap 的添加方法添加组件 clamp_lug。

2）重定位组件。

若组件位置放置不合理，可以对组件进行重定位。

3）定位组件 clamp_lug。

此过程需要使用三种装配约束：对齐约束、中心约束（2 对 2）、垂直约束。

① 对齐约束使组件 clamp_lug 与组件 clamp_base 圆孔中心轴线对齐。

- 单击【装配】功能区中的【装配约束】命令，弹出【装配约束】对话框，在【类型】下拉列表中选择【接触对齐】，并设置【方位】为【自动判断中心/轴】。
- 依次选择如图 6-23 所示的中心线 1 和中心线 2，完成对齐约束的添加，结果如图 6-24 所示。

图 6-22　　图 6-23

② 中心约束使组件 clamp_lug 与组件 clamp_base 对称分布。

- 在【装配约束】对话框的【类型】下拉列表中选择【中心】，并设置【子类型】为【2 对 2】。

- 依次选择图 6-24、图 6-25 中的面 1～面 4，完成中心约束的添加。其中图 6-25 是图 6-24 旋转后得到的视图。

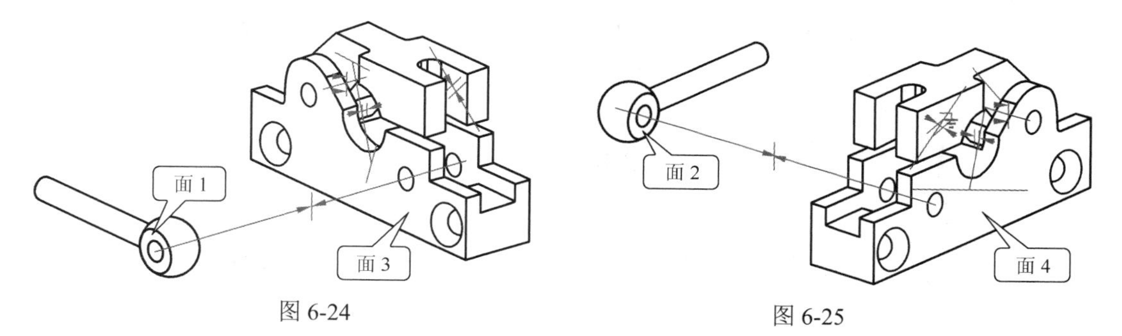

图 6-24　　　　图 6-25

③ 垂直约束使组件 clamp_lug 的中心轴线与组件 clamp_base 的上表面垂直。

- 在【装配约束】对话框的【类型】下拉列表中选择【垂直】。
- 依次选择图 6-26 所示的中心线和面。
- 单击【确定】按钮，完成组件 clamp_lug 的定位，结果如图 6-27 所示。

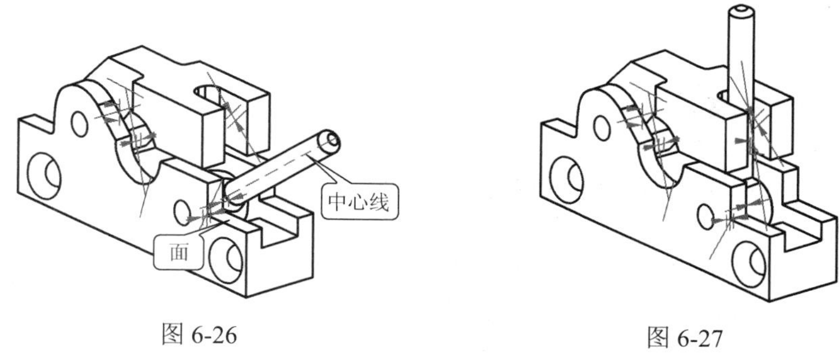

图 6-26　　　　图 6-27

（5）添加组件 clamp_nut 并定位

1）添加组件 clamp_nut。

参照组件 clamp_cap 的添加方法添加组件 clamp_nut。

2）重定位组件。

若组件位置放置不合理，可以对组件进行重定位。

3）定位组件 clamp_nut。

此过程需要使用两种装配约束：接触约束、对齐约束。

① 接触约束使组件 clamp_nut 的下底面与组件 clamp_cap 的上表面贴合。

- 单击【装配】功能区中的【装配约束】命令，弹出【装配约束】对话框，在【类型】下拉列表中选择【接触对齐】，并设置【方位】为【接触】。
- 依次选择如图 6-28 所示的面 1 和面 2，

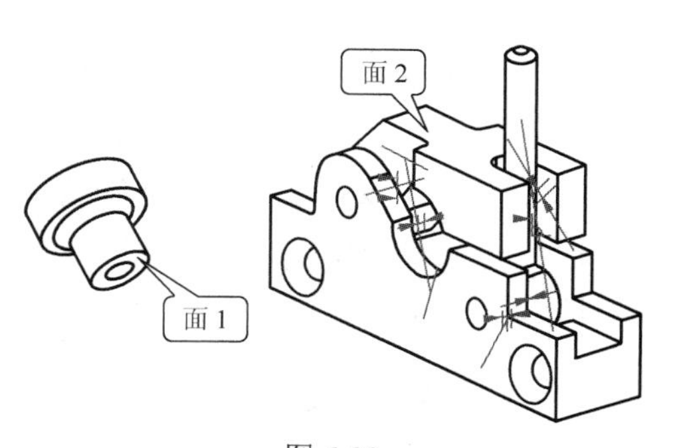

图 6-28

完成接触约束的添加，结果如图 6-29 所示。

② 对齐约束使 clamp_nut 的圆孔中心线与组件 clamp_lug 的轴线对齐。

- 在【装配约束】对话框的【类型】下拉列表中选择【接触对齐】，并设置【方位】为【自动判断中心/轴】。
- 依次选择如图 6-29 所示的中心线 1 和中心线 2。
- 单击【确定】按钮，完成组件 clamp_nut 的定位，结果如图 6-30 所示。

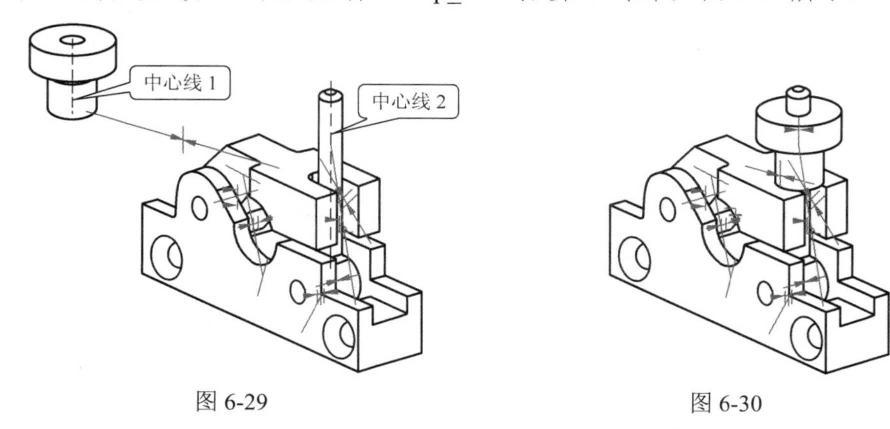

图 6-29　　图 6-30

（6）添加组件 clamp_pin 并定位

1）添加组件 clamp_pin。

参照组件 clamp_cap 的添加方法添加组件 clamp_pin。

2）重定位组件。

若组件位置放置不合理，可以对组件进行重定位。

3）定位组件 clamp_pin。

此过程需要使用两种装配约束：对齐约束、中心约束。

① 对齐约束使组件 clamp_pin 的轴线与组件 clamp_base 的孔中心线对齐。

- 在【装配约束】对话框中的【类型】下拉列表中选择【接触对齐】，并设置【方位】为【自动判断中心/轴】。
- 依次选择如图 6-31 所示的中心线 1 和中心线 2。
- 单击【确定】按钮，完成组件 clamp_pin 的定位，结果如图 6-32 所示。

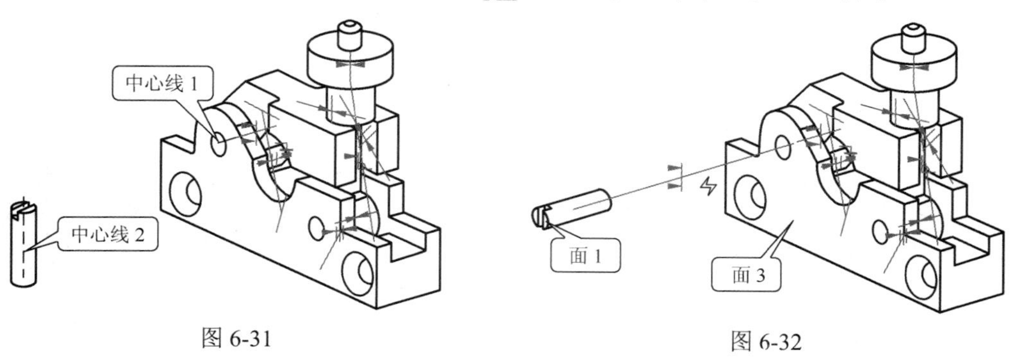

图 6-31　　图 6-32

② 中心约束使组件 clamp_pin 与组件 clamp_base 对称分布。

- 在【装配约束】对话框的【类型】下拉列表中选择【中心】，并设置【子类型】为【2 对 2】。
- 依次选择图 6-32、图 6-33 中的面 1～面 4，完成中心约束的添加。
- 其中图 6-33 是图 6-32 旋转后得到的视图。
- 单击【确定】按钮，完成组件 clamp_pin 的定位。

③ 以同样的方式完成组件 clamp_pin 与组件 clamp_base 在另一个孔处的定位。

（7）最终装配结果

最终装配结果如图 6-34 所示。

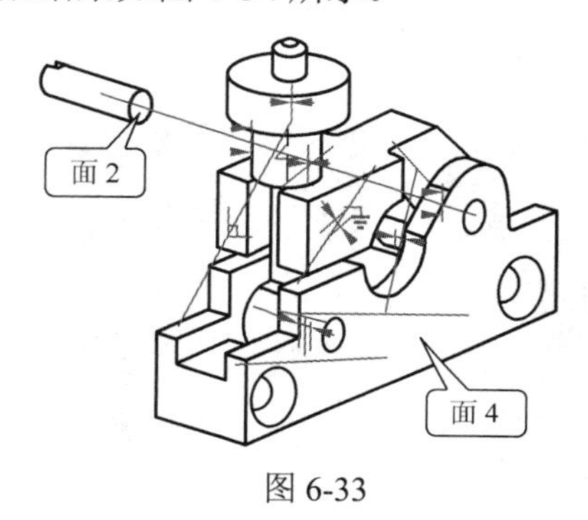

图 6-33

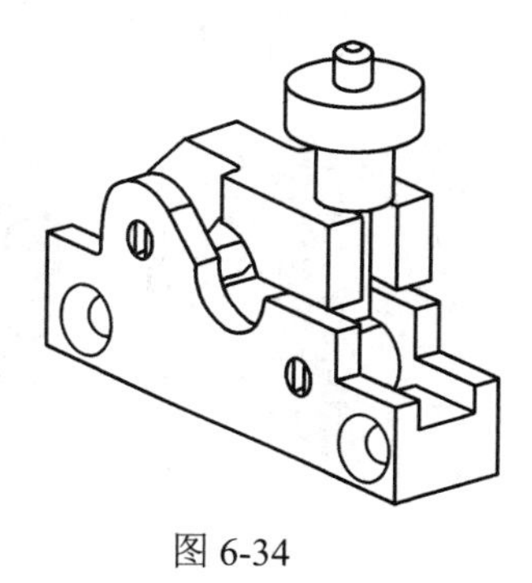

图 6-34

6.2.4　引用集

1. 引用集概念

组件对象是指向零部件的指针实体，其内容由引用集来确定，引用集可以包含零部件的名称、原点、方向、几何对象、基准、坐标系等信息。使用引用集的目的是控制组件对象的数据量。

引用集

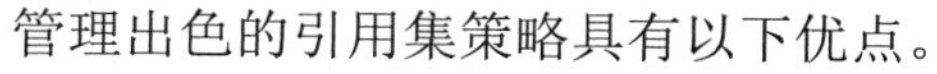

管理出色的引用集策略具有以下优点。

- 加载时间更短。
- 使用的内存更少。
- 图形显示更整齐。

使用引用集的主要原因有两个。

- 排除或过滤组件部件中不需要显示的对象，使其不出现在装配中。
- 用一个更改或较简单的几何体而不是全部实体表示在装配中的一个组件部件。

2. 默认引用集

每个部件有五个系统定义的引用集，分别是整个部件引用集、空引用集、模型引用集、轻量化引用集和简化引用集，如图 6-35 所示。下面介绍前三种比较常用的默认引用集类型。

（1）整个部件引用集

该默认引用集表示引用部件的全部几何数据。在添加部件到装配时，如果不选择其他引用集，则默认使用该引用集。

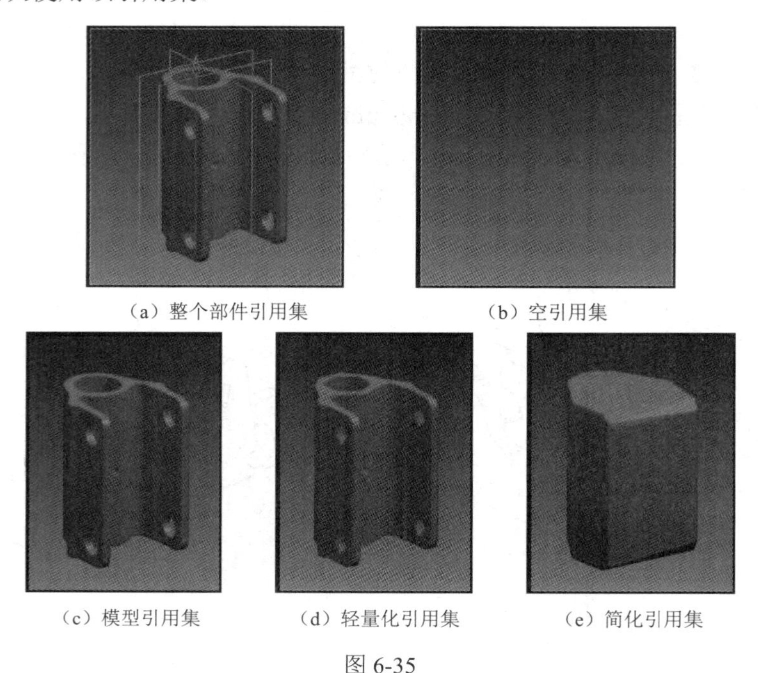

（a）整个部件引用集　（b）空引用集

（c）模型引用集　（d）轻量化引用集　（e）简化引用集

图 6-35

（2）空引用集

该默认引用集表示不包含任何几何对象。当部件以空的引用集形式添加到装配中时，在装配中看不到该部件。

（3）模型引用集

模型引用集包含实际模型几何体，这些几何体包括实体、片体及不相关的小平面表示。一般情况下，它不包含构造几何体，如草图、基准和工具实体。

3. 引用集工具

选择【菜单】|【格式】|【引用集】命令，弹出【引用集】对话框，如图 6-36 所示。

（1）创建引用集

创建用户定义的引用集的步骤如下。

1）选择【菜单】|【格式】|【引用集】命令，弹出【引用集】对话框。

2）单击【添加新的引用集】图标按钮，在图形窗口中选择要放入引用集中的对象。

3）在【引用集名称】文本框中输入引用集的名称。

4）完成对引用集的定义之后，单击【关闭】按钮。

（2）编辑引用集

编辑引用集是指向引用集添加对象或删除引用集中的对象，但只能编辑用户自定义的引用集。

（3）删除引用集

在【引用集】对话框中选择欲删除的引用集，然后单击【移除】按钮 X，即可删除该引用集。但只能删除用户自定义的引用集，不能删除系统默认的引用集。

（4）重命名引用集

在【引用集】对话框中选择欲重命名的引用集，然后在【引用集名称】文本框中输入新的引用集名称，按 Enter 键即可。与删除引用集相似，重命名引用集也只能重命名用户自定义的引用集，不能重命名系统默认的引用集。

（5）替换引用集

在装配过程中，同一个组件在不同的装配阶段，也常采用不同的引用集，这种改变组件引用集的行为称为替换引用集。

替换引用集的常用方法是：在装配导航器的相应组件上右击，在弹出的快捷菜单中选择【替换引用集】命令，选择一个可替换的引用集（当前的引用集以灰色显示，是不可选的）即可，如图 6-37 所示。

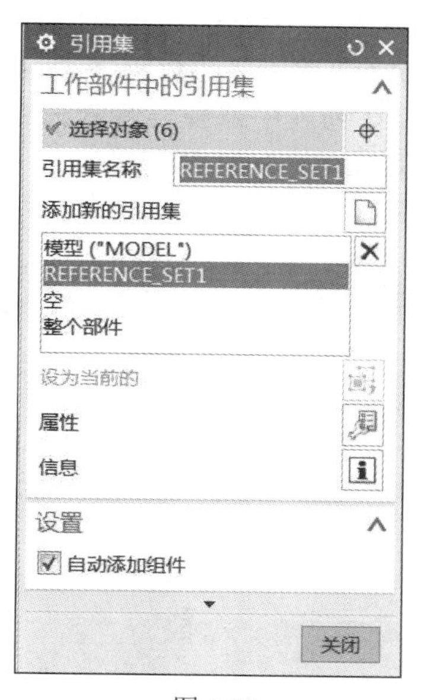

图 6-36

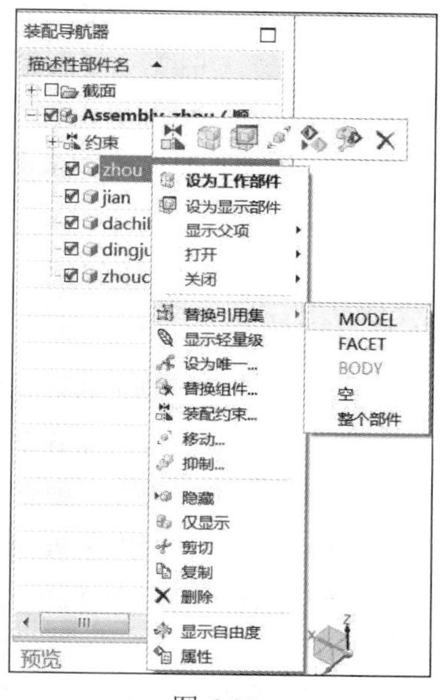

图 6-37

【例 6-2】　新建引用集，并将该组件对象用新的引用集替代。

1）打开素材包中的 ch6\Assembly_zhou.prt，并调用【建模】和【装配】模块。

2）双击装配导航器中的 zhou 节点，将 zhou 切换到工作部件。

3）选择【菜单】｜【格式】｜【引用集】，弹出【引用集】对话框。

4）在【引用集】对话框中，单击【添加新的引用集】图标按钮，然后在【引用集名称】文本框中输入新建的引用集名称 BODY 并按Enter 键。

5）选择 zhou 的组件实体（注意不要选择基准面和曲线），单击【关闭】按钮，即可创建 BODY 引用集。

6）替换引用集：选择装配导航器上的 zhou 节点并右击，在弹出的快捷菜单中选择【替

换引用集】|【BODY】。替换后，组件 fixed_jaw 将只显示实体，不会再出现基准面和曲线。

6.2.5 组件的删除、隐藏与抑制

删除一个组件比较简便的方法是：在装配导航器中选择要删除的组件节点，然后右击，在弹出的快捷菜单中选择【删除】。

隐藏一个组件比较简便的方法是：在装配导航器中选择要隐藏的组件节点前的复选框，使复选框内的红色√变灰即可。

提 示

再次单击被隐藏组件节点前的复选框即可显示该组件。

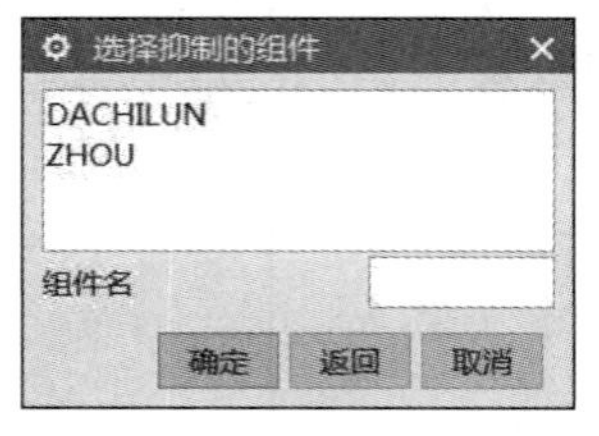

图 6-38

抑制一个组件的方法是：选择【菜单】|【装配】|【组件】|【抑制组件】命令，会弹出【类选择】对话框，在图形窗口选择要抑制的组件，按鼠标中键即可。

解除一个组件的抑制状态的方法是：选择【装配】|【组件】|【取消抑制组件】命令，系统弹出如图 6-38 所示的【选择抑制的组件】对话框，在列表中选择要解除抑制的组件名称，单击【确定】按钮即可。

6.2.6 自顶向下装配

自顶向下建立一个组件的基本方法有两种，分别介绍如下。

（1）移动几何体

1）在装配中创建几何体（草图、片体、实体等）。

2）建立一个组件并向其中添加几何体。

（2）空部件

1）在装配中建立一个“空”组件对象。

2）使“空”组件成为工作部件。

3）在此组件中创建几何体。

【例 6-3】 在装配文件中先建立几何模型，然后创建新组件。

1）新建一个单位为毫米，名为 Up_Down_Assem_1.prt 的装配文件，调用【建模】和【装配】模块后保存文件。

2）使用【长方体】工具创建一个 100mm×80mm×40mm 的长方体。

3）单击【装配】功能区中的【添加】右侧的三角形按钮，在弹出的下拉列表中选择【新建】命令，弹出【新建组件】对话框，输入部件名称（如 Up_Down_1）并指定部件保存目录。

提 示

目录要与装配文件的目录一致。

4）单击【确定】按钮后，弹出如图 6-39 所示的【新建组件】对话框，选择刚才创建

的长方体，并选中【删除原对象】复选框。

提　示

若选中【删除原对象】复选框，则几何对象作为组件添加到装配文件后，原几何对象将从装配中删除。

5）单击【确定】按钮后，系统以刚输入的部件名 Up_Down_1.prt 保存长方体，同时在装配文件中删除长方体，取而代之的是一个组件。

提　示

检验这个新建的组件及所保存的零部件：在装配导航器中选中 Up_Down_1 节点，长方体高亮显示。查看保存目录，可发现该目录下有一个 Up_Down_1.prt 文件，打开 Up_Down_1.prt，可以看到正是刚才创建的长方体。

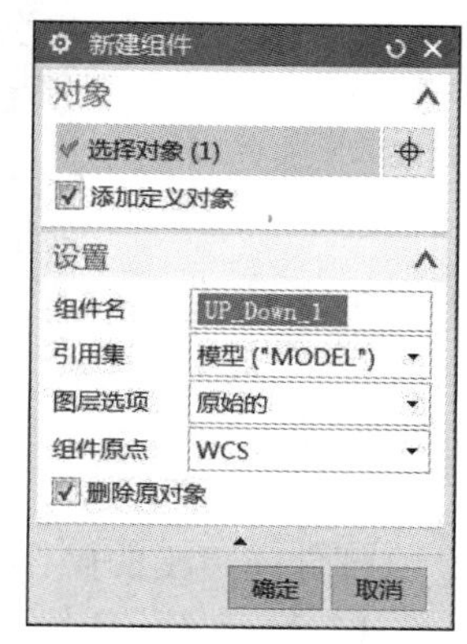

图 6-39

【例 6-4】　在装配文件中先创建空白组件，然后使其成为工作部件，再在其中添加几何模型。

1）新建一个单位为毫米，名为 Up_Down_Assem_2.prt 的装配文件，调用【建模】和【装配】模块后，保存文件。

2）单击【装配】功能区中的【添加】右侧的三角形按钮，在弹出的下拉列表中选择【新建】命令，弹出【新建组件】对话框，输入部件名称（如 Up_Down_2）并指定部件保存目录。

3）单击【确定】按钮后，弹出如图 6-39 所示的【新建组件】对话框，不选择任何对象，直接单击【确定】按钮，即可在装配中添加一个不含几何体对象的新组件。

4）双击装配导航器上的新组件节点 Up_Down_2，使新组件成为一个工作部件，然后使用【长方体】工具创建一个 100mm×80mm×40mm 的长方体。

5）按 Ctrl+S 组合键保存文件。由于新组件是工作节点，所保存的只是刚才所建立的几何体。

6）双击装配导航器上的节点 Up_Down_Assem_2，使装配部件成为工作部件；再按 Ctrl+S 组合键，保存整个装配文件。

6.2.7　部件间建模

部件间建模是指通过“链接关系”建立部件间的相互关联，从而实现部件间的参数化设计。利用部件间建模技术可以提高设计效率，并且保证了部件间的关联性。

利用【WAVE 几何链接器】可以在工作部件中建立相关或不相关的几何体。如果建立相关的几何体，它必须被链接到同一装配中的其他部件。链接的几何体相关到它的父几何体，改变父几何体会引起所有部件中链接的几何体自动更新。如图 6-40 所示，轴承尺寸被更改，但未编辑安装框架孔。通过 WAVE 复制，曲线从轴承复制到框架，无论轴承尺寸更改、旋转，还是轴位置移动，都可自动更新孔。

（a）不使用 WAVE

（b）使用 WAVE

图 6-40

部件间建模的操作步骤如下。

1）保持显示部件不变，将新组件设置为工作部件。

2）选择【菜单】|【插入】|【关联复制】|【WAVE 几何链接器】命令，弹出【WAVE 几何链接器】对话框，如图 6-41 所示，可以将其他组件的对象如点、线、基准、草图、面、体等链接到当前的工作部件中。

- 类型：该下拉列表中列出了可链接的几何对象类型。
- 关联：选中该复选框，产生的链接特征与原对象关联。
- 隐藏原先的：选中此复选框，则在产生链接特征后隐藏原来的对象。

WAVE 几何链接器

图 6-41

3）利用链接过来的几何对象生成几何体。

【例6-5】 部件间建模。

本实例使用素材包中的baseplate.prt文件。其内容是将baseplate.prt添加到一个装配文件中，然后用混合装配和部件间建模技术建立一个定位块（my_locator）。

1. 新建文件

新建一个单位为英寸，名称为Wave_Assem.prt的文件，并调用【建模】和【装配】模块。

2. 将baseplate.prt加入到装配中

（1）添加baseplate组件

1）单击【装配】功能区中的【添加】命令，弹出【添加组件】对话框。

2）单击【打开】按钮，弹出【部件文件选择】对话框，选取baseplate.prt文件。

3）将【定位】设为【绝对原点】、【引用集】设为【模型】、【图层选项】设为【原始的】，其余选项保持默认值。

4）单击【确定】按钮，完成baseplate组件的添加。

（2）固定baseplate组件

1）单击【装配】功能区中的【装配约束】命令，即可调用【装配约束】对话框，如图6-9所示。

2）在【类型】下拉列表中选择【固定】。

3）选择刚添加的组件baseplate。

4）单击【确定】按钮，完成对组件baseplate的约束。

3. 利用自顶向下装配方法建立定位块

1）调用【长方体】命令，选择【原点和边长】方式，创建一个长方体（长度为2mm，宽度为2mm，高度为1mm，矩形顶点在其左上角），如图6-42所示。

2）将矩形块对象建立为新组件。

① 单击【装配】功能区中的【添加】右侧的三角形按钮，在弹出的下拉列表中选择【新建】命令，弹出【新建组件】对话框，输入部件名称My_locator并指定部件保存目录。

② 单击【确定】按钮后，弹出如图6-39所示的【新建组件】对话框，选择刚才创建的长方体，选中【删除原对象】复选框。

③ 单击【确定】按钮，即可生成新组件My_locator，此时装配导航器如图6-43所示。

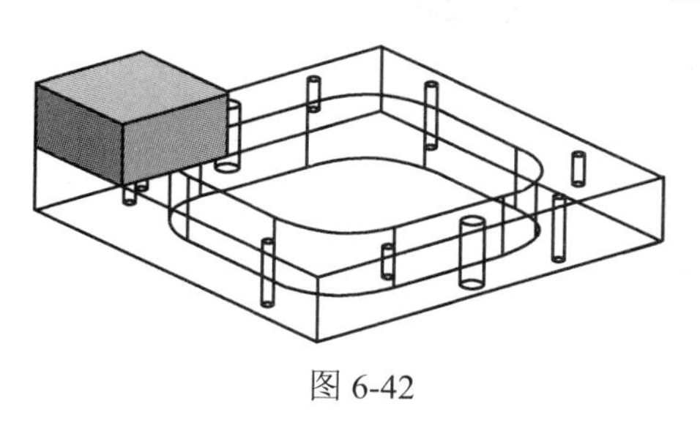

图6-42

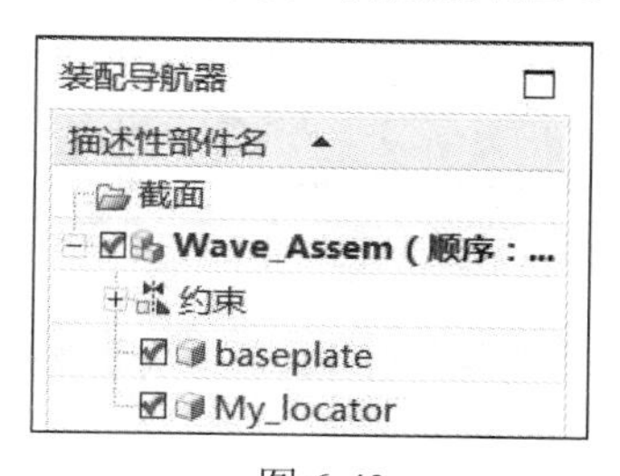

图6-43

4. 用 WAVE 几何链接器链接 baseplate 组件中相关几何对象至组件 My_locator

1）在装配导航器中双击 My_locator 组件节点，使 My_locator 成为工作节点。

2）选择【菜单】|【插入】|【关联复制】|【WAVE 几何链接器】命令，弹出【WAVE 几何链接器】对话框，在【类型】下拉列表中选择【复合曲线】，然后选取如图 6-44 所示的曲线（为方便选择，可以将选择条中的【曲线规则】设置为【相切曲线】）。

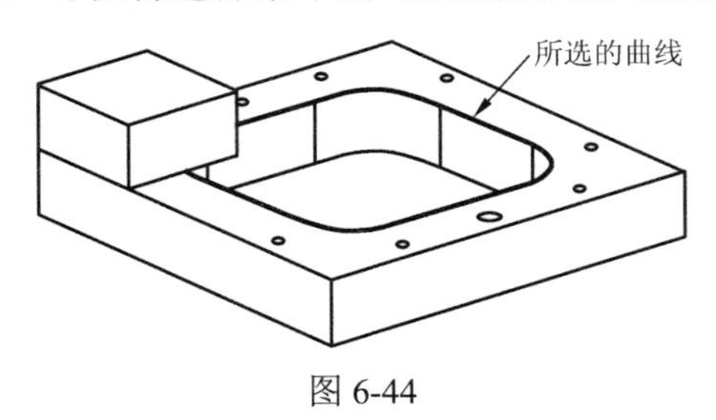

图 6-44

3）从定位板上减去超出底板的部分材料。调用【拉伸】工具，以链接入的曲线作为截面线，在【限制】选项区的【开始】文本框中输入 0，【结束】设置为【贯通】，拉伸方向为 Z 轴方向，如图 6-45（a）所示；设置【布尔】为【求差】，然后单击【确定】按钮，结果如图 6-45（b）所示。

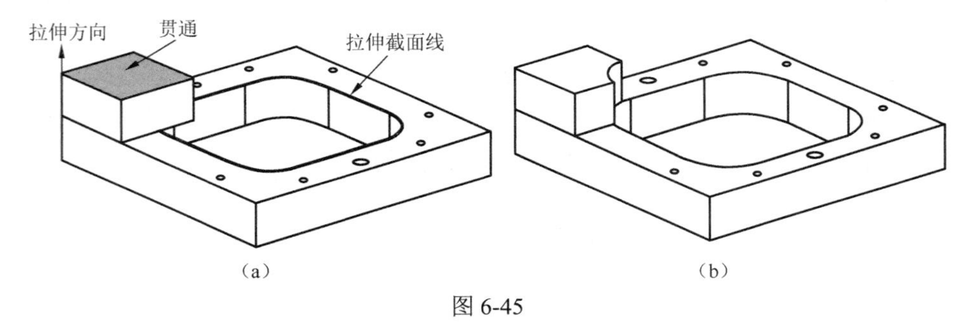

（a）　（b）

图 6-45

4）用同样的方法链接底板上的两条线，并在定位块上创建两个圆孔，如图 6-46 所示。

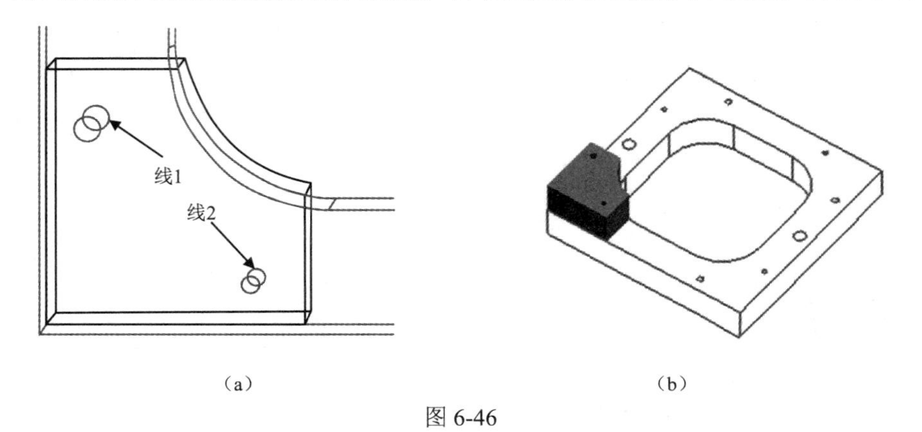

（a）　（b）

图 6-46

5）保存文件。

6.2.8　爆炸图

通过爆炸图，可以清晰地了解产品的内部结构及部件的装配顺序。爆炸图主要用于产品的功能介绍及装配向导。

爆炸图

爆炸图是装配结构的一种图示说明。在该视图中，各个组件或一组组件分散显示，就像各自从装配件的位置爆炸出来一样，用一条命令又能装配起来。装配视图可以清楚地显示装配或者子装配中各个组件的装配关系。

爆炸图本质上也是一个视图，与其他视图一样，一旦定义和命名就可以被添加到其他图形中。爆炸视图与显示部件相关联，并存储在显示部件中。

爆炸图是一个已经命名的视图，一个模型中可以有多个爆炸图。默认的爆炸图名称为Explosion，后加数字后缀，也可以根据需要指定其他名称。

1．爆炸图的创建

【爆炸图】相关的命令可以通过【菜单】|【装配】|【爆炸图】找到，如图 6-47 所示。

单击【新建爆炸图】命令，弹出如图 6-48 所示的对话框。在该对话框中输入爆炸视图的名称或接受系统默认的名称后，单击【确定】按钮即可建立一个新的爆炸图。

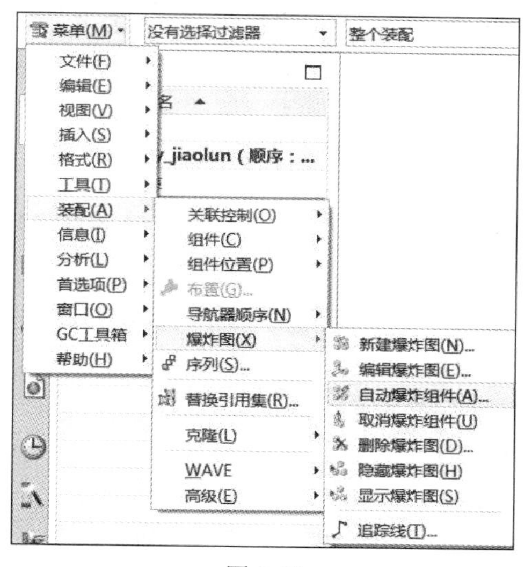

图 6-47

图 6-48

提　示

若当前视图中已显示爆炸图，单击【新建爆炸图】命令，系统会弹出提示“此视图已显示爆炸图。是否要将它复制到新的爆炸图”。

UG NX 10.0 中可用以下两种方式来生成爆炸图：编辑爆炸图方式与自动爆炸图方式。

（1）编辑爆炸图方式

编辑爆炸图方式是指使用【编辑爆炸图】命令在爆炸图中对组件重定位，以达到理想的分散、爆炸效果。

创建爆炸图

【例 6-6】 以编辑爆炸图方式创建爆炸图。

1）打开素材包中的 ch6\Assy_jiaolun.prt，并调用【建模】和【装配】模块。

2）选择【菜单】|【装配】|【爆炸图】|【新建爆炸图】命令，弹出如图 6-48 所示的对话框，输入爆炸图名称后，单击【确定】按钮。

3）选择【菜单】|【装配】|【爆炸图】|【编辑爆炸图】命令，弹出如图 6-49 所示的对话框。若当前没有建立爆炸图，则【编辑爆炸图】命令不可用。

4）选择组件 lunzi 并按鼠标中键，系统自动切换到【移动对象】选项，同时坐标手柄被激活。

5）在图形区拖动 ZC 轴方向上的坐标手柄，向右拖动至如图 6-50 所示的位置，或者在对话框的【距离】文本框中输入-100，并按鼠标中键确认。

图 6-49

图 6-50

6）此时系统又自动切换到【选择对象】选项，按下 Shift 键选择高亮显示的轮子组件，然后选择组件 xiao 作为要爆炸的组件，并按鼠标中键。

7）拖动 YC 轴方向上的坐标手柄，向左拖动至如图 6-51 所示的位置，或者在【编辑爆炸图】对话框的【距离】文本框中输入 120。

8）同理选择 zhou（轴）和 dianquan（垫圈）作为要爆炸的组件，其中轴组件往 ZC 轴正方向拖动距离 120，垫圈组件往 ZC 轴正方向拖动距离 40。

最终编辑完成的爆炸图如图 6-52 所示。

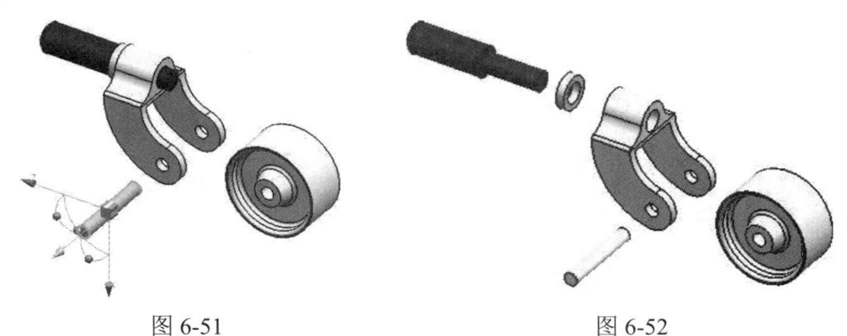

图 6-51　　图 6-52

（2）自动爆炸图方式

自动爆炸图方式是指使用【自动爆炸组件】命令，通过输入统一的爆炸距离值，系统会沿着每个组件的轴向、径向等矢量方向进行自动爆炸。

【例 6-7】 以自动爆炸图方式创建爆炸图。

1）在【例 6-6】的基础上，选择【菜单】|【装配】|【爆炸图】|【隐藏爆炸图】命令。

2）选择【菜单】|【装配】|【爆炸图】|【新建爆炸图】命令，弹出如图 6-48 所示的对话框，输入爆炸图名称后，单击【确定】按钮。

3）选择【菜单】|【装配】|【爆炸图】|【自动爆炸组件】命令，弹出【类选择】对话框。

4）选择视图中的所有组件，单击【确定】按钮后，弹出如图 6-53 所示的对话框。

5）输入距离值为 150。

6）单击【确定】按钮后，结果如图 6-54 所示。

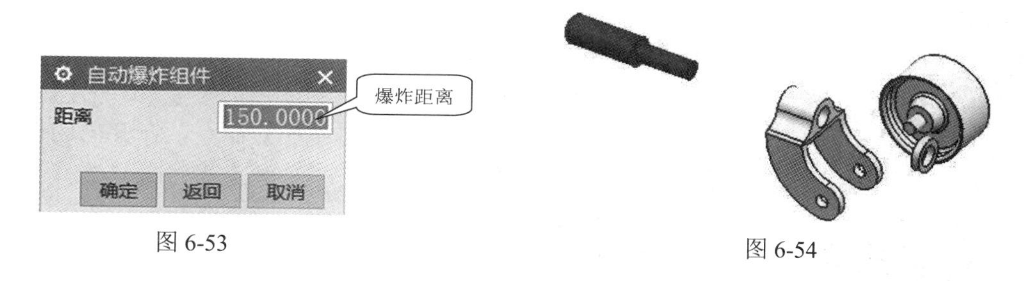

图 6-53　　图 6-54

2. 爆炸图操作

（1）取消爆炸组件

【取消爆炸组件】命令是指将组件恢复到未爆炸之前的位置。

选择【菜单】|【装配】|【爆炸图】|【取消爆炸组件】命令，将弹出【类选择】对话框，选择要复位的组件，单击【确定】按钮，即可使该组件回到其原来的位置。

（2）删除爆炸图

【删除爆炸图】命令只能删除非工作状态的装配爆炸图。

选择【菜单】|【装配】|【爆炸图】|【删除爆炸图】命令，弹出【爆炸图】对话框，如图 6-55 所示；在列表框中选择要删除的爆炸图，单击【确定】按钮即可删除该爆炸图。

（3）隐藏爆炸图

【隐藏爆炸图】命令只有在当前已显示爆炸图的情况下可用。

选择【菜单】|【装配】|【爆炸图】|【隐藏爆炸图】命令，即可退出爆炸图显示，恢复到装配体状态。

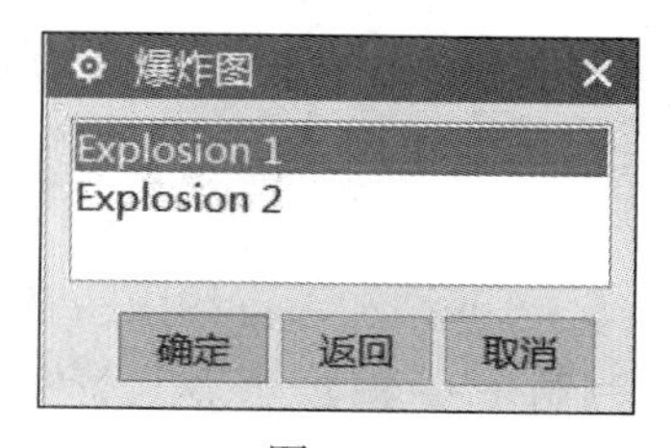

图 6-55

（4）显示爆炸图

【显示爆炸图】命令可以将之前隐藏的爆炸图显示出来，无须重新建立爆炸图。

选择【菜单】|【装配】|【爆炸图】|【显示爆炸

图】命令，弹出如图 6-55 所示的【爆炸图】对话框，其中列出了所有已隐藏的爆炸图的名称；在列表框中选择要显示的爆炸图，单击【确定】按钮即可显示该爆炸图。

6.3 脚 轮 装 配

脚轮装配

本节介绍脚轮的装配方法，脚轮的装配模型如图 6-56 所示。

1. 新建装配文件

1）创建一个单位为毫米，名为 assy_jiaolun.prt 的文件，并保存在 D:\jiaolun 下。

2）调用【建模】和【装配】模块，并打开装配导航器。

3）将素材包中本例所用到的部件文件都复制到装配文件所在的目录 D:\jiaolun 下。

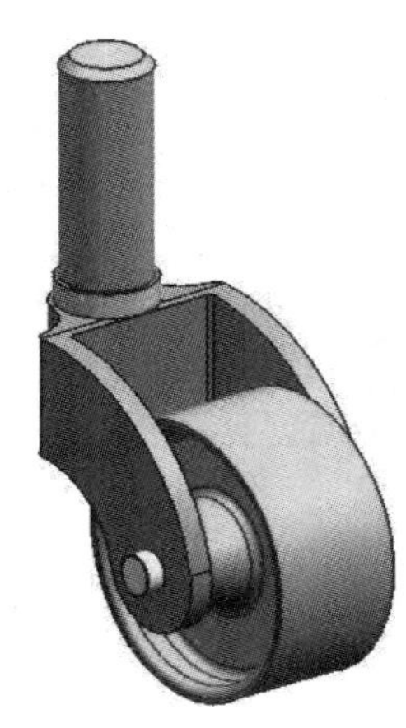

图 6-56

2. 添加组件 chajia 并定位

（1）添加组件 chajia

1）单击【装配】功能区中的【添加】命令，在弹出的【添加组件】对话框中单击【打开】按钮，弹出【部件文件选择】对话框，选取 chajia.prt 文件。

2）参数设置：将【定位】设为【绝对原点】、【引用集】设为【模型】、【图层选项】设为【原始的】，其余选项保持默认值。

3）单击【确定】按钮，完成组件 chajia 的添加。

（2）为组件 chajia 添加装配约束

1）单击【装配】功能区中的【装配约束】命令。

2）在弹出的【装配约束】对话框的【类型】下拉列表中选择【固定】。

3）选择刚添加的组件 chajia。

4）单击【确定】按钮，完成对组件 chajia 的约束。

3. 添加组件 lunzi 并定位

（1）添加组件 lunzi

1）调用【添加组件】对话框，并选取 lunzi.prt 文件。

2）参数设置：将【定位】设为【通过约束】、【引用集】设为【模型】、【图层选项】设为【原始的】，其余选项保持默认值。

3）单击【确定】按钮，弹出【装配约束】对话框。

（2）定位组件 lunzi

1）添加对齐约束：在【类型】下拉列表中选择【接触对齐】，选择【方位】为【自动判断中心/轴】，依次选择图 6-57 所示的中心线 1 和中心线 2，完成第一组装配约束。

2）添加中心约束：在【类型】下拉列表中选择【中心】，设置【子类型】为【2 对

2】，依次选择图 6-57 所示的面 3～面 6（面 4 和面 3 相对、面 6 和面 5 相对），完成第二组装配约束。

3）单击【确定】按钮，完成轮子的定位，结果如图 6-58 所示。

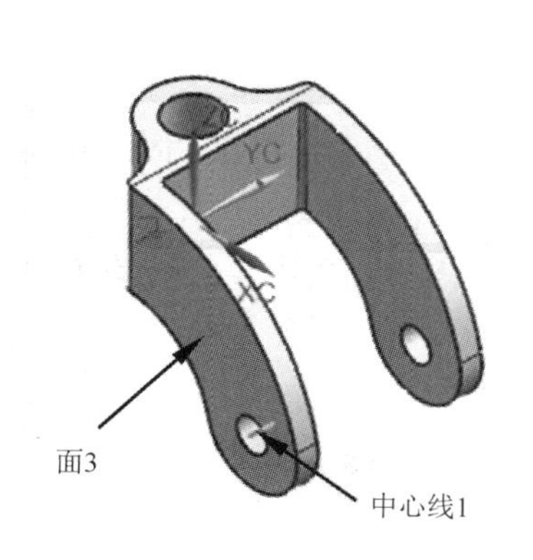

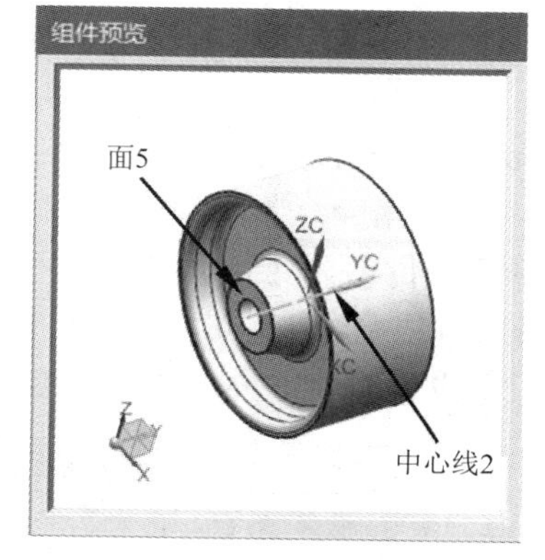

图 6-57

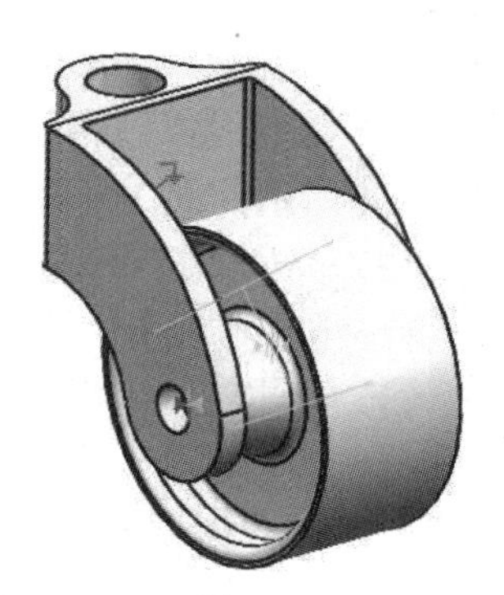

图 6-58

4. 添加组件 xiao 并定位

（1）添加组件 xiao

调用【添加组件】对话框，并选取 xiao.prt 文件，其参数设置同组件 lunzi，单击【确定】按钮，弹出【装配约束】对话框。

（2）定位组件 xiao

1）在【类型】下拉列表中选择【接触对齐】，选择【方位】为【自动判断中心/轴】，依次选择图 6-59 所示的中心线 7 和中心线 8，完成第一组装配约束。

2）在【类型】下拉列表中选择【中心】，设置【子类型】为【2 对 2】，依次选择图 6-59 所示的面 9～面 12（面 10 和面 9 相对、面 12 和面 11 相对），完成第二组装配约束。

3）单击【确定】按钮，完成销的定位，结果如图 6-60 所示。

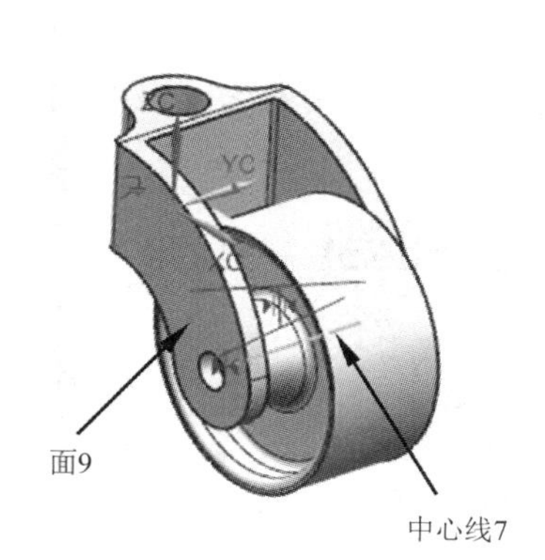

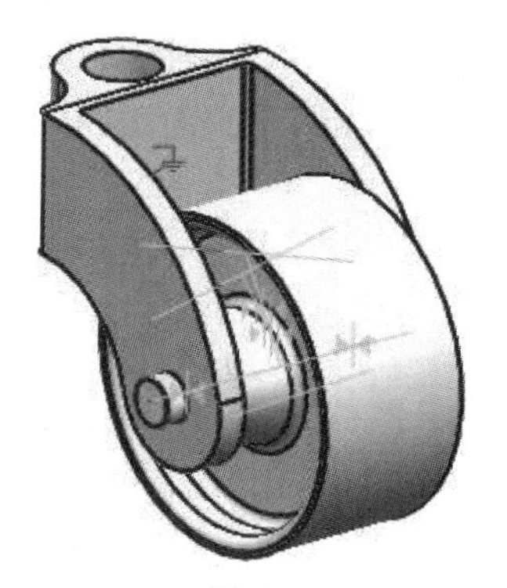

图 6-59

图 6-60

5. 添加组件 dianquan 并定位

（1）添加组件 dianquan

调用【添加组件】对话框，并选取 dianquan.prt 文件，其参数设置同组件 lunzi，单击【确定】按钮，弹出【装配约束】对话框。

（2）定位组件 dianquan

1）在【类型】下拉列表中选择【接触对齐】，选择【方位】为【接触】，依次选择图 6-61 所示的面 13 和面 14，完成第一组装配约束。

2）类型保持不变，选择【方位】为【自动判断中心/轴】，依次选择图 6-61 所示的中心线 15 和中心线 16，完成第二组装配约束。

3）单击【确定】按钮，完成垫圈的定位，结果如图 6-62 所示。

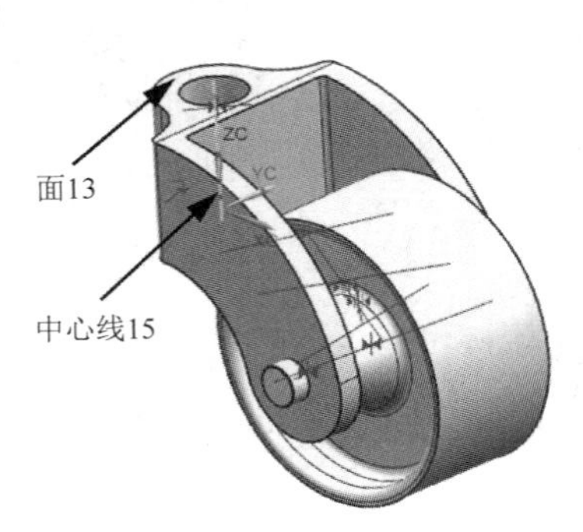

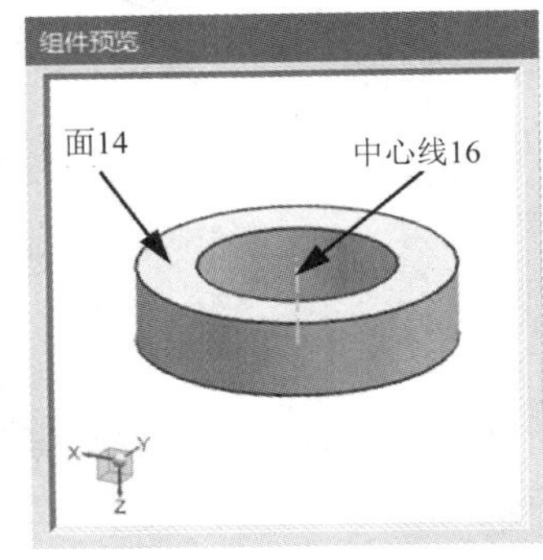

图 6-61

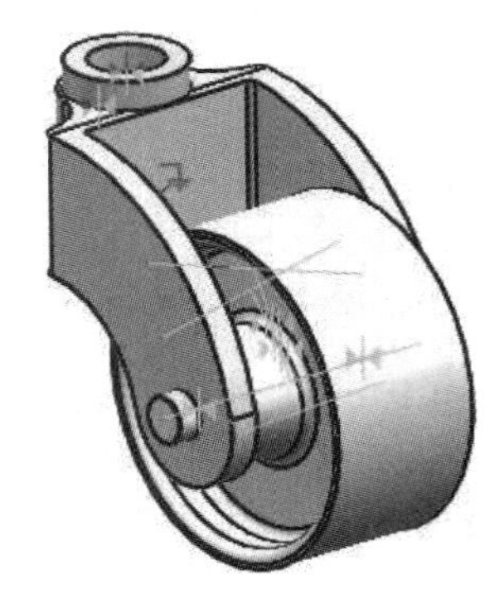

图 6-62

6. 添加组件 zhou 并定位

（1）添加组件 zhou

调用【添加组件】对话框，并选取 zhou.prt 文件，其参数设置同组件 lunzi，单击【确定】按钮，弹出【装配约束】对话框。

（2）定位组件 zhou

1）在【类型】下拉列表中选择【接触对齐】，选择【方位】为【接触】，依次选择图 6-63 所示的面 17 和面 18，完成第一组装配约束。

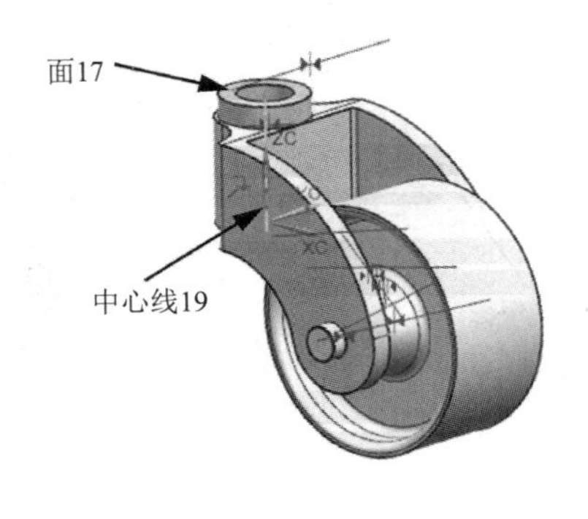

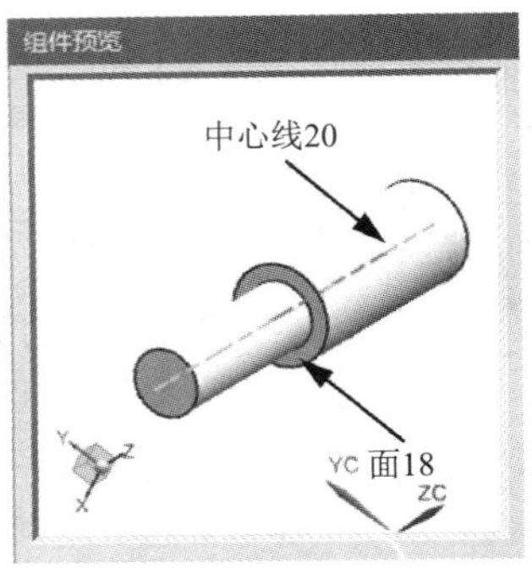

图 6-63

2）类型保持不变，选择【方位】为【自动判断中心/轴】，依次选择图 6-63 所示的中心线 19 和中心线 20，完成第二组装配约束。

3）单击【确定】按钮，完成轴的定位，结果如图 6-56 所示。

6.4 减速器装配

本节主要介绍减速器装配方法。减速器零件模型如图 6-64 所示。由于减速器零件比较多，所以先分别装配低速轴组件和高速轴组件，然后再进行整体装配。

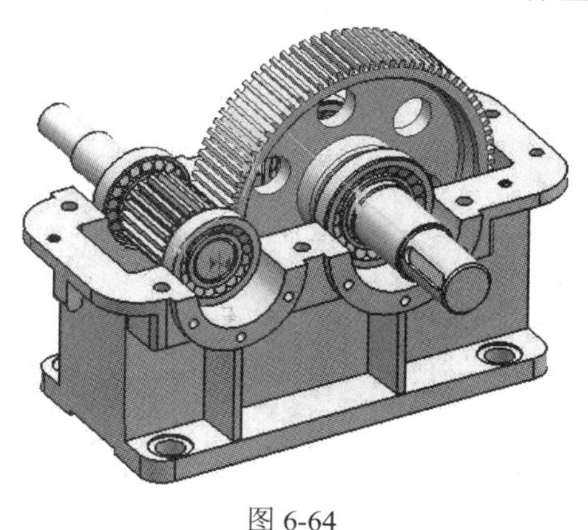

图 6-64

减速器装配

6.4.1 低速轴子装配

低速轴包括六个零件，其中轴为基础零件，键、齿轮、定距环和两个轴承为相配合零件。在装配过程中，主要讲述在空的装配体中导入轴作为基础零件，在齿轮轴上按装配约束依序安装轴承、键、齿轮、定距环和轴承，其中，轴承要在不同部位中各安装一个。完成后的效果如图 6-64 所示。

1. 新建子装配文件

1）创建一个单位为毫米，名为 Assembly_disuzhou 的文件，并保存在 D:\jiansuqi 下。
2）调用【建模】和【装配】模块，并打开装配导航器。
3）将素材包中本例所用到的部件文件都复制到装配文件所在的目录 D:\jiansuqi 下。

2. 添加组件 disuzhou 并定位

请参照 6.3 节中的“添加组件 chajia 并定位”，此处不再赘述。

3. 添加组件 jian 并定位

（1）添加组件 jian

调用【添加组件】对话框，并选取 jian.prt 文件，其参数设置同 6.3 节中的组件 lunzi，单击【确定】按钮，弹出【装配约束】对话框。

（2）定位组件 jian

1）添加接触约束：在【装配约束】对话框的【类型】下拉列表中选择【接触对齐】，选择【方位】为【接触】，依次选择如图 6-65 所示的面 1、面2，完成第一组装配约束。

2）添加接触约束：类型保持不变，依次选择如图 6-65 所示的面 3、面 4，完成第二组装配约束。

3）添加接触约束：类型保持不变，依次选择如图 6-65 所示的面 5、面 6，完成第三组装配约束。

4）单击【确定】按钮，完成键的定位，结果如图 6-66 所示。

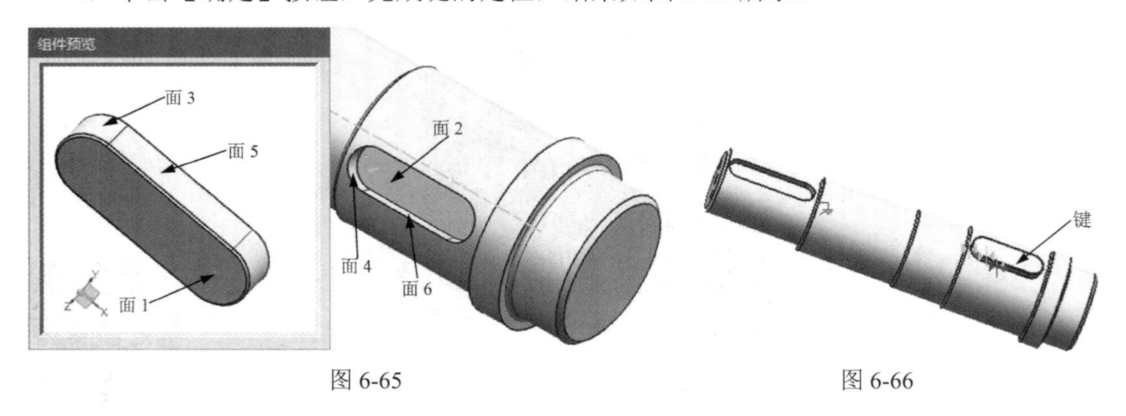

图 6-65　　图 6-66

4. 添加组件 zhoucheng1 并定位

（1）添加组件 zhoucheng1

调用【添加组件】对话框，并选取 zhoucheng1.prt 文件，其参数设置同 6.3 节中的组件 lunzi，单击【确定】按钮，弹出【装配约束】对话框。

（2）定位组件 zhoucheng1

1）添加接触约束：在【装配约束】对话框的【类型】下拉列表中选择【接触对齐】，选择【方位】为【接触】，依次选择如图 6-67 所示的面 1、面2，完成第一组装配约束。

2）添加对齐约束：类型保持不变，选择【方位】为【自动判断中心/轴】，依次选择如图 6-67 所示的中心线 1、中心线 2，完成第二组装配约束。

3）单击【确定】按钮，完成轴承 1 的定位，结果如图 6-68 所示。

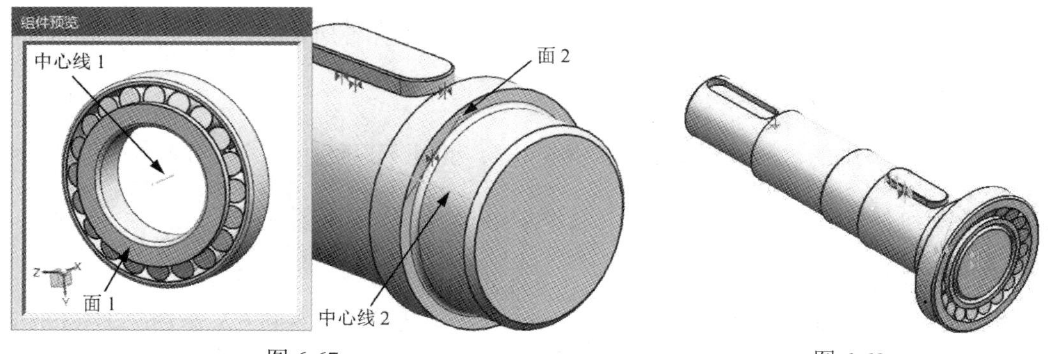

图 6-67　　图 6-68

5. 添加组件chilun并定位

（1）添加组件chilun

调用【添加组件】对话框，并选取chilun.prt文件，其参数设置同6.3节中的组件lunzi，单击【确定】按钮，弹出【装配约束】对话框。

（2）定位组件chilun

1）添加接触约束：在【装配约束】对话框的【类型】下拉列表中选择【接触对齐】，选择【方位】为【接触】，依次选择如图6-69所示的面1、面2，完成第一组装配约束。

2）添加接触约束：类型保持不变，依次选择如图6-69所示的面3、面4，完成第二组装配约束。

3）添加对齐约束：类型保持不变，选择【方位】为【自动判断中心/轴】，依次选择如图6-69所示的中心线1、中心线2，完成第三组装配约束。

4）单击【确定】按钮，完成齿轮的定位，结果如图6-70所示。

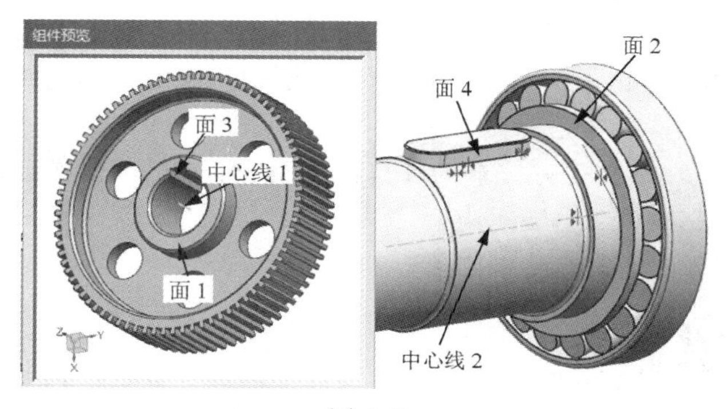

图6-69

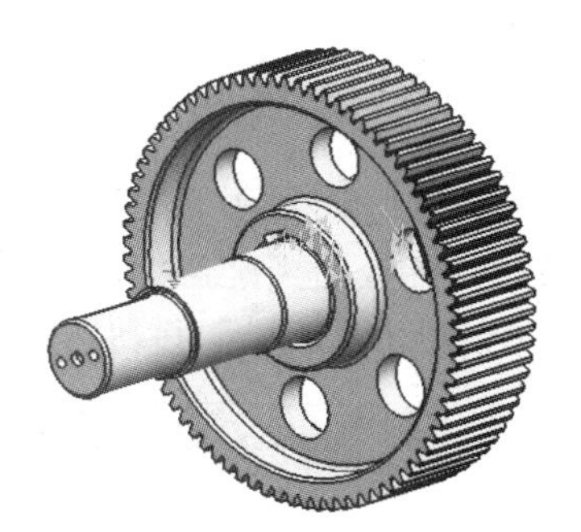

图6-70

6. 添加组件dingjuhuan并定位

（1）添加组件dingjuhuan

调用【添加组件】对话框，并选取dingjuhuan.prt文件，其参数设置同6.3节中的组件lunzi，单击【确定】按钮，弹出【装配约束】对话框。

（2）定位组件dingjuhuan

1）添加接触约束：在【装配约束】对话框的【类型】下拉列表中选择【接触对齐】，选择【方位】为【接触】，依次选择如图6-71所示的面1、面2，完成第一组装配约束。

2）添加接触约束：类型保持不变，选择【方位】为【自动判断中心/轴】，依次选择如图6-71所示的中心线1、中心线2，完成第二组装配约束。

3）单击【确定】按钮，完成定距环的定位，结果如图6-72所示。

7. 添加组件zhoucheng1并定位

（1）添加组件zhoucheng1

调用【添加组件】对话框，并选取zhoucheng1.prt文件，其参数设置同6.3节中的组件lunzi，单击【确定】按钮，弹出【装配约束】对话框。

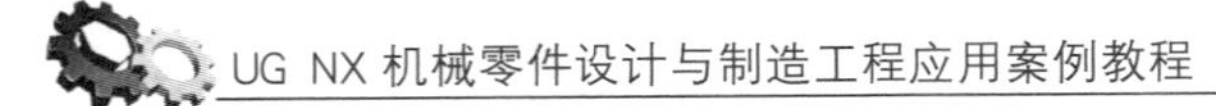

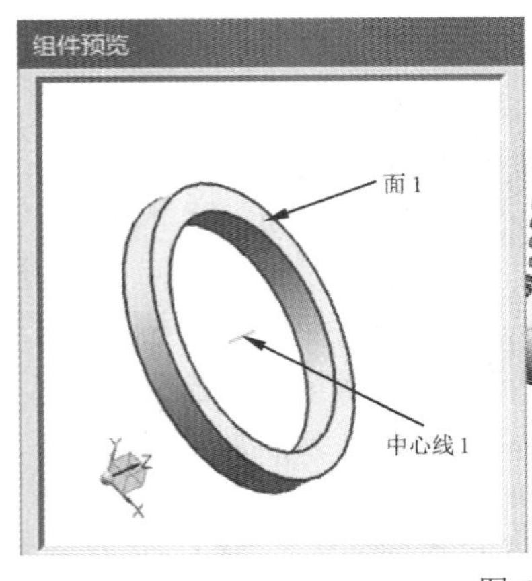

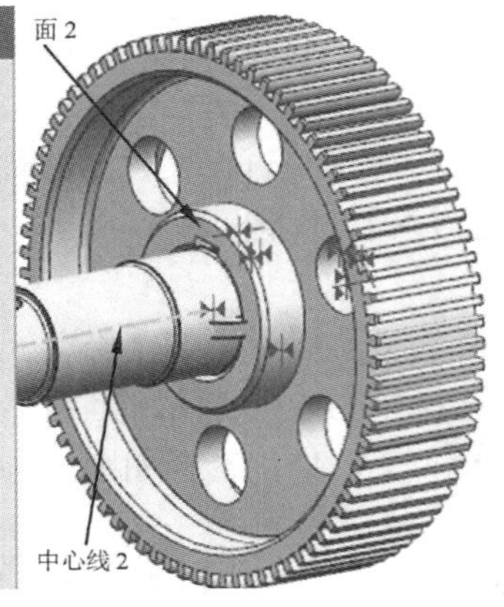

图 6-71

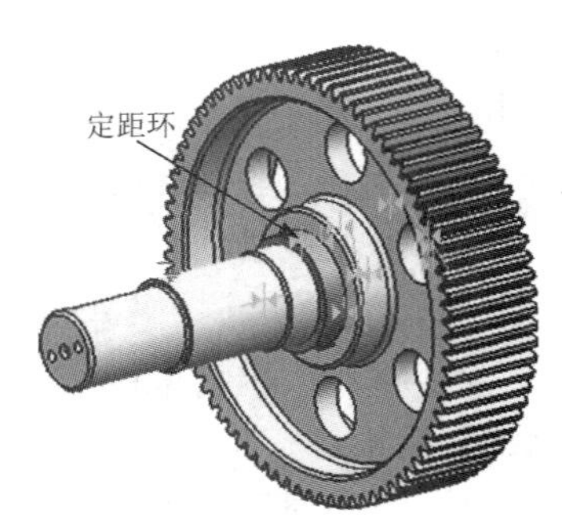

图 6-72

（2）定位组件 zhoucheng1

1）添加接触约束：在【装配约束】对话框的【类型】下拉列表中选择【接触对齐】，选择【方位】为【接触】，依次选择如图 6-73 所示的面 1、面 2，完成第一组装配约束。

2）添加对齐约束：类型保持不变，选择【方位】为【自动判断中心/轴】，依次选择如图 6-73 所示的中心线 1、中心线 2，完成第二组装配约束。

3）单击【确定】按钮，完成轴承 1 的定位，结果如图 6-74 所示。

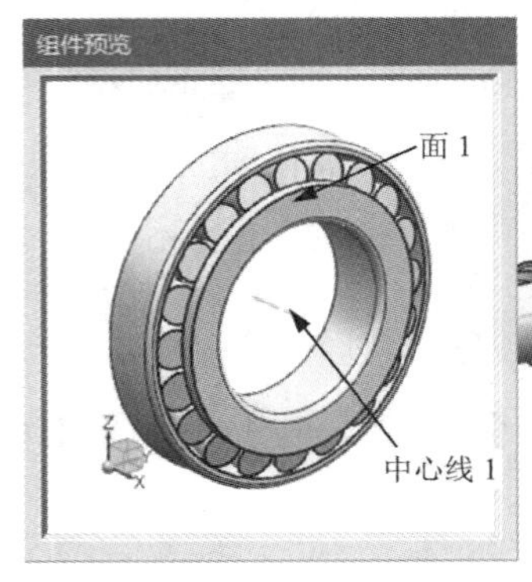

图 6-73

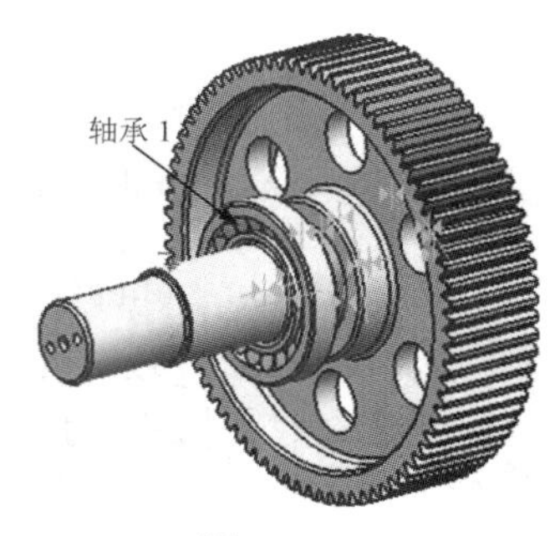

图 6-74

6.4.2 高速轴子装配

高速轴组件包括三个零件，齿轮轴作为基础零件，两个完全相同的轴承作为相配合零件。在装配过程中，首先在空的装配体中导入齿轮轴作为基础零件，然后在齿轮轴上按装配约束安装两个完全相同的轴承。完成后的效果如图 6-75 所示。

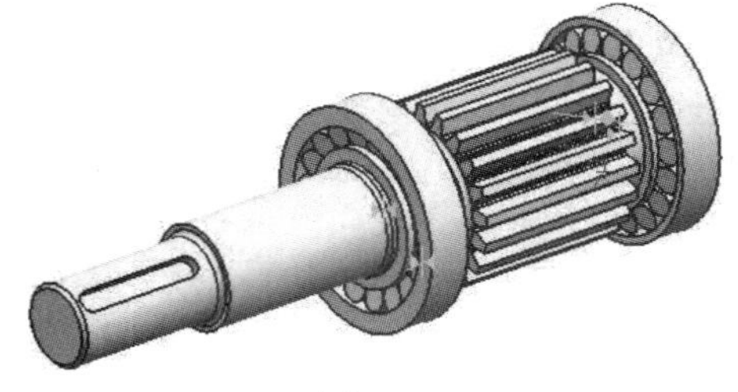

图 6-75

1. 新建子装配文件

1）创建一个单位为毫米，名为Assem-bly_gaosuzhou 的文件，并保存在 D:\jiansuqi 下。
2）调用【建模】和【装配】模块，并打开装配导航器。

2. 添加组件 gaosuzhou 并定位

请参照 6.3 节中的“添加组件chajia 并定位”，此处不再赘述。

3. 添加组件 zhoucheng2 并定位

（1）添加组件 zhoucheng2

调用【添加组件】对话框，并选取 zhoucheng2.prt 文件，其参数设置同 6.3 节中的组件 lunzi，单击【确定】按钮，弹出【装配约束】对话框。

（2）定位组件 zhoucheng2

1）添加接触约束：在【装配约束】对话框的【类型】下拉列表中选择【接触对齐】，选择【方位】为【接触】，依次选择如图 6-76 所示的面 1、面 2，完成第一组装配约束。

2）添加对齐约束：类型保持不变，选择【方位】为【自动判断中心/轴】，依次选择如图 6-76 所示的中心线 1、中心线 2，完成第二组装配约束。

3）单击【确定】按钮，完成轴承 2 的定位。

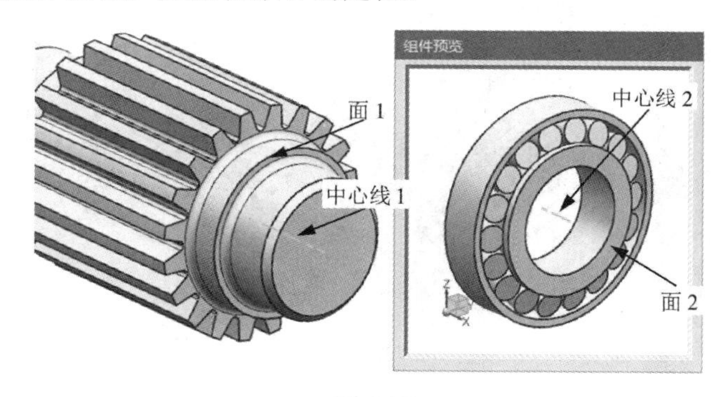

图 6-76

4. 再次添加组件 zhoucheng2 并定位

操作步骤与“3. 添加组件 zhoucheng2 并定位”相同，不过面 1、面 2、中心线 1、中心线 2 不同，如图 6-77 所示。

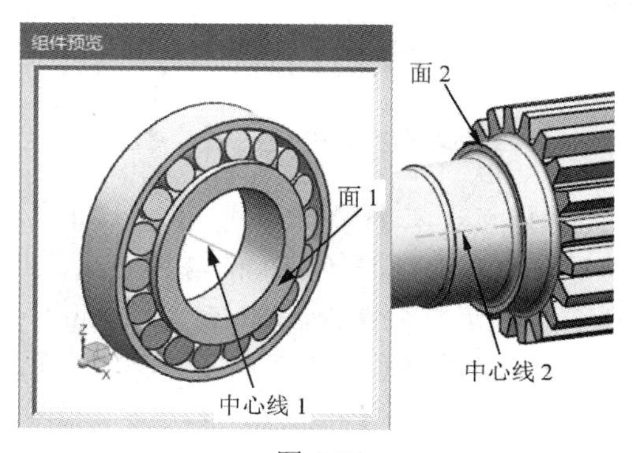

图 6-77

6.4.3　减速器总装配

首先将机座零件导入空的装配体中，然后在机座上安装高速轴组件和低速轴组件。

1. 新建装配文件

1）创建一个单位为毫米，名为Assembly_jiansuqi的文件，并保存在D:\jiansuqi下。

2）调用【建模】和【装配】模块，并打开装配导航器。

2. 添加组件jizuo并定位

请参照6.3节中的“添加组件chajia并定位”，此处不再赘述。

3. 添加高速轴子装配并定位

（1）添加组件Assembly_gaosuzhou

1）调用【添加组件】对话框，并选取Assembly_gaosuzhou.prt文件。

2）参数设置：设置【定位】为【通过约束】、【引用集】为【整个部件】、【图层选项】为【原始的】，其余选项保持默认值。

3）单击【确定】按钮，弹出【装配约束】对话框。

（2）定位组件Assembly_gaosuzhou

1）添加接触约束：在【装配约束】对话框的【类型】下拉列表中选择【接触对齐】，选择【方位】为【接触】，依次选择如图6-78所示的面1、面2，完成第一组装配约束。

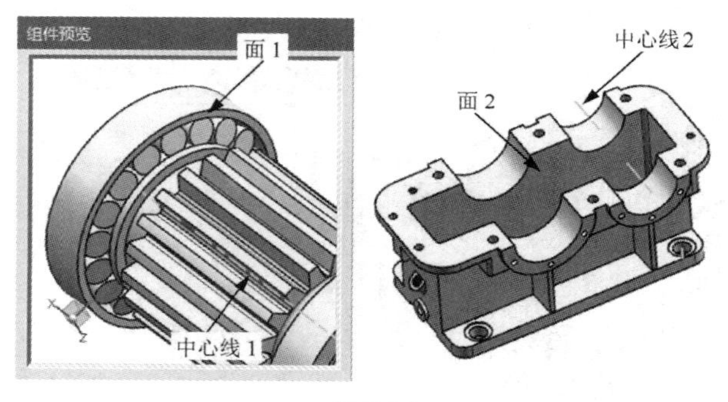

图6-78

2）添加对齐约束：类型保持不变，选择【方位】为【自动判断中心/轴】，依次选择如图6-78所示的中心线1、中心线2，完成第二组装配约束。

3）单击【确定】按钮，完成高速轴子装配的定位。

4. 添加低速轴子装配并定位

（1）添加组件Assembly_disuzhou

请参照高速轴子装配的添加方法，此处不再赘述。

（2）定位组件Assembly_disuzhou

1）添加接触约束：在【装配约束】对话框的【类型】下拉列表中选择【接触对齐】，选择【方位】为【接触】，依次选择如图6-79所示的面1、面2，完成第一组装配约束。

2）添加对齐约束：类型保持不变，选择【方位】为【自动判断中心/轴】，依次选择如图6-79所示的中心线1、中心线2，完成第二组装配约束。

3）单击【确定】按钮，完成低速轴子装配的定位。

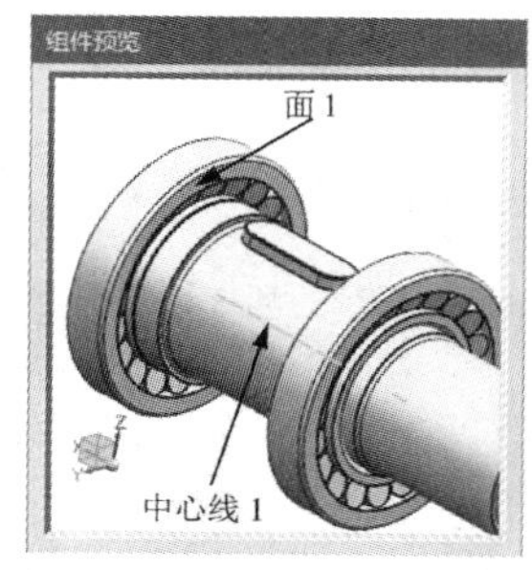

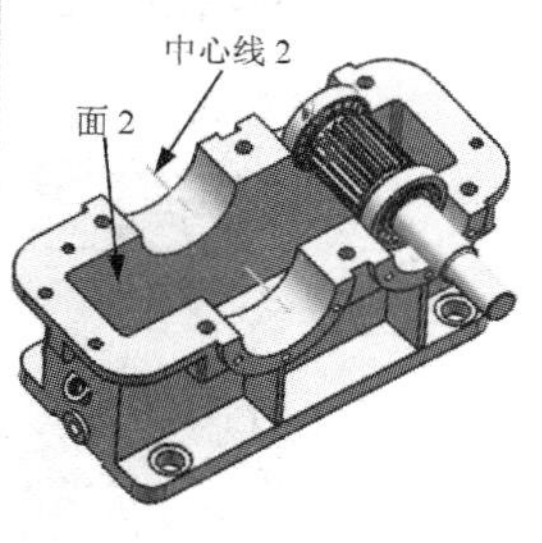

图 6-79

6.5　管钳装配

如图 6-80 所示的管钳由钳坐、圆管、滑块、螺杆、销、手柄杆、套圈组成；它是一种钳工夹具，用以夹紧管子进行攻螺丝、下料等加工。其工作原理为：转动手柄杆即带动螺杆旋转，两圆柱销由滑块上两孔插入，嵌入螺杆小端的环槽内，使螺杆与滑块连成一体。这样，螺杆的旋转能使滑块在钳座体内上下滑动，起到夹具的作用。

管钳装配

本例使用自底向下的方式完成装配，即依次装配钳座、圆管、滑块、螺杆、销、手柄杆、圈套。在实际工作中，装配圈套后，需敲扁手柄杆，以达到定位的要求，因此本例最后需要替换手柄杆。

图 6-80

1. 新建子装配文件

1）创建一个单位为毫米，名为 Assembly_guanqian 的文件，并保存在 D:\guanqian 下。

2）调用【建模】和【装配】模块，并打开装配导航器。

3）将素材包中本例所用到的部件文件都复制到装配文件所在的目录 D:\guanqian 下。

2. 添加组件 qianzuo 并定位

请参照 6.3 节中的“添加组件chajia 并定位”，此处不再赘述。

3. 添加组件 yuanguan 并定位

（1）添加组件 yuanguan

调用【添加组件】对话框，并选取 yuanguan.prt 文件，其参数设置同 6.3 节中的组件 lunzi，单击【确定】按钮，弹出【装配约束】对话框。

（2）定位组件 yuanguan

如图 6-81 所示，在面 1 与面 2、面 1 与面 3 之间分别添加接触约束，结果如图 6-82 所示。对于圆管与钳座的装配，有两个接触约束，可以使圆管形成欠约束，圆管可以绕自身轴线旋转，也可以沿与钳座的接触面前后移动。

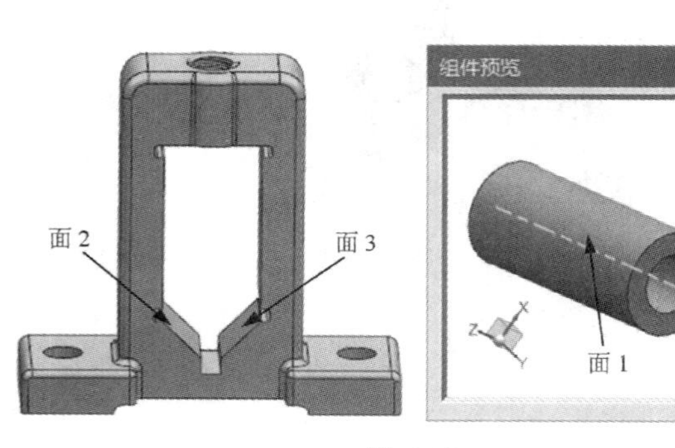

图 6-81

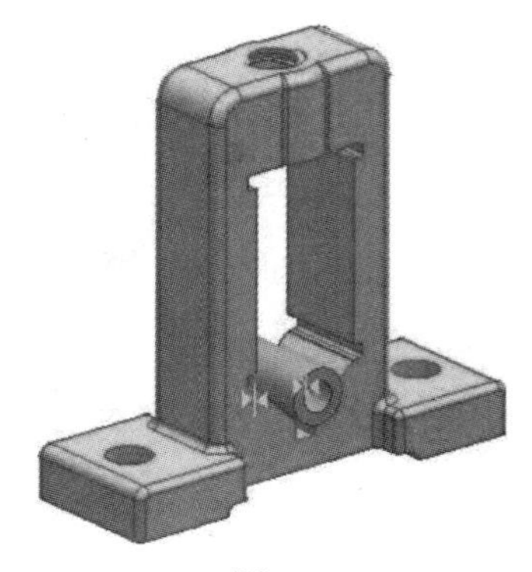

图 6-82

4. 添加组件 huakuai 并定位

（1）添加组件 huakuai

调用【添加组件】对话框，并选取 huakuai.prt 文件，其参数设置同 6.3 节中的组件 lunzi，单击【确定】按钮，弹出【装配约束】对话框。

（2）定位组件 huakuai

如图 6-83 所示，在面 1 与面 2 之间添加接触约束，在面 3 和面 4 之间添加对齐约束，结果如图 6-84 所示。对于滑块与钳座的装配，有两个约束（一个接触约束和一个对齐约束），可以使滑块形成欠约束，滑块可以沿着其与钳座的接触面上下移动。

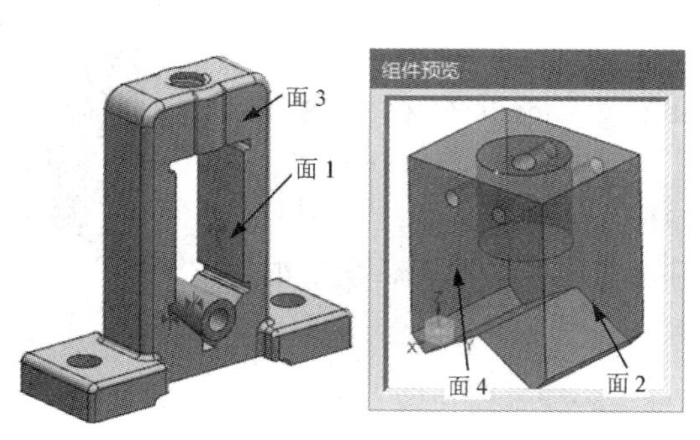

图 6-83

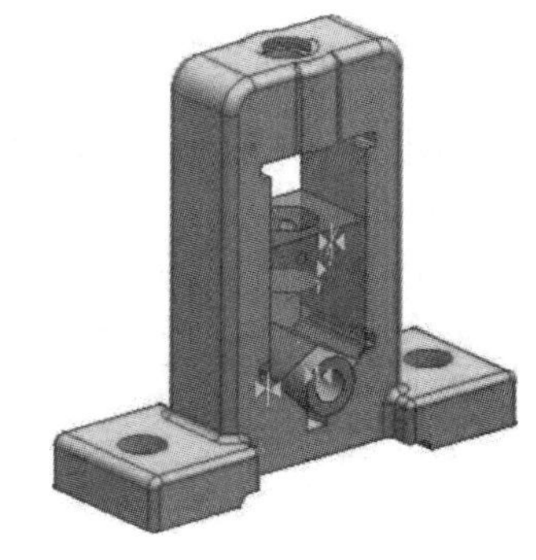

图 6-84

5. 添加组件 luogan 并定位

（1）添加组件 luogan

调用【添加组件】对话框，并选取 luogan.prt 文件，其参数设置同 6.3 节中的组件 lunzi，单击【确定】按钮，弹出【装配约束】对话框。

（2）定位组件 luogan

如图 6-85 所示，在中心线 1 与中心线 2 之间添加接触约束。如图 6-86 所示，在面 1

与面 2、面 1 与面 3 之间分别添加接触约束（面 2 与面 3 相对）。结果如图 6-87 所示。对于螺杆与钳座的装配，有三个接触约束，可以使螺杆形成欠约束，螺杆可以和滑块一起沿着滑块与钳座的接触面上下滑动。

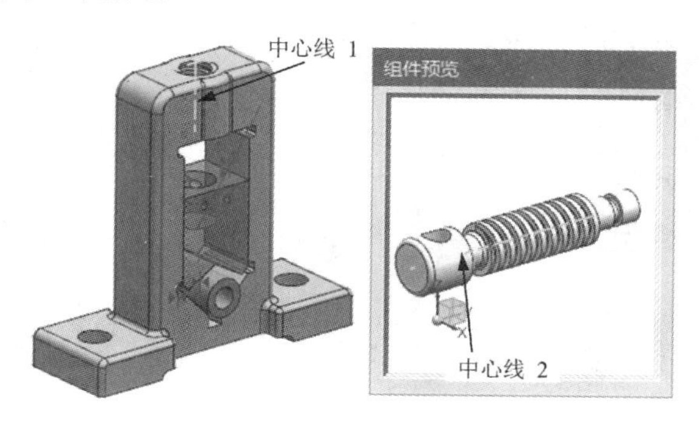

图 6-85

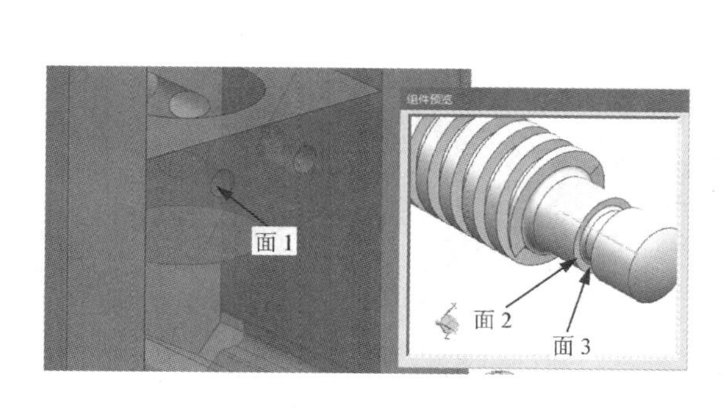

图 6-86

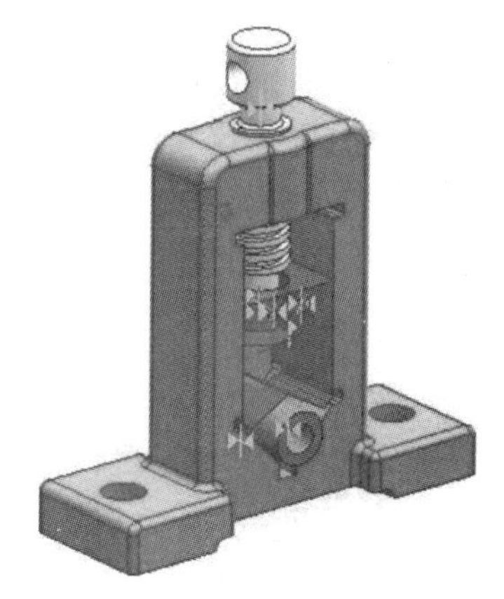

图 6-87

6. 添加组件 xiao 并定位

（1）添加组件 xiao

调用【添加组件】对话框，并选取 xiao.prt 文件，其参数设置同 6.3 节中的组件 lunzi，单击【确定】按钮，弹出【装配约束】对话框。

（2）定位组件 xiao

如图 6-88 所示，在中心线 1 与中心线 2 之间添加接触约束。然后添加中心约束，选择子类型为【2 对 2】，依次选择销钉的两个端面和滑块的前后两面。以同样的方式完成另一侧销钉的装配，结果如图 6-89 所示。对于销钉的装配，有两个装配约束（一个接触约束和一个中心约束），可以使销钉形成欠约束，销钉可以绕自身轴线旋转。

7. 添加组件 shoubing 1 并定位

（1）添加组件 shoubing1

调用【添加组件】对话框，并选取 shoubing1.prt 文件，其参数设置同 6.3 节中的组件

lunzi，单击【确定】按钮，弹出【装配约束】对话框。

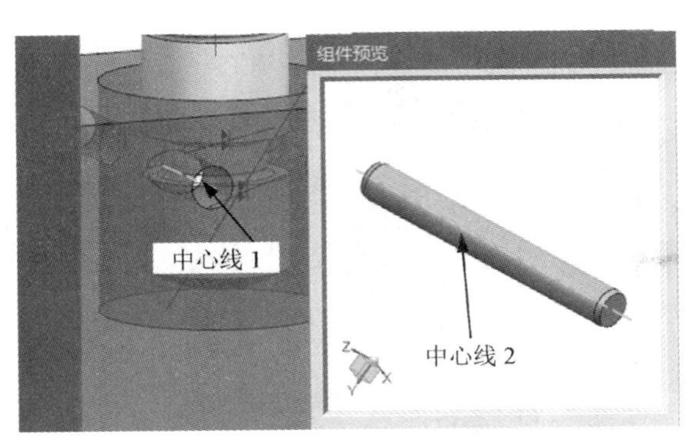

图 6-88

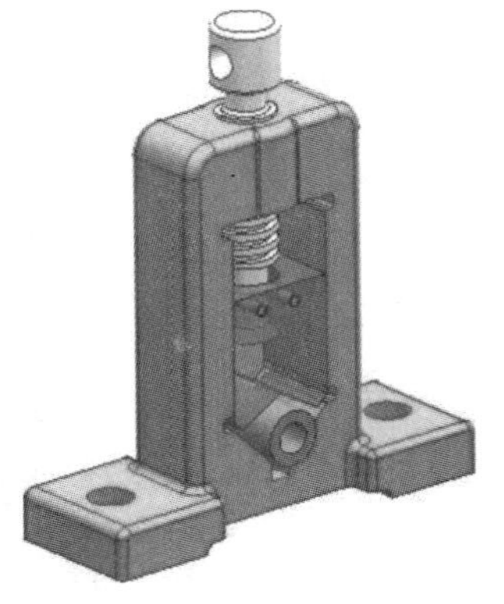

图 6-89

（2）定位组件 shoubing1

如图 6-90 所示，在中心线 1 与中心线 2 之间添加接触约束，结果如图 6-91 所示。

对于手柄 1 与钳座的装配，只有一个接触约束，可以使手柄 1 形成欠约束，手柄 1 可以绕自身中心线旋转，也可以沿自身轴线移动。

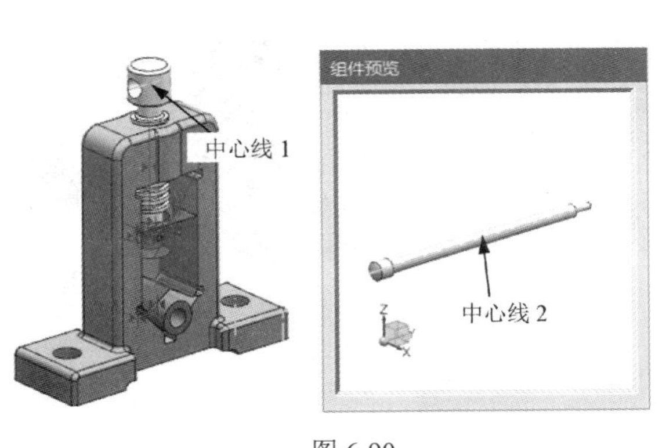

图 6-90

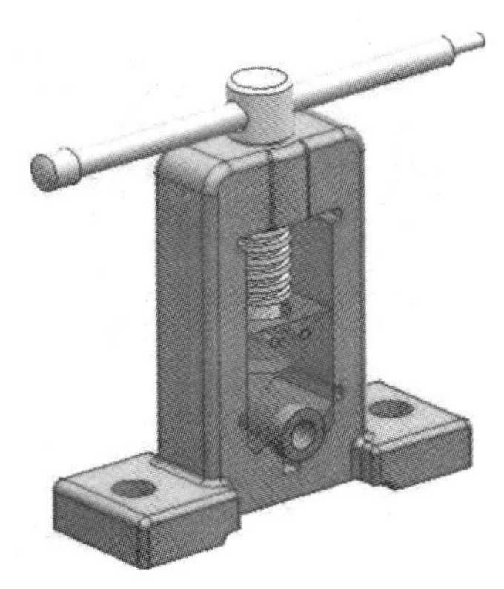

图 6-91

8. 添加组件 taoquan 并定位

（1）添加组件 taoquan

调用【添加组件】对话框，并选取 taoquan.prt 文件，其参数设置同 6.3 节中的组件 lunzi，单击【确定】按钮，弹出【装配约束】对话框。

（2）定位组件 taoquan

如图 6-92 所示，在面 1 与面 2、中心线 1 与中心线 2 之间添加接触约束，结果如图 6-93 所示。对于套圈与钳座的装配，有两个接触约束，可以使套圈形成欠约束，套圈可以绕自身中心线旋转。

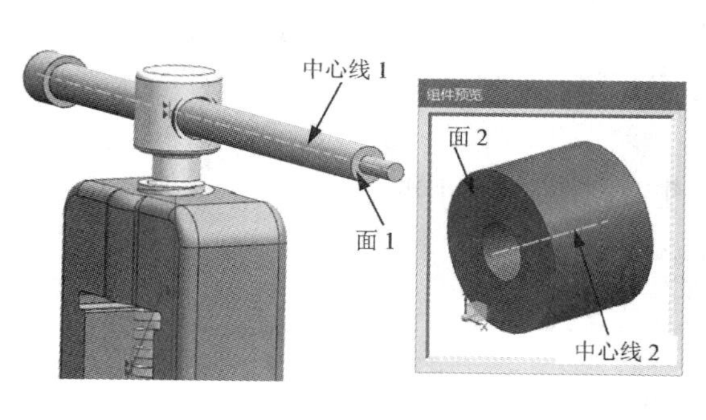

图 6-92

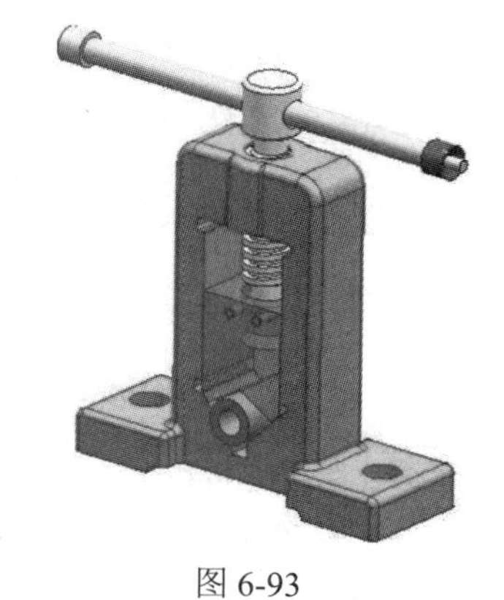

图 6-93

9. 替换手柄组件

选择【菜单】|【装配】|【组件】|【替换组件】命令，将 shoubing1 组件替换为 shoubing2 组件。替换组件后，如果原有的装配约束变为无效，则需要重新定义装配约束，如图 6-94 所示。

管钳的最终结果如图 6-95 所示。

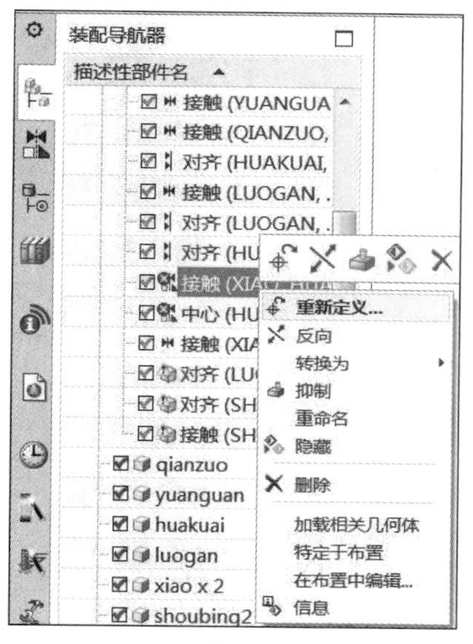

图 6-94

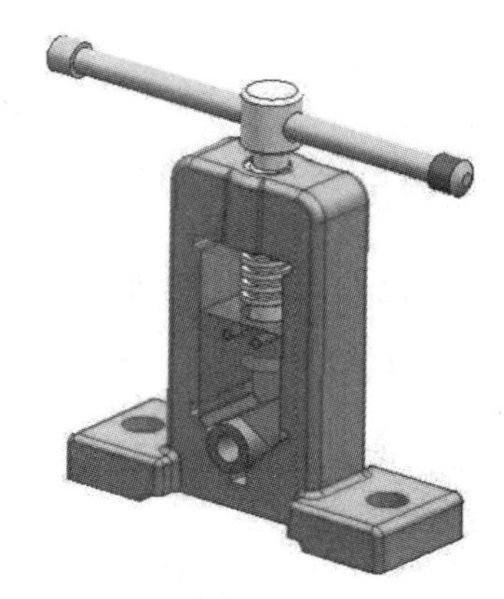

图 6-95

6.6 齿轮泵装配

齿轮泵装配

1. 新建子装配文件

1）创建一个单位为毫米，名为 Assembly_chilunbeng 的文件，并保存在 D:\chilunbeng 下。

2）调用【建模】和【装配】模块，并打开装配导航器。

3）将光盘中本例所用到的部件文件都复制到装配文件所在的目录 D:\ chilunbeng 下。

2. 添加组件 jizuo 并定位

请参照 6.3 节中的“添加组件chajia 并定位”，此处不再赘述。

3. 添加组件 qianduangai 并定位

（1）添加组件 qianduangai

调用【添加组件】命令，并选取 qianduangai.prt 文件，其参数设置同 6.3 节中的组件 lunzi，单击【确定】按钮，弹出【装配约束】对话框。

（2）定位组件 qianduangai

如图 6-96 所示，在面 1 与面 2 之间添加接触约束，在中心线 1 与中心线 2 之间、中心线 3 与中心线 4 之间分别添加对齐约束，结果如图 6-97 所示。对于前端盖与机座的装配，有三个约束（一个接触约束和两个对齐约束），可以使前端盖形成完全约束。

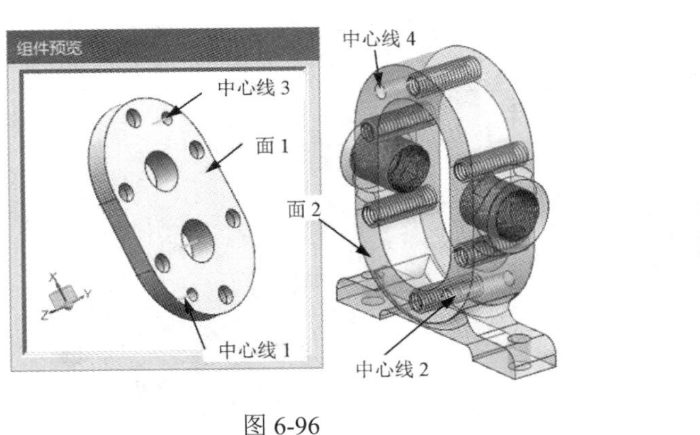

图 6-96　　图 6-97

4. 添加组件 chilunzhou 1 并定位

（1）添加组件 chilunzhou1

调用【添加组件】命令，并选取 chilunzhou1.prt 文件，其参数设置同 6.3 节中的组件 lunzi，单击【确定】按钮，弹出【装配约束】对话框。

（2）定位组件 chilunzhou1

如图 6-98 所示，在面 1 与面 2 之间添加接触约束，在中心线 1 与中心线 2 之间添加对齐约束，结果如图 6-99 所示。对于齿轮轴 1 与机座的装配，有两个约束（一个对齐约束和一个接触约束），可以使齿轮轴 1 形成欠约束，齿轮轴 1 可以绕着自身中心轴线旋转。

5. 添加组件 chilunzhou 2 并定位

以同样的方式完成齿轮轴 2 组件的装配，如图 6-100 所示。然后在齿轮轴 1 和齿轮轴 2 之间添加接触约束，使两齿端面相切，结果如图 6-101 所示。

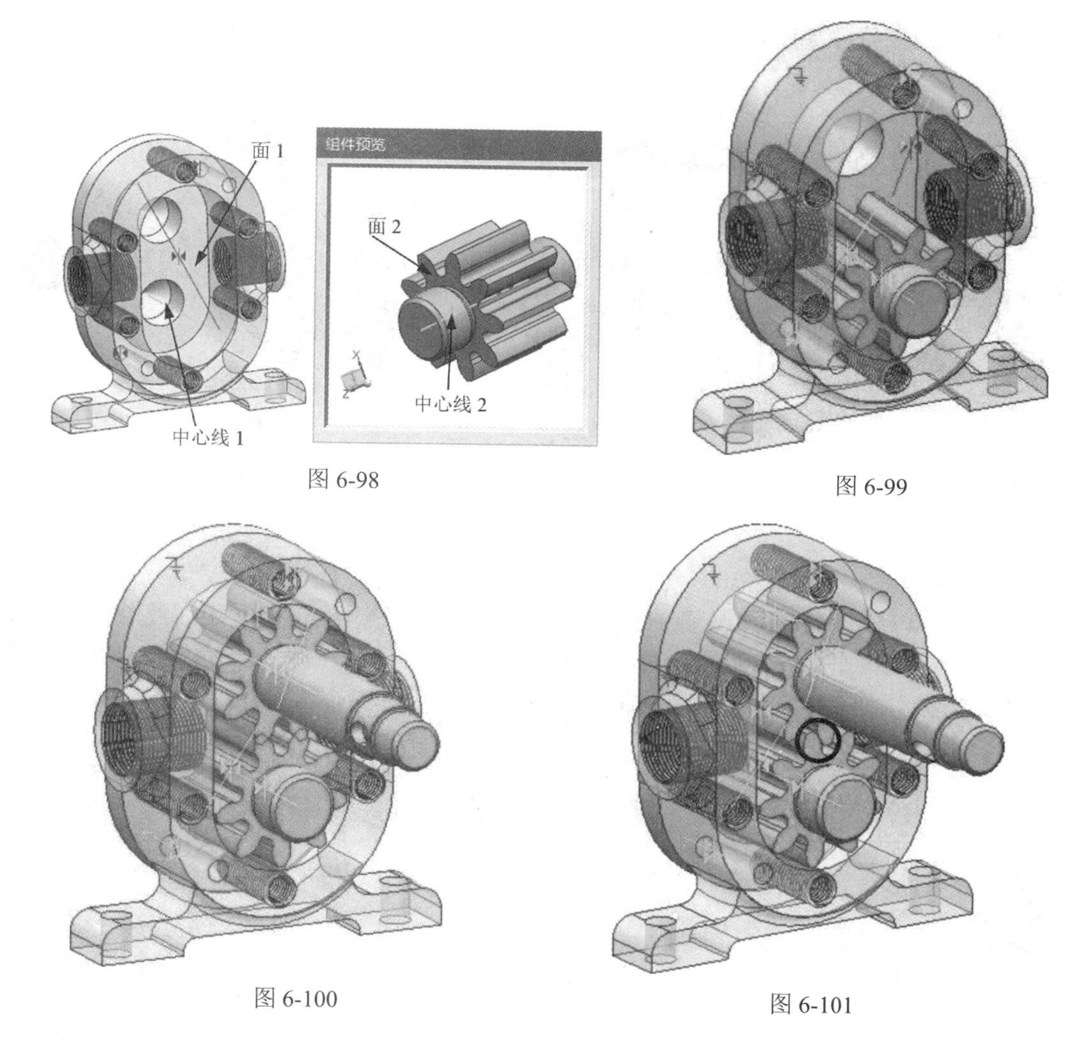

图 6-98

图 6-99

图 6-100

图 6-101

6. 添加组件 houduangai 并定位

（1）添加组件 houduangai

调用【添加组件】命令，并选取 houduangai.prt 文件，其参数设置同 6.3 节中的组件 lunzi，单击【确定】按钮，弹出【装配约束】对话框。

（2）定位组件 houduangai

如图 6-102 所示，在面 1 与面 2 之间添加接触约束，在中心线 1 与中心线 2 之间、中心线 3 与中心线 4 之间分别添加对齐约束，结果如图 6-103 所示。对于后端盖与机座的装配，有三个约束（一个接触约束和两个对齐约束），可以使后端盖形成完全约束。

7. 添加组件 fangchenzhao 并定位

（1）添加组件 fangchenzhao

调用【添加组件】命令，并选取 fangchenzhao.prt 文件，其参数设置同 6.3 节中的组件

lunzi，单击【确定】按钮，弹出【装配约束】对话框。

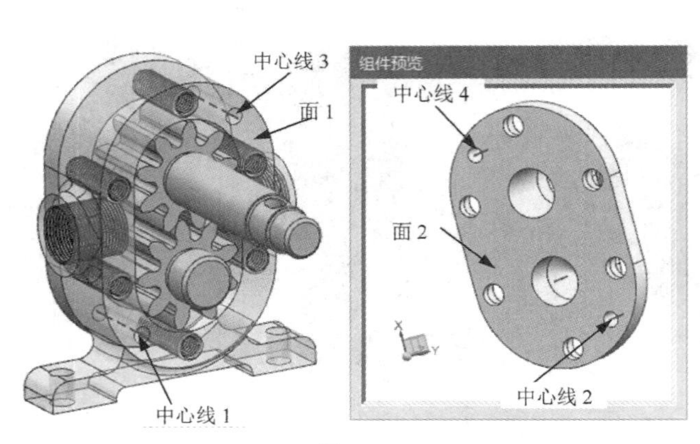

图 6-102

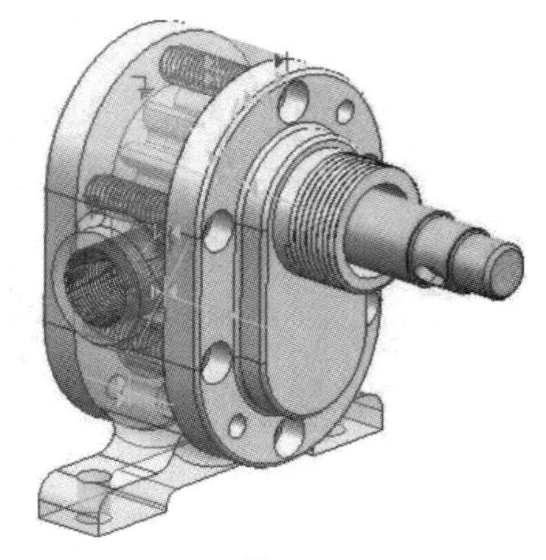

图 6-103

（2）定位组件 fangchenzhao

如图 6-104 所示，在面 1 与面 2 之间添加接触约束，在中心线 1 与中心线 2 之间添加对齐约束，结果如图 6-105 所示。对于防尘罩的装配，有两个约束（一个接触约束和一个对齐约束），可以使防尘罩形成欠约束，防尘罩可以绕自身中心轴线旋转。

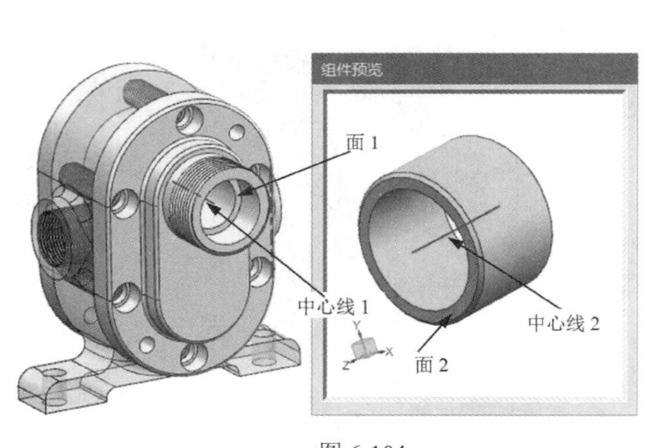

图 6-104

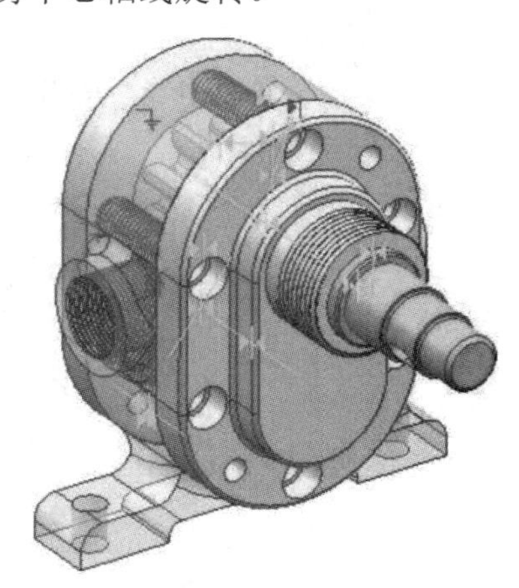

图 6-105

8. 添加组件 yuantoupingjian 并定位

（1）添加组件 yuantoupingjian

调用【添加组件】命令，并选取 yuantoupingjian.prt 文件，其参数设置同 6.3 节中的组件 lunzi，单击【确定】按钮，弹出【装配约束】对话框。

（2）定位组件 yuantoupingjian

如图 6-106 所示，在面 1 与面 2 之间添加接触约束，在中心线 1 与中心线 2 之间、中心线 3 与中心线 4 之间分别添加对齐约束，结果如图 6-107 所示。对于圆头平键的装配，有三个约束（一个接触约束和两个对齐约束），可以使圆头平键形成欠约束，圆头平键可以绕齿轮轴1的中心轴线旋转。

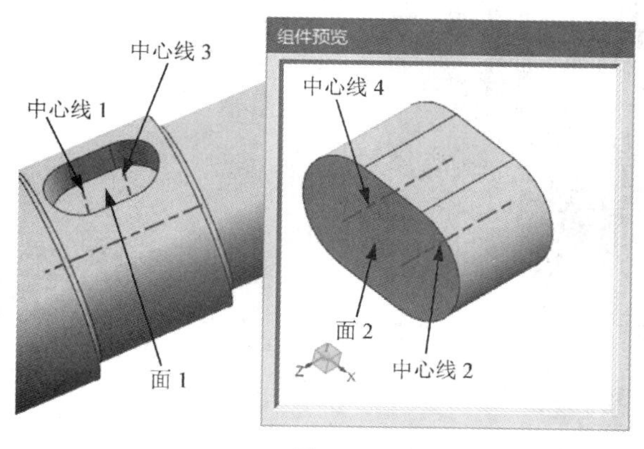

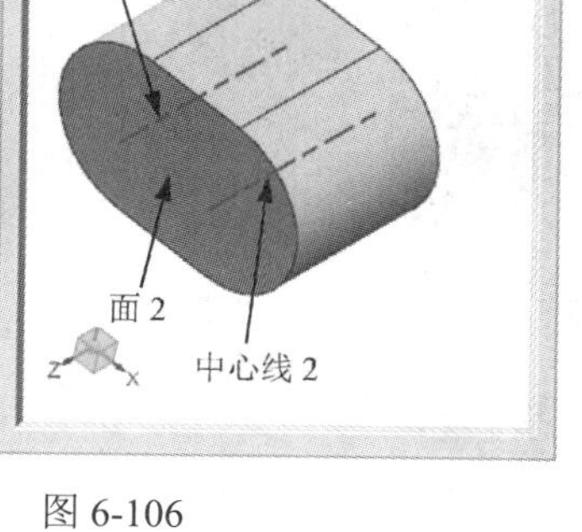

图 6-106

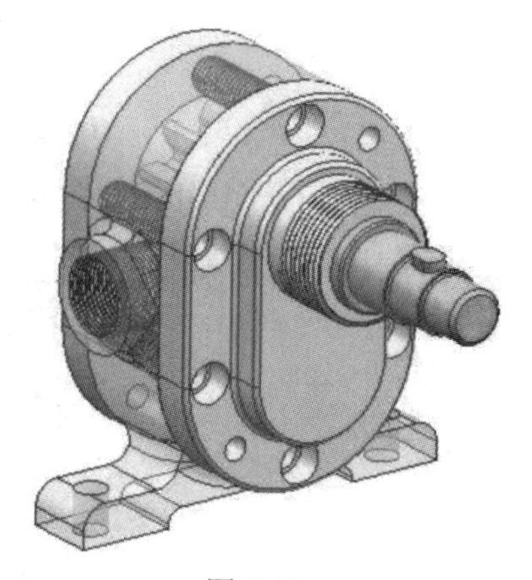

图 6-107

9. 添加组件 chilun 并定位

（1）添加组件 chilun

调用【添加组件】命令，并选取 chilun.prt 文件，其参数设置同 6.3 节中的组件 lunzi，单击【确定】按钮，弹出【装配约束】对话框。

（2）定位组件 chilun

如图 6-108 所示，在面 1 与面 2 之间添加接触约束，在中心线 1 与中心线 2 之间添加对齐约束，在键槽的两侧平面和键两侧端面之间添加中心约束（2 对 2），结果如图 6-109 所示。对于齿轮的装配，有三个约束（一个接触约束、一个对齐约束和一个中心约束），可以使齿轮形成欠约束，齿轮可以绕齿轮轴 1 的中心轴旋转。

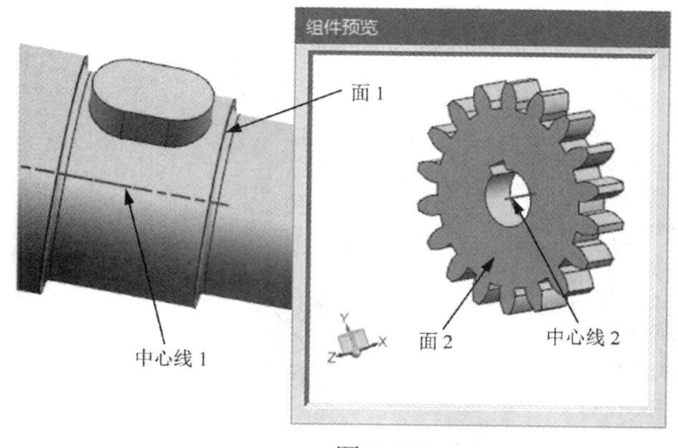

图 6-108

图 6-109

齿轮泵的最终装配结果如图 6-110 所示。

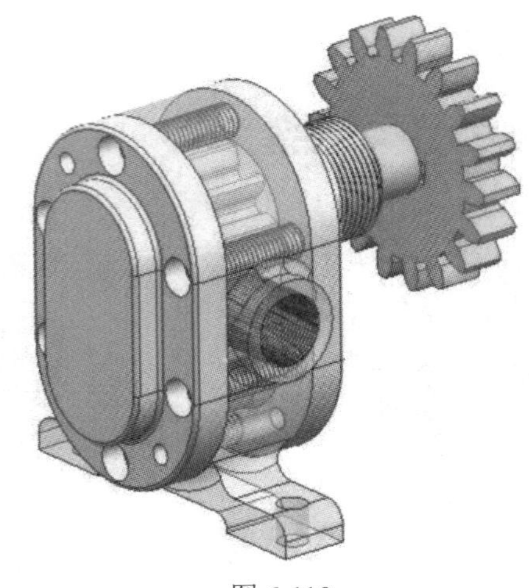

图 6-110

6.7 化工储罐的建模与装配

本节首先介绍化工储罐的创建方法，然后通过创建好的储罐零件及已有的垫圈、法兰、螺栓、螺母等零件，完成储罐的装配。

由于篇幅限制，这里仅介绍大致的操作步骤。

6.7.1 储罐零件的建模

储罐零件的模型如图 6-111 所示。其主要尺寸（单位：mm）如下。

- 椭圆封头：长半轴=100，短半轴=50。
- 筒体：内直径 D=200，长 L=300，壁厚 t=10。
- 管接头：内直径=60，高 h=50，壁厚=5。
- 法兰盘：外直径=110，厚 10，孔 Φ10。

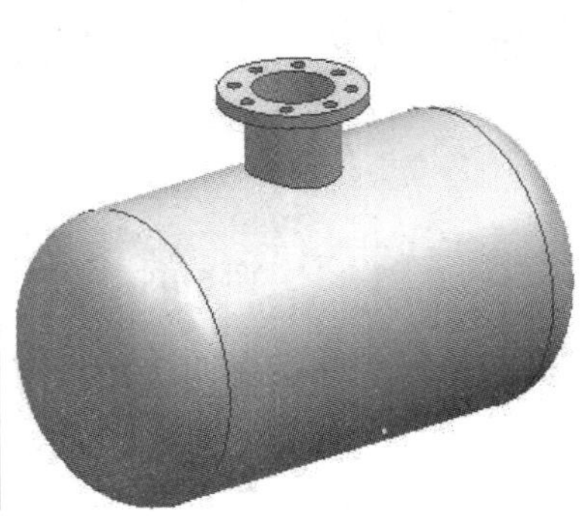

图 6-111

其操作步骤如下。

1）创建筒体和封头，如图 6-112 所示。

2）创建接管，如图 6-113 所示。

3）创建法兰盘，如图 6-111 所示。

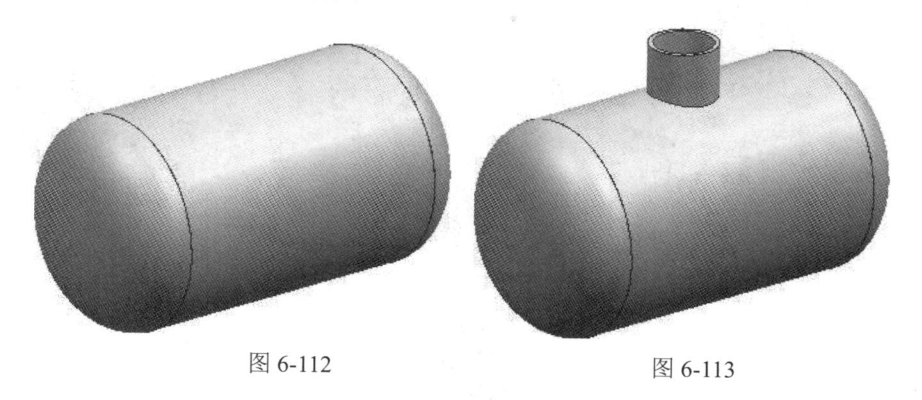

图 6-112　　图 6-113

6.7.2　化工储罐的装配

通过【WAVE 几何链接器】构造 washer（垫圈）和 flange（法兰盘），其中 washer 厚 10mm，flange 厚 10mm；然后添加 bolt（螺栓）和 hex（螺母）组件；最后通过组件阵列完成装配。化工储罐的装配模型如图 6-114 所示。

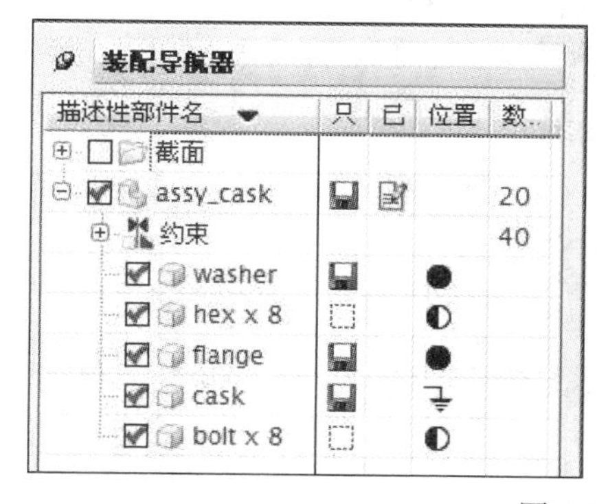

图 6-114

其操作步骤如下。

1）创建一个单位为毫米，名为 assy_cask 的文件，将其保存在 D:\cask 下，并将素材包中的 ch6\cask 目录下的部件文件复制到 D:\cask 下。

2）添加组件 cask，并为其添加固定约束。

3）添加组件 hex，并为其添加接触对齐约束。

4）添加组件 bolt，并为其添加接触对齐约束和距离约束，如图 6-115 所示。

5）为 hex 和 bolt 创建组件阵列，如图 6-116 所示。

6）通过【WAVE 几何链接器】创建一个 washer 组件，并为其添加接触对齐约束，如图 6-117 所示。

7）通过【WAVE几何链接器】创建一个flange组件，并为其添加接触对齐约束。

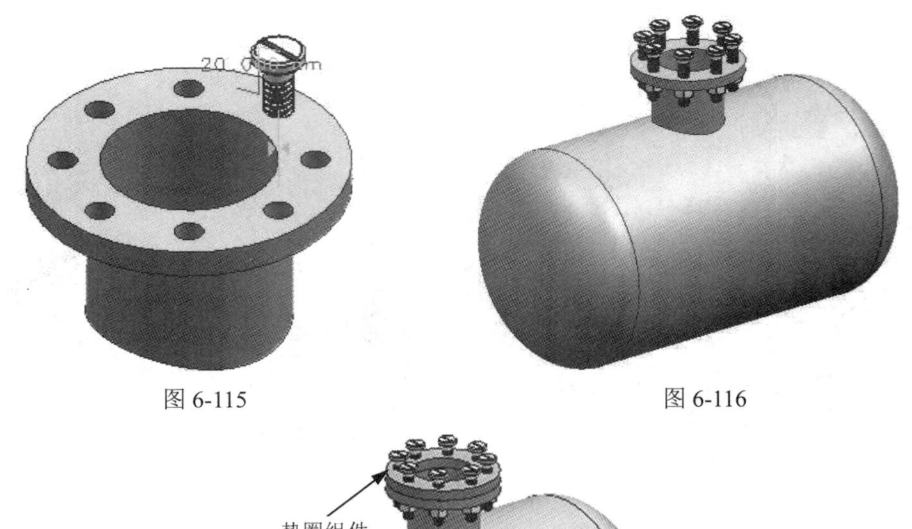

图 6-115　　　　图 6-116

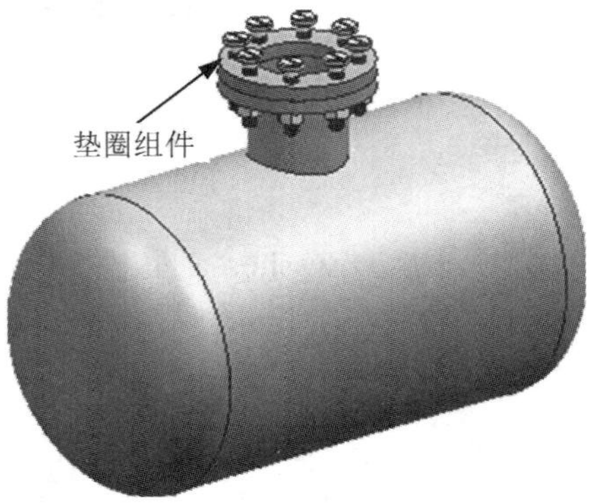

图 6-117

本 章 小 结

本章结合实例简要介绍了UG NX 10.0装配模块中的一些常用功能，包括：

1）装配导航器。

2）添加组件。

3）装配约束。

4）引用集的建立、编辑、删除、替换。

5）自顶向下和自底向上的装配方法。

6）爆炸图的创建。

思考与练习

1. UG NX 10.0采用什么方式进行装配建模？这样做有什么优点？
2. 简述组件对象、组件部件、零件的区别。
3. 什么是自底向上建模？什么是自顶向下建模？自顶向下建模又有哪两种基本方法？

4. 什么是引用集？使用引用集策略有什么作用？

5. 什么是爆炸图？与其他视图相比，有哪些异同点？

6. 根据heye 文件夹中的heye_1.prt、heye_2.prt 和 maoding.prt，完成如文件Assy_heye.prt 所示的装配，完成后的装配图如图 6-118 所示。

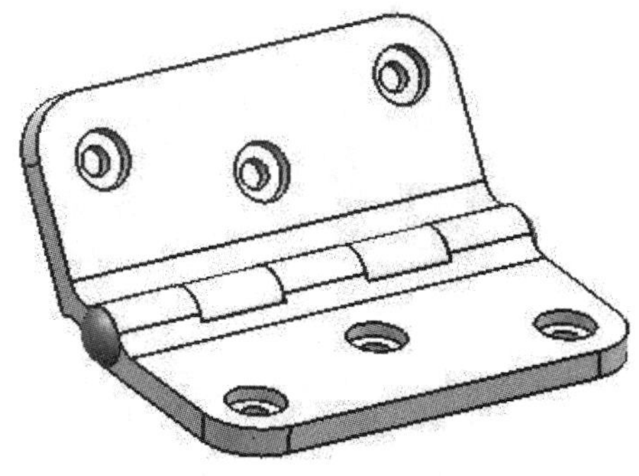

图 6-118

7. 根据文件 dachilun.prt、dingjuhuan.prt、jian.prt、zhou.prt、和 zhoucheng.prt，完成如文件Assembly_zhou.prt 所示的装配，完成后的装配图如图 6-119 所示。

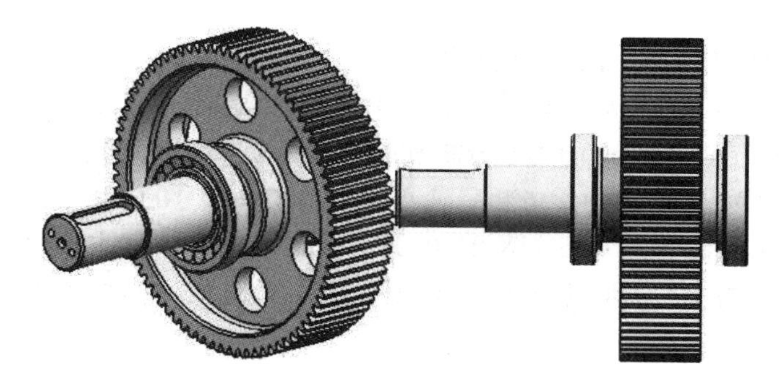

图 6-119

第7章 基于UG的运动与结构分析

学习目标 ☞

- 了解UG NX CAE模块中运动仿真模块和结构有限元分析模块的特点、用户界面及一般仿真流程。
- 认识运动仿真工具栏及相关对话框，掌握运动仿真的创建和执行运动仿真。
- 了解结构有限元分析模块的建立及模型处理。

UG NX是集CAD/CAE/CAM于一体的三维参数化软件，其强大的CAE功能被大多数工程师用于仿真分析。CAE模块主要包括运动仿真部分和结构有限元分析。

本章主要介绍了UG NX在动力学分析和有限元分析领域的功能与应用。本章共分为两个部分，第一部分为UG动力学分析，主要介绍UG NX 10.0动力学分析的一些基本操作及简单实例；第二部分为UG NX 10.0的有限元结构分析，主要介绍有限元分析的一些操作实例，包括模型分析准备、建立有限元模型、有限元模型的编辑、分析和查看结果等。

7.1 UG NX的CAE功能简介

随着计算机计算能力的飞速提高和数值计算技术的长足进步，商业化的有限元数值分析软件诞生并发展为一门专门的学科——计算机辅助工程（computer aided engineering，CAE）。商品化的CAE软件具有越来越人性化的操作界面和易用性，使得使用者由学校或研究所的专业人员逐步扩大到企业的产品设计人员或分析人员，CAE在各个工业领域的应用也得到不断普及并逐步向纵深发展，CAE工程仿真在工业设计中的作用变得日益重要。许多行业中已经将CAE分析方法和计算要求设置到产品研发流程中，作为产品上市前必不可少的环节。CAE仿真在产品开发、研制与设计及科学研究中已表现出明显的优势。

- CAE仿真可有效缩短新产品的开发研究周期。
- 虚拟样机的引入减少了实物样机的试验次数。
- 大幅度降低了产品研发成本。

- 在精确的分析结果指导下制造出高质量的产品。
- 能够快速对设计变更做出反应。
- 能充分和 CAD 模型相结合并对不同类型的问题进行分析。
- 能够精确预测出产品的性能。
- 增加产品和工程的可靠性。
- 采用优化设计，降低材料的消耗或成本。
- 在产品制造或工程施工前预先发现潜在的问题。
- 模拟各种试验方案，减少试验时间和经费。
- 进行机械事故分析，查找事故原因。

早在 20 世纪 50 年代末 60 年代初，国际上就投入大量的人力和物力，开发出了具有强大功能的有限元分析程序。其中比较有名的是由美国国家航空航天局（NASA）在1965 年委托美国计算科学公司和贝尔航空系统公司开发的 Nastran 有限元分析系统。该系统发展至今已有几十个版本，是目前世界上规模最大、功能最强的有限元分析系统之一。世界各地的研究机构和大学也发展了一批专用或通用有限元分析软件，除了 Nastran 以外，主要还有德国的 ASKA，英国的 PAFEC，法国的 SYSTUS，美国的 ABAQUS、ADINA、ANSYS、BERSAFE、BOSOR、COSMOS、ELAS、MARC 和 STARDYNE 等公司的产品。其核心求解方法都是有限单元法，也简称为有限元法（finite element method）。

7.1.1　有限元法的基本思想

有限元法的基本思想可以归结为：将连续系统分割成有限个分区或单元，对每个单元提出一个近似解，再将所有单元按标准方法加以组合，从而形成原有系统的一个数值近似系统，也就是形成相应的数值模型。

下面用在自重作用下的等截面直杆来说明有限元法的思想。

受自重作用的等截面直杆如图 7-1 所示，杆的长度为 L，截面积为 A，弹性模量为 E，单位长度的重量为 q，杆的内力为 N。试求杆的位移分布、杆的应变和应力。

$$
\begin{cases}
N(x)=q(L-x)\\
\mathrm{d}L(x)=\dfrac{N(x)\mathrm{d}x}{EA}=\dfrac{q(L-x)\mathrm{d}x}{EA}\\
u(x)=\displaystyle\int_0^x \dfrac{N(x)\mathrm{d}x}{EA}=\dfrac{q}{EA}\left(Lx-\dfrac{x^2}{2}\right)\\
\varepsilon_x=\dfrac{\mathrm{d}u}{\mathrm{d}x}=\dfrac{q}{EA}(L-x)\\
\sigma_x=E\varepsilon_x=\dfrac{q}{A}(L-x)
\end{cases}
\tag{7-1}
$$

等截面直杆在自重作用下的有限元法解答如下。

（1）连续系统离散化

如图 7-2 所示，将直杆划分成 n 个有限段，有限段之间通过公共点连接。在有限元法中将两段之间的公共点称为节点，将每个有限段称为单元。节点和单元组成的离散模型就称为对应于连续系统的“有限元模型”。

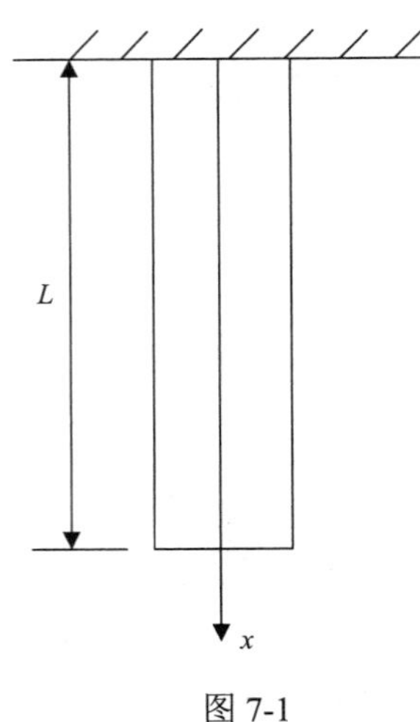

图 7-1

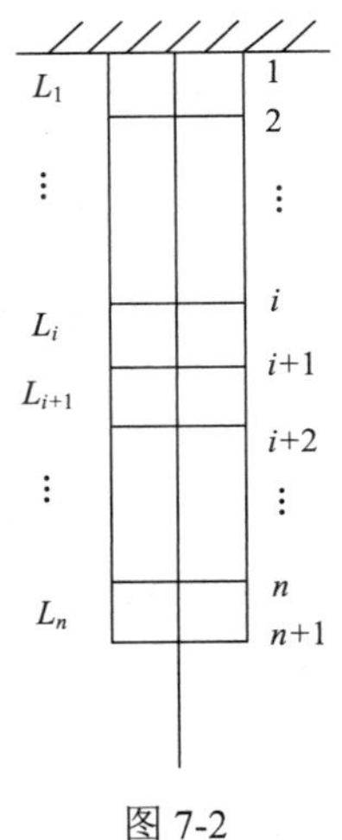

图 7-2

有限元模型中的第 i 个单元，其长度为 L_i，包含第 i、i+1 个节点。

（2）用单元节点位移表示单元内部位移

第 i 个单元中的位移用所包含的节点位移来表示：

$$u(x)=u_i+\frac{u_{i+1}-u_i}{L_i}(x-x_i) \tag{7-2}$$

其中 u_i 为第 i 节点的位移，x_i 为第 i 节点的坐标。第 i 个单元的应变为 ε_i，应力为 σ_i，内力为 N_i：

$$\varepsilon_i=\frac{\mathrm{d}u}{\mathrm{d}x}=\frac{u_{i+1}-u_i}{L_i} \tag{7-3}$$

$$\sigma_i=E\varepsilon_i=\frac{E(u_{i+1}-u_i)}{L_i} \tag{7-4}$$

$$N_i=A\sigma_{i=}\frac{EA(u_{i+1}-u_i)}{L_i} \tag{7-5}$$

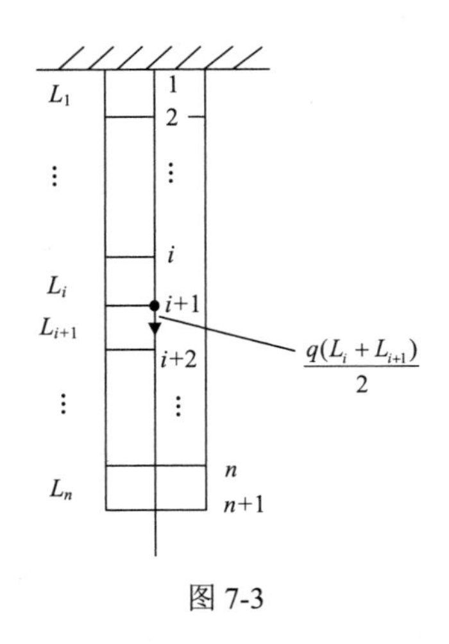

图 7-3

（3）把外载荷归集到节点上

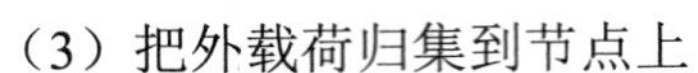

把第 i 单元和第 i+1 单元重量的一半 $\frac{q(L_i+L_{i+1})}{2}$ 归集到第 i+1 个节点上，如图 7-3 所示。

（4）建立节点的力平衡方程

对于第 i+1 个节点，由力的平衡方程可得

$$N_i-N_{i+1}=\frac{q(L_i+L_{i+1})}{2} \tag{7-6}$$

令 $\lambda_i=\frac{L_i}{L_{i+1}}$，并将式（7-5）代入得

$$-u_i + (1+\lambda_i)u_{i+1} - \lambda_i u_{i+2} = \frac{q}{2EA}\left(1+\frac{1}{\lambda_i}\right)L_i^2 \tag{7-7}$$

根据约束条件，$u_1 = 0$。

对于第 n+1 个节点：

$$\begin{cases} N_n = \dfrac{qL_n}{2} \\ -u_n + u_{n+1} = \dfrac{qL_n^2}{2EA} \end{cases} \tag{7-8}$$

联立所有节点的力平衡方程，可以得到由 n+1 个方程构成的方程组，可解出 n+1 个未知的节点位移。

7.1.2 有限元法的基本方法

有限元法的计算步骤可归纳为网格划分、单元分析和整体分析三个基本步骤。

（1）网格划分

有限元法的基本做法是用有限个单元体的集合来代替原有的连续体。因此首先要对弹性体进行必要的简化，再将弹性体划分为有限个单元组成的离散体。单元之间通过节点相连接。由单元、节点、节点连线构成的集合称为网格。

通常把三维实体划分成四面体或六面体单元的实体网格，平面问题划分成三角形或四边形单元的面网格，如图 7-4～图 7-12 所示。

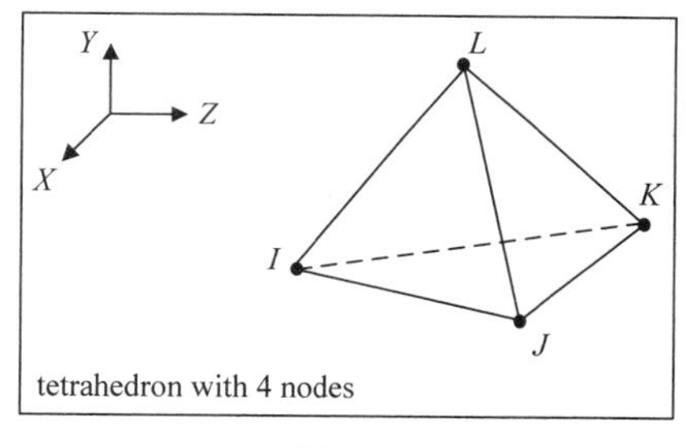

图 7-4

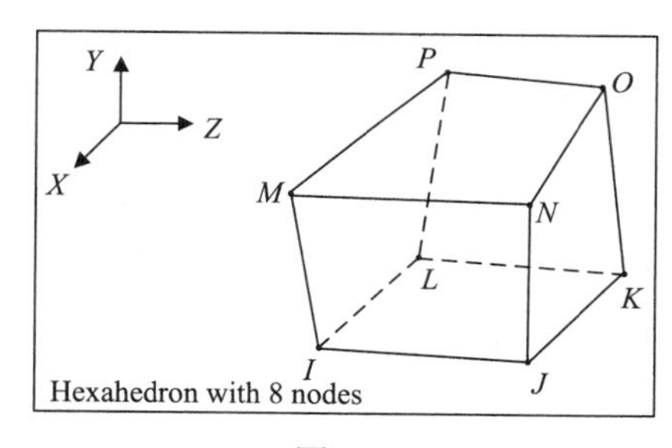

图 7-5

图 7-6

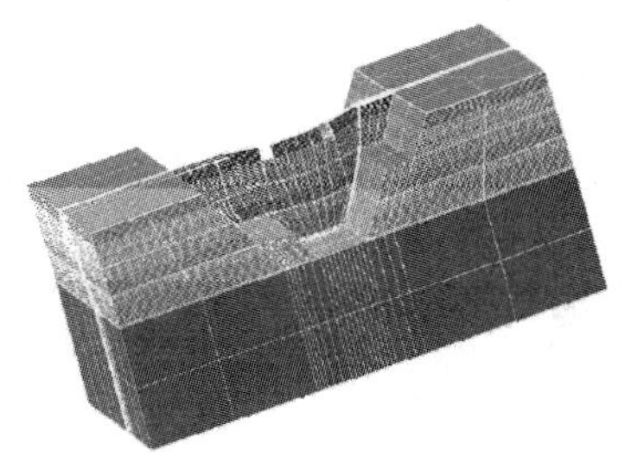

图 7-7

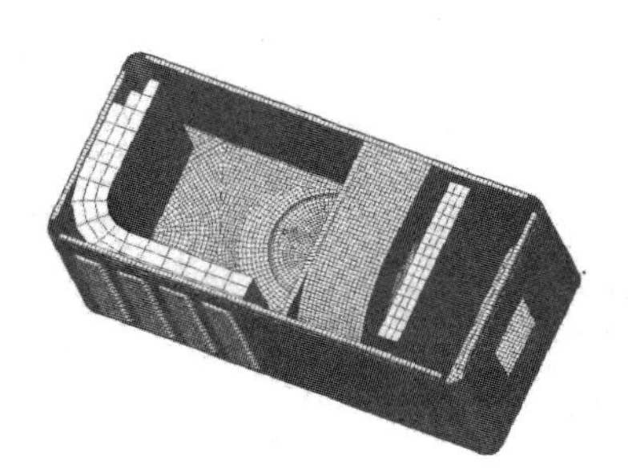

图 7-8

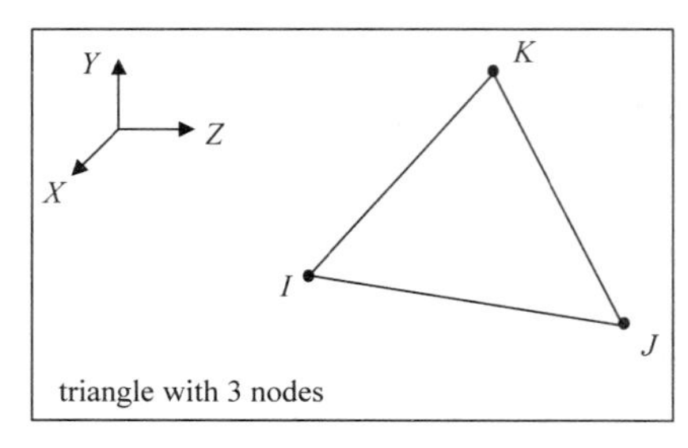

图 7-9

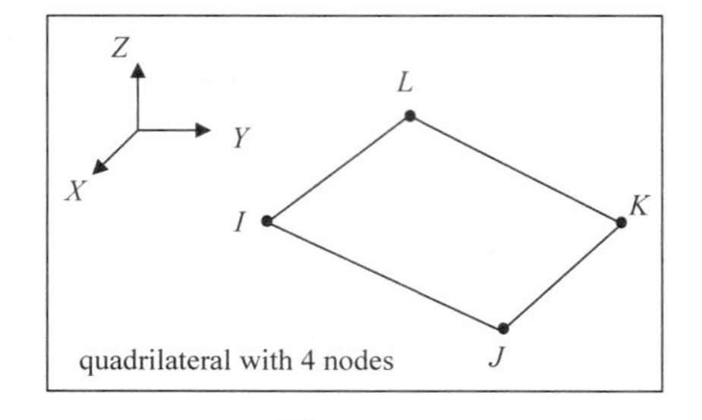

图 7-10

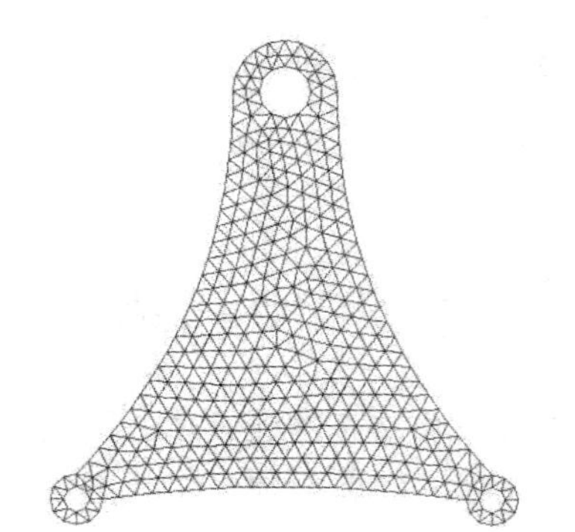

图 7-11

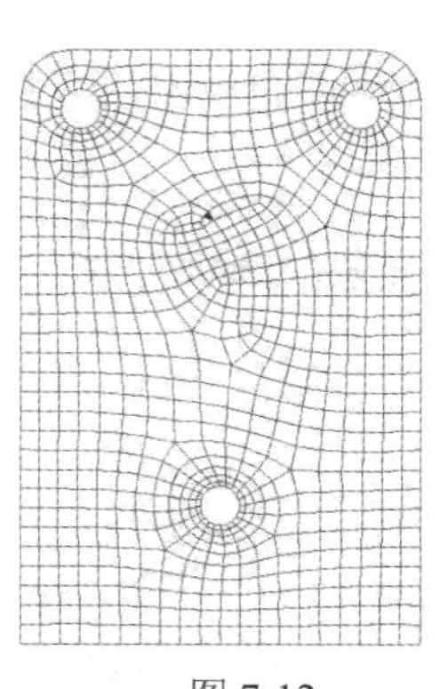

图 7-12

（2）单元分析

对于弹性力学问题，单元分析就是建立各个单元的节点位移和节点力之间的关系式。由于将单元的节点位移作为基本变量，进行单元分析首先要为单元内部的位移确定一个近似表达式，然后计算单元的应变、应力，再建立单元中节点力与节点位移的关系式。

以平面问题的三角形三节点单元为例，如图 7-13 所示，单元有三个节点 I、J、M，每个节点有两个位移 u、v 和两个节点力 U、V。

单元的所有节点位移、节点力，可以表示为节点位移向量（vector）：

$$\text{节点位移}\ \{\delta\}^e=\begin{pmatrix}u_i\\v_i\\u_j\\v_j\\u_m\\v_m\end{pmatrix}\qquad \text{节点力}\ \{F\}^e=\begin{pmatrix}U_i\\V_i\\U_j\\V_j\\U_m\\V_m\end{pmatrix}$$

单元的节点位移和节点力之间的关系用张量（tensor）来表示：

$$\{F\}^e=[K\ ]^e\{\delta\}^e \tag{7-9}$$

（3）整体分析

对由各个单元组成的整体进行分析，建立节点外载荷与节点位移的关系，以解出节点位移，这个过程称为整体分析。同样以弹性力学的平面问题为例，如图 7-14 所示，在边界节点 i 上受到集中力 P_x^i，P_y^i 作用。节点 i 是三个单元的结合点，因此要把这三个单元在同一

节点上的节点力汇集在一起建立平衡方程。

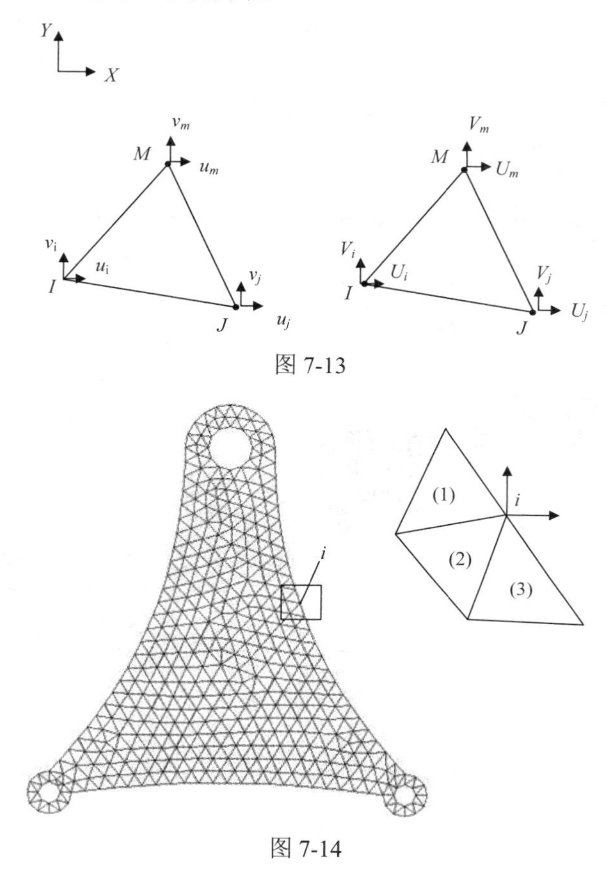

图 7-13

图 7-14

i 节点的节点力：

$$\begin{cases} U_i^{(1)} + U_i^{(2)} + U_i^{(3)} = \sum_e U_i^{(e)} \\ V_i^{(1)} + V_i^{(2)} + V_i^{(3)} = \sum_e V_i^{(e)} \end{cases}$$

i 节点的平衡方程：

$$\begin{cases} \sum_e U_i^{(e)} = P_x^i \\ \sum_e V_i^{(e)} = P_y^i \end{cases} \tag{7-10}$$

7.1.3　UG NX CAE 分析的特点

NX 高级仿真模块是一个集成的有限元建模工具。利用该模块，能够迅速进行部件和装配模型的预处理和后处理。它提供了一套广泛的工具，辅助用户提取几何图形进行网格化、添加载荷和其他边界条件定义与材料定义，为有限元分析师提供了全面的有限元模型及结果可视化的解决方案。它支持大量通用工程仿真，主要用于线性静态结构分析、非线性分析、模态分析、结构屈曲分析、稳态和瞬态热传递、复合材料和焊接分析。

该软件常用的求解器为NX Nastran，它能够制定有限元模型分析问题的格式并且直接把这些问题提交给 NX Nastran。另外，还能够添加其他解算器，如 ANSYS 和 ABAQUS 等第三方解算器。

UG NX 有限元模型主要包括主模型文件、理想化模型文件、有限元模型文件、解算文件四个文件，如图7-15所示。

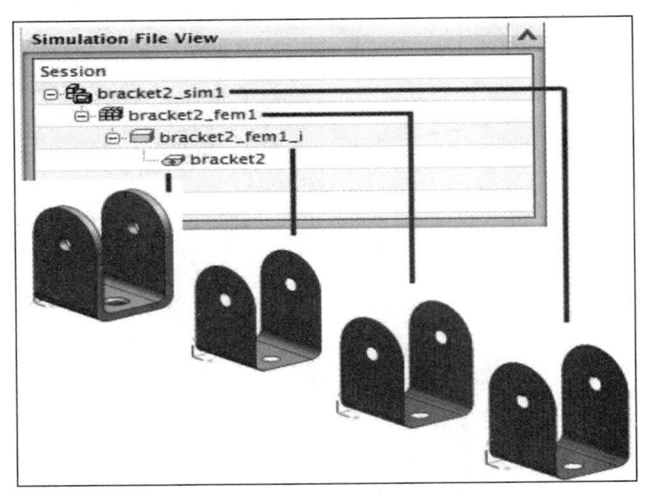

图 7-15

（1）主模型文件

通常是 prt 文件，主模型可以是零件或者装配体。通常在分析过程中主模型不做修改， 但可以被锁定。

（2）理想化模型文件

理想化模型文件后缀名为.prt，文件主名通常由主模型文件名加上_fem_i 组成。理想化模型文件由主模型文件获得解算前，使用理想化模型工具修改，用户也可以不用修改主模型来得到分析模型，如果采用自动建立有限元模型和解算模型方式，理想化模型将自动被建立。

（3）有限元模型文件

有限元模型文件后缀名为.fem，文件主名通常由主模型文件名加上_fem 组成，包含网格划分（节点和单元）、物理属性和材料属性等。可以使用模型整理工具修改几何体。

（4）解算文件

解算文件后缀名为.sim，文件主名通常由主模型文件名加上_sim 组成，包含解算方案的建立、载荷及约束、解算参数控制及输出目的等。

UG NX 使用以上四种文件来保存有限元分析数据的优势如下。

1）在同一个平台上，我们可以区分实体模型和有限元分析模型。

2）可以单独处理有限元模型，而不需要打开主模型，可以节省计算时的系统资源，提高解算速度。

3）可以对一个理想化模型建立多个有限元模型，有利于协同工作。

4）多个有限元模型可以同时被加载进来，加强了后处理。

5）便于有限元模型的重新利用。

7.2　UG NX 运动分析实例

本节将通过四杆机构（曲柄连杆机构）的仿真步骤来介绍 UG NX 10.0 的运动仿真模块。平面四连杆机构的运动分析，就是对机构上某点的位移、轨迹、速度、加速度进行分析，根据原动件（曲柄）的运动规律，求解出从动件的运动规律。平面四连杆机构的运动设计方法有很多种，传统的有图解法、解析法和实验法。

应用 UG NX 对平面四连杆机构进行三维建模，通过预先给定尺，之后建立相应的连杆、运动副及运动驱动，对建立的运动模型进行运动学分析，给出构件上某点的运动轨迹及速度和加速度变化的规律曲线，用图形和动画来模拟机构的实际运动过程，这是传统的分析方法所不能达到的。

运动仿真是基于时间的一种运动形式，即在指定的时间段中运动。UG 的仿真分析过程分三个阶段进行：前处理（创建连杆、运动副和定义运动驱动）、求解（生成内部数据文件）、后处理（分析处理数据，并转化成电影文件、图表和报表文件）。

7.2.1　运动仿真模型准备

由于运动仿真需要引入主模型，因此进入运动仿真模块和进入加工、工程图纸模块一样，需要先将主模型打开后才能执行。本例中的主模型是曲柄连杆机构的装配体。

如图 7-16 和图 7-17 所示，本例中用于运动仿真的装配体为曲柄连杆机构，是最简单的平面四连杆机构。各连杆长度如下：

$$l_1 = 30\text{mm};\ l_2 = 240\text{mm};\ l_3 = 110\text{mm};\ l_4 = 190\text{mm}$$

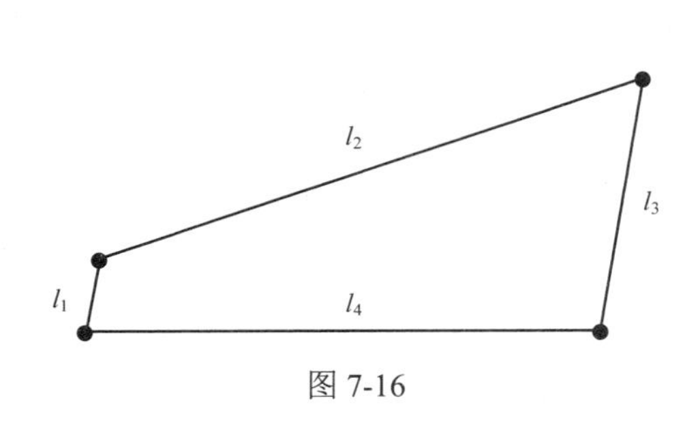

图 7-16

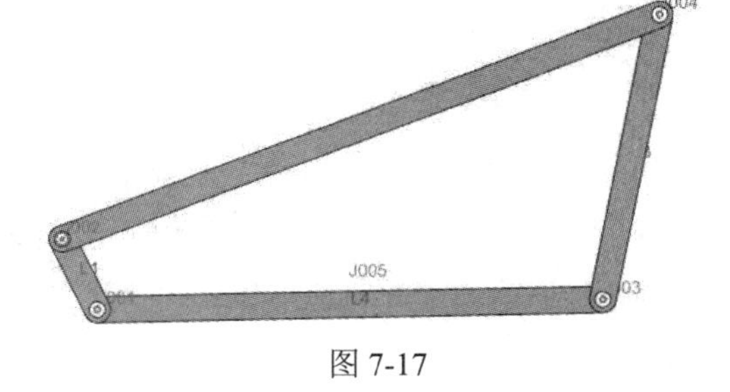

图 7-17

7.2.2　进入仿真模块

具体操作步骤如下。

1）通过【文件】|【打开】命令打开素材包中的曲柄连杆机构装配体文件。

2）在【应用模块】的【仿真】功能区选择【运动】命令，进入运动仿真界面，如图 7-18 所示。

3）如图 7-19 所示，在资源导航器中选择【运动导航器】并右击，在弹出的快捷菜单中选择【新建仿真】，弹出【环境】对话框，如图 7-20 所示。

4）设置环境参数，选择【动力学】单选按钮，单击【确定】按钮进入仿真操作。

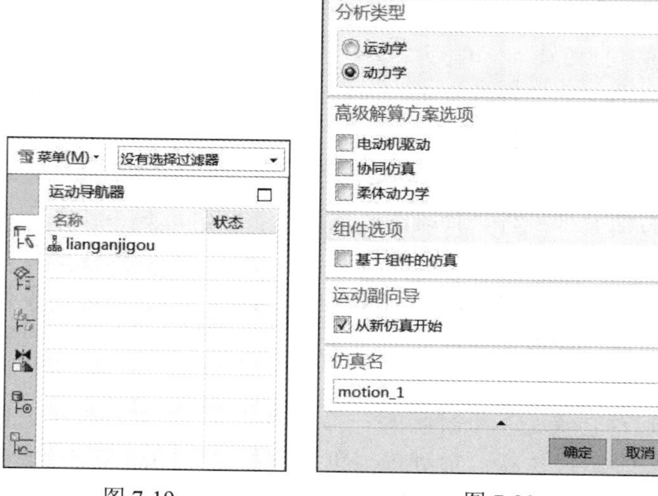

图 7-18　　图 7-19　　图 7-20

7.2.3　设置连杆和运动副

在机构装配好后，各个模块并不能通过【装配】命令连接起来进行仿真，因此还必须为每个部件赋予一定的运动学特性，即机构指定连杆和运动副。连杆和运动副是曲柄连杆机构中不可或缺的运动元素。

添加连杆的具体操作步骤如下。

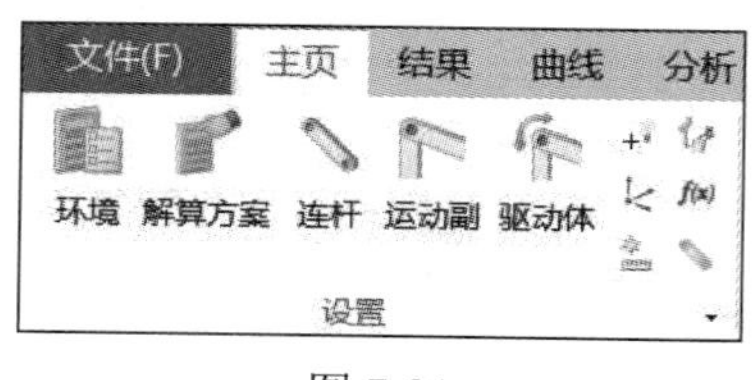

图 7-21

1）如图 7-21 所示，单击功能区中的【连杆】按钮，弹出【连杆】对话框，如图 7-22 所示。

2）选中连杆 1，单击【应用】按钮创建连杆 L1，再选中连杆 2 并单击【应用】按钮创建连杆 L2，再选中连杆 3 并单击【应用】按钮创建连杆 L3，再选中连杆 4 并单击【应用】按钮创建连杆 L4，最后单击【取消】按钮，创建完成。可以在运动导航窗口模型树下看见四个连杆，如图 7-23 所示。在 UG NX 10.0 环境中，系统会自动识别连杆并创建。

添加运动副的具体操作步骤如下。

1）首先需要设置机架，即将 L4 设定为固定。在【运动导航器】中可以看到新建的四个连杆，右击连杆 L4 图标，把连杆 L4 设置成固定的，如图 7-24 所示。

2）连杆与连杆之间靠旋转副连接运作，将建立四个旋转副，其中有两个旋转副固定；为了使四个连杆的运动有连贯性，必须在创建运动副时在各连杆之间建立联系，使各部件运动结成一个整体。单击功能区中的【运动副】按钮，弹出如图 7-25 所示对话框。

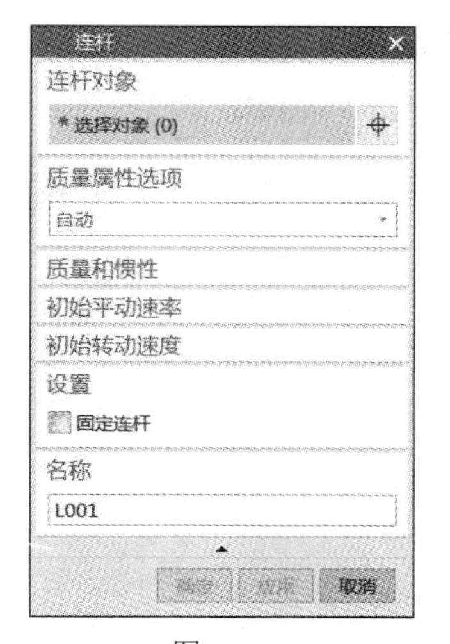

图 7-22

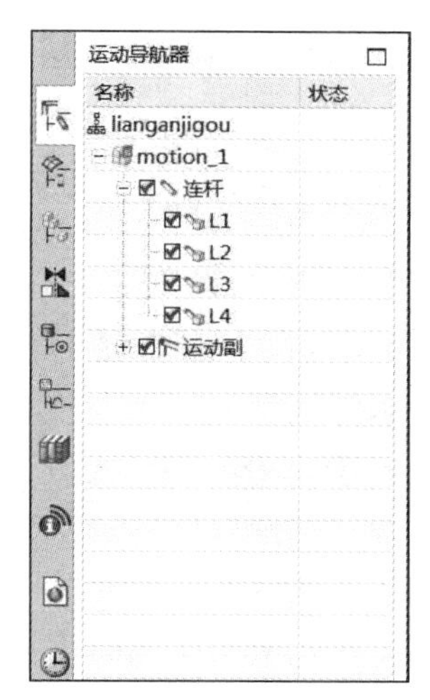

图 7-23

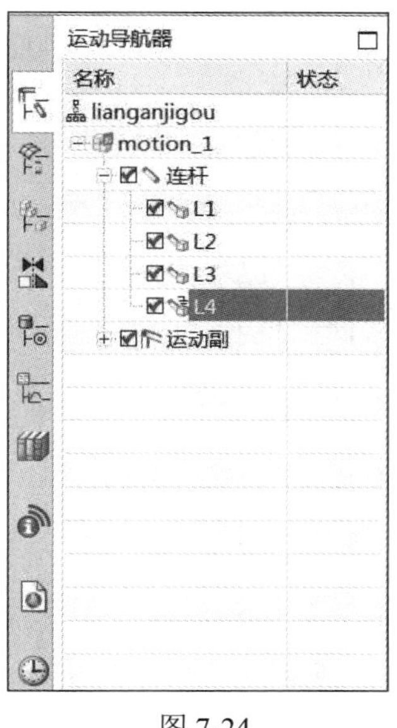

图 7-24

图 7-25

3）如图 7-25 所示，单击【操作】选项区中的【选择连杆】按钮，在运动导航框中选择连杆 1；单击【指定原点】按钮。如图 7-26 所示，在弹出的【点】对话框的【类型】下拉列表中选择【圆弧中心/椭圆中心/球心】，然后在视图区中选择连杆 1 下端圆心为原点，并设置【指定矢量】为 Z 轴正向。

4）单击【驱动体】图标按钮，弹出【驱动】对话框，如图 7-27 所示。设置【旋转】驱动为恒定速度，【初速度】为 5 度/秒，单击【应用】按钮。设置完成后，在视图区可以看见连杆 1 上有一个旋转箭头和固定标志，如图 7-28 所示，表示第一个运动副添加完成。

5）单击功能区中的【运动副】添加第二个运动副，这次添加运动副是为了实现连杆 1 和连杆 2 的咬合。如图 7-29 所示，单击【选择连杆】按钮，并在视图区选择连杆 2，指定连杆 2 左端的圆心为原点，并选定 Z 轴正向为指定矢量。

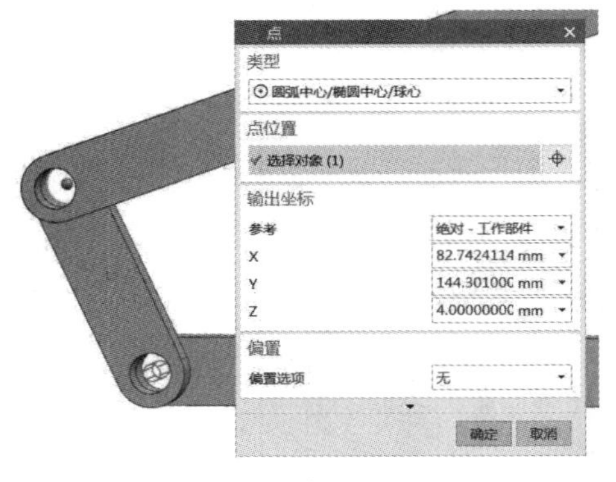

图 7-26

图 7-27

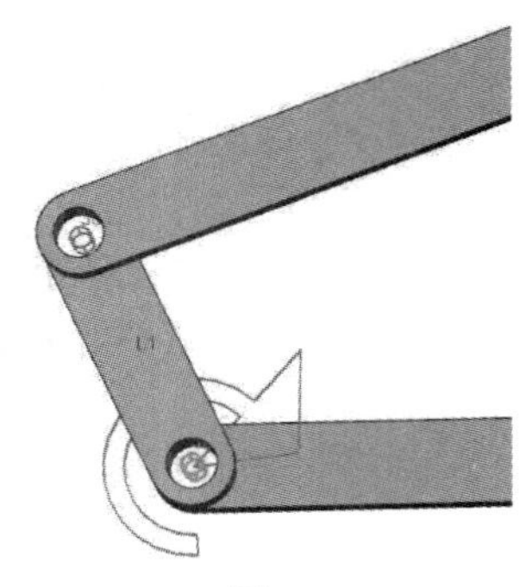

图 7-28

6）单击图 7-2 所示对话框中的【基座】标签，勾选【啮合连杆】，单击【选择连杆】，并在视图区选择连杆 1，指定连杆 1 的上端圆心为指定原点，同样选择 Z 轴正向为指定矢量。

7）同理，继续添加第三个、第四个运动副。添加完成后，在运动导航窗口可以看见如图 7-30 所示的运动副显示。至此，运动副添加完成。

图 7-29

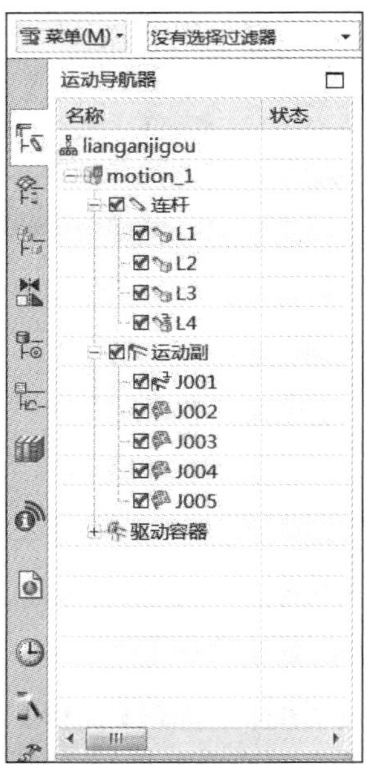

图 7-30

7.2.4 定义解算方案并求解

完成连杆和运动副的设置后，对曲柄连杆机构进行计算分析。在分析之前需要先对求解时间、步数进行设置，具体操作如下。

1）单击功能区中的【解算方案】按钮，如图 7-31 所示。

2）在弹出的【解算方案】对话框中输入时间为 160s，步数为 200，如图 7-32 所示。

3）单击工具栏中的【解算】按钮，进行仿真求解，求解结果生成。

注 意

功能区中有时不直接显示【解算方案】按钮，这是因为被隐藏了，单击后面的下拉按钮即可将其显示出来。

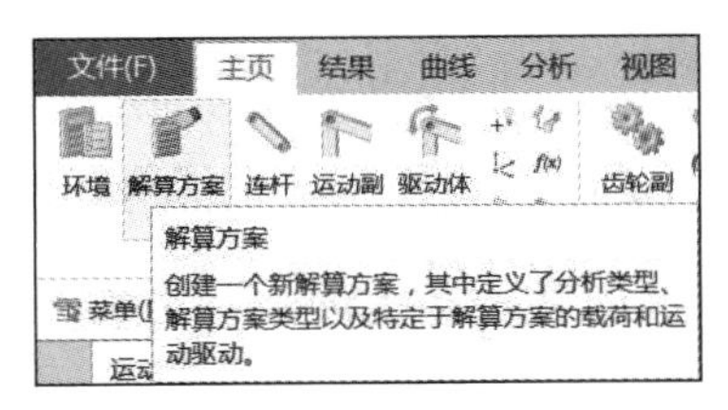

图 7-31

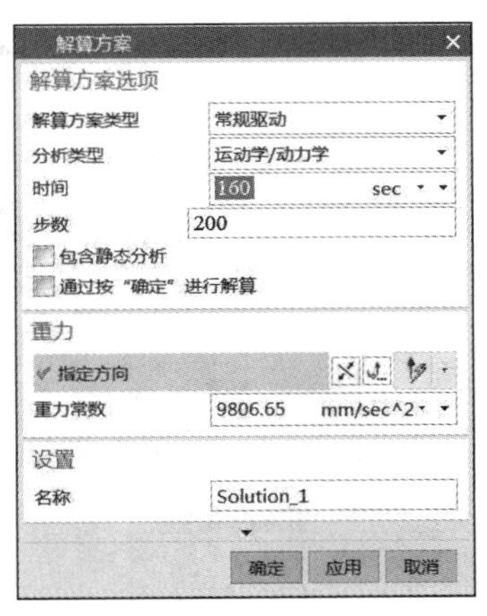

图 7-32

7.2.5　求解结果分析

经过解算，可对曲柄连杆机构进行运动仿真显示及其相关的后处理。通过动画可以观察机构的运动过程，并可以随时暂停、倒退；选择动画中的轨迹选项，可以观察机构的运动过程，还可以生成指定标记点的位移、速度、加速度等规律曲线。

具体操作如下。

1）如图 7-33 所示，在【运动导航器】中右击【XY-作图】图标，在弹出的快捷菜单中选择【新建】命令，弹出【图表】对话框，如图 7-34 所示。返回至【运动导航器】，选

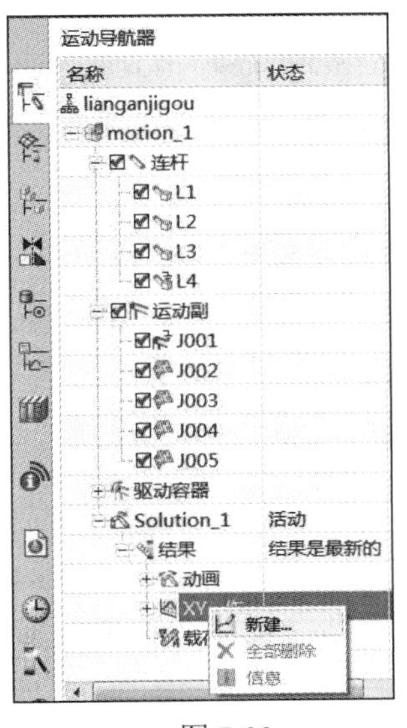

图 7-33

图 7-34

择 J002 旋转副，Y 轴属性【请求】选择【速度】,【分量】选择【角度幅值】，即表示角速度，接着单击【Y 轴定义】中的【+】按钮，确定 Y 轴分量，最后单击【应用】按钮输出图表。为了方便起见，还可以将数据导出为 Excel 图表格式，如图 7-35 和图 7-36 所示。

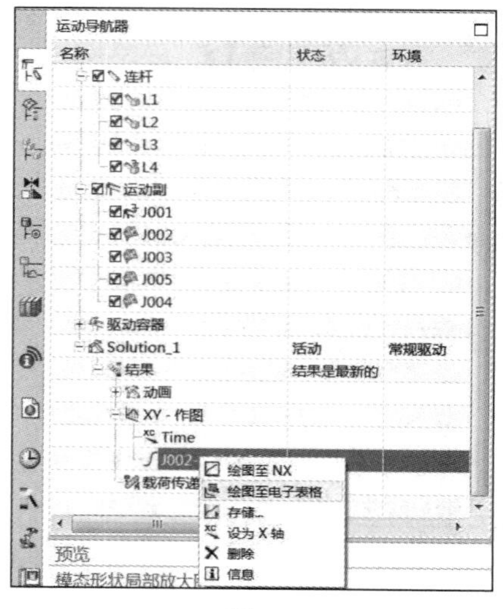

图 7-35

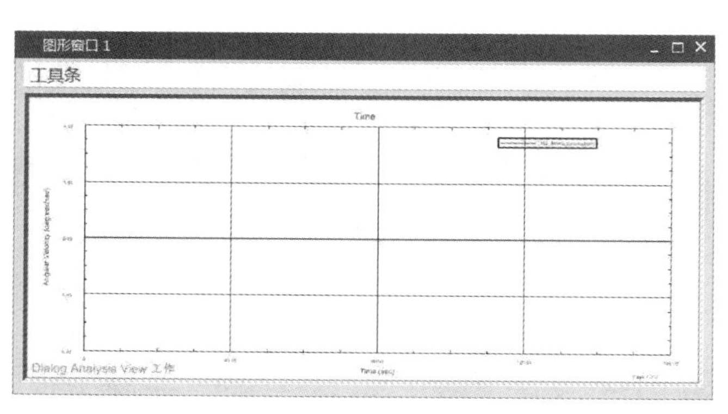

图 7-36

2）同理，可以输出 J003、J004、J005 的角速度图表。

最后求解得到的各个运动副的速度图如下：

运动副 2（J002）的角速度图如图 7-37 所示。

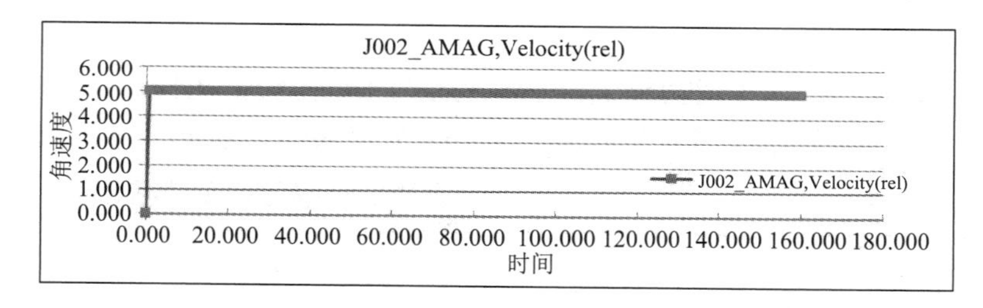

图 7-37

因为运动副 2 表示曲柄的角速度，本例中设置为固定值 5 度/秒。

运动副 3（J003）的角速度图如图 7-38 所示。

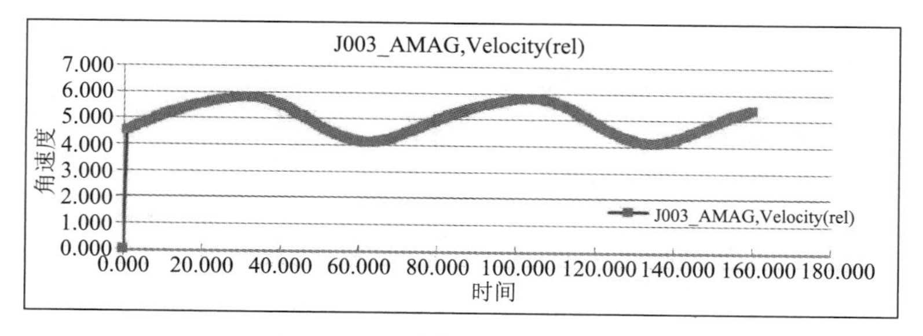

图 7-38

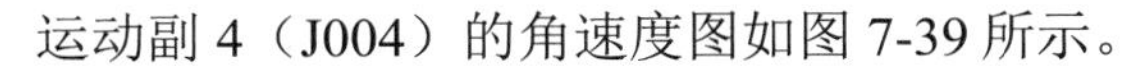

运动副 4（J004）的角速度图如图 7-39 所示。

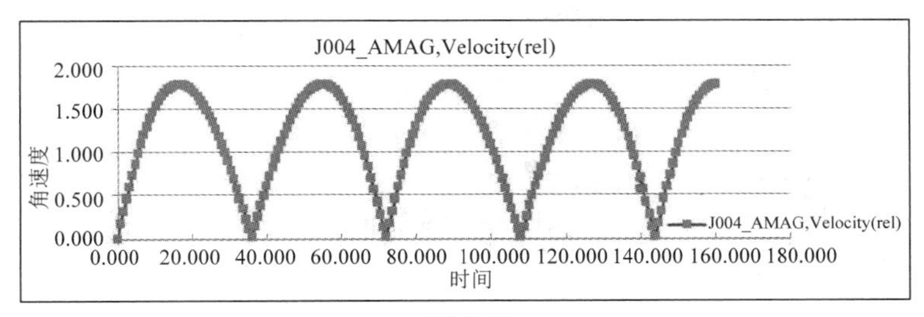

图 7-39

运动副 5（J005）的角速度图如图 7-40 所示。

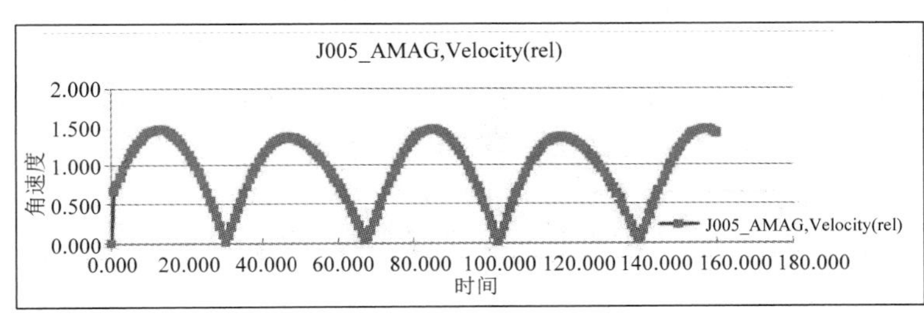

图 7-40

曲柄（连杆 1）为原动件，在其转动一周后，有两次与连杆 2 共线。摇杆角速度为 0 的点表示摇杆（连杆 3）分别处于两个极限位置，当曲柄以等角速转动一周时， 摇杆将在两个极限位置之间摆动，而且较明显地看到从一个极限位置到另一个极限位置要用的时间间隔不一样，这就是摇杆的急回特性。

当摇杆为主动件进行运动分析时，在图 7-41 与图 7-42 所示的两个位置会出现不能使曲柄转动的“顶死”现象，机构的这种位置称为死点。在一些运动中我们应尽量避免这种现象的出现，为了使机构能顺利地通过死点而正常运转，可以采取在曲柄上安装组合机构或者采用安装飞轮加大惯性的方法，借惯性作用使机构转过死点。

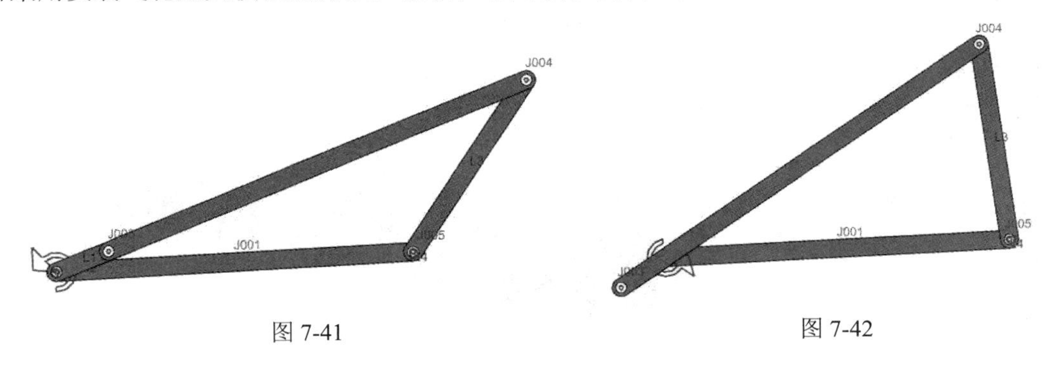

图 7-41　　图 7-42

7.3 UG NX 有限元分析实例

UG NX 进行结构有限元分析的通用工作流程如下。

1）在 UG NX 中打开零件。

2）启动高级仿真应用。为 FEM 和仿真文件规定默认求解器（设置环境或语言）。

注 意

也可以选择先建立 FEM 文件，然后再建立仿真文件。

3）建立解决方案。选择求解器（如 NX Nastran）、分析类型（如 Structural）和解决方案类型（如 Linear Statics）。

4）如果需要，可理想化部件几何体。一旦使理想化部件激活，可以移去不需要的细节，如孔或圆角，分隔几何体，准备实体网格划分或建立中面。

5）使 FEM 文件激活，网格划分几何体。首先利用系统默认设置自动地网格化几何体。在许多情况下系统默认提供高质量的网格，用户可直接使用。

6）检查网格质量。如果需要，可以用进一步理想化部件几何体细化网格。此外，在 FEM 中可以利用简化工具，消除模型在网格划分时可能产生的几何 CAD 问题。

7）添加材料到网格。

8）当对网格满意时，使仿真文件激活、作用载荷与约束到模型。

9）求解模型。

10）在后处理中考察结果。

下面以一个悬臂梁的有限元分析为例，来介绍 UG NX 10.0 有限元分析的具体流程。

7.3.1 有限元模型的建立

1）如图 7-43 所示，启动 UG NX 10.0，打开 xuanbiliang.prt 文件。

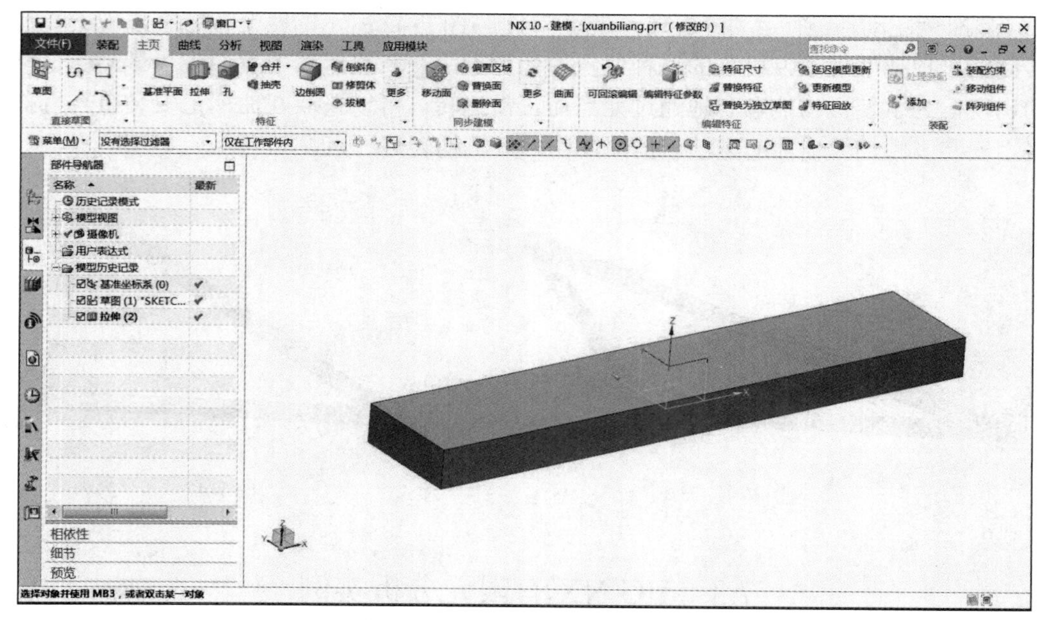

图 7-43

2）如图 7-44 所示，选择【菜单】|【工具】|【材料】中的【指派材料】命令，弹出如图 7-45 所示的【指派材料】对话框。按照选项依次选定悬臂梁实体，再选择材料，此例中选择“Steel”，然后单击【确定】按钮。

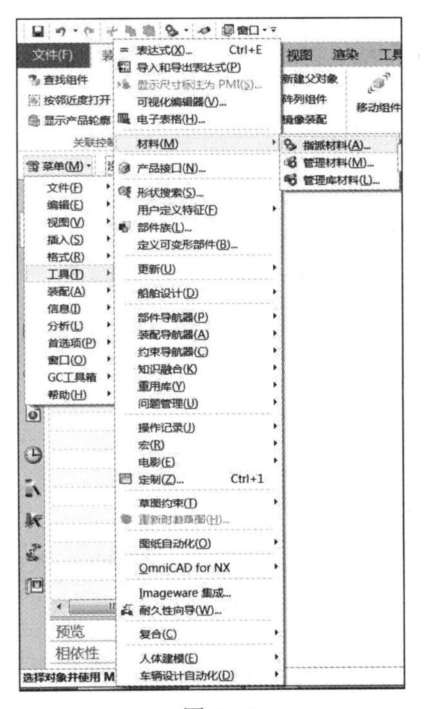

图 7-44

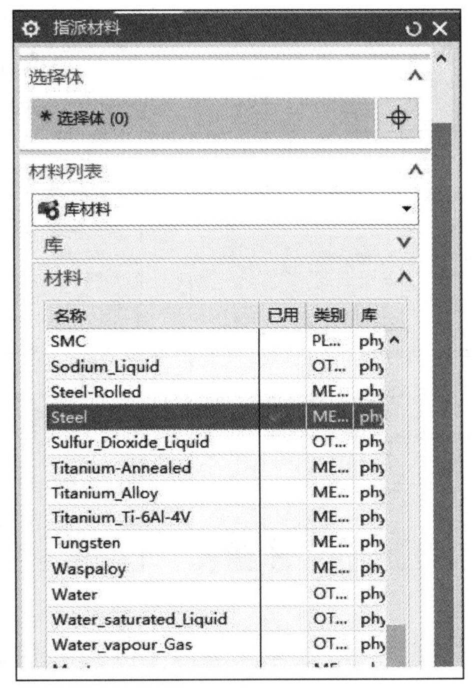

图 7-45

3）进入【应用模块】，单击【仿真】功能区中的【高级】图标，进入高级仿真界面，如图 7-46 所示。

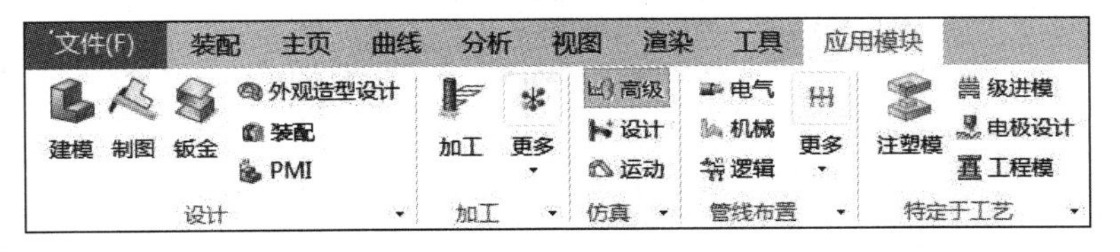

图 7-46

4）在屏幕右侧的【仿真导航器】中右击【xuanbiliang】，在弹出的快捷菜单中选择【新建 FEM 和仿真】，如图 7-47 所示。此时，系统会弹出【新建 FEM 和仿真】对话框，如图 7-48 所示，各选项均保持系统默认设置，单击【确定】按钮后会弹出【解算方案】对话框，如图 7-49 所示，同样保持系统默认设置，然后单击【确定】按钮。

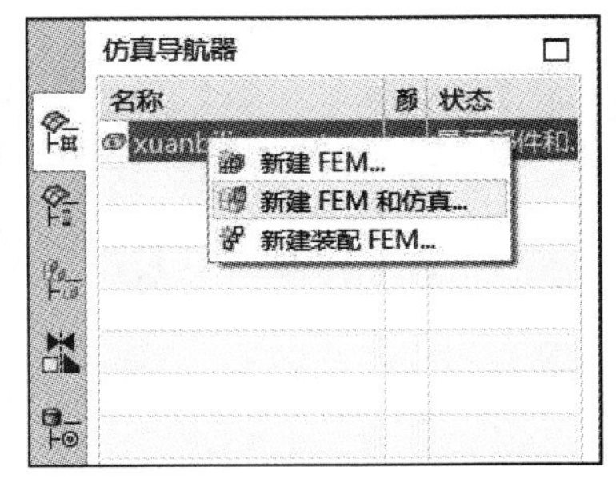

图 7-47

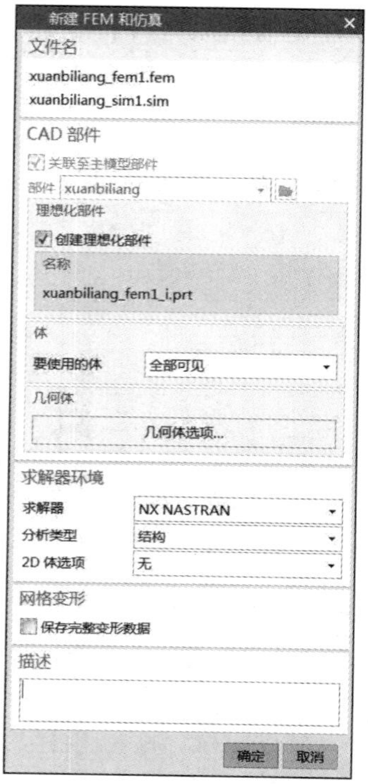

图 7-48

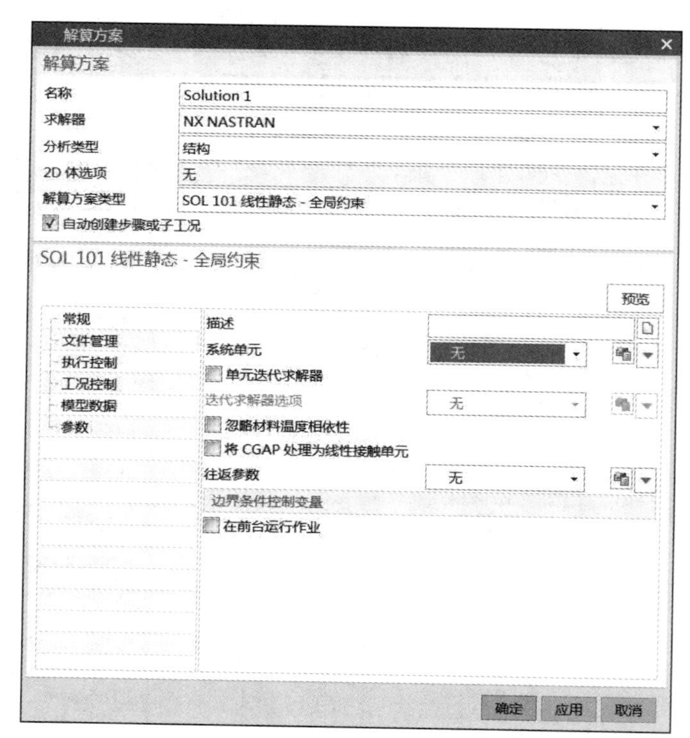

图 7-49

5）如图 7-50 所示，双击【仿真导航器】中的【xuanbiliang_sim1】，激活有限元模型，进入有限元模型的编辑界面。

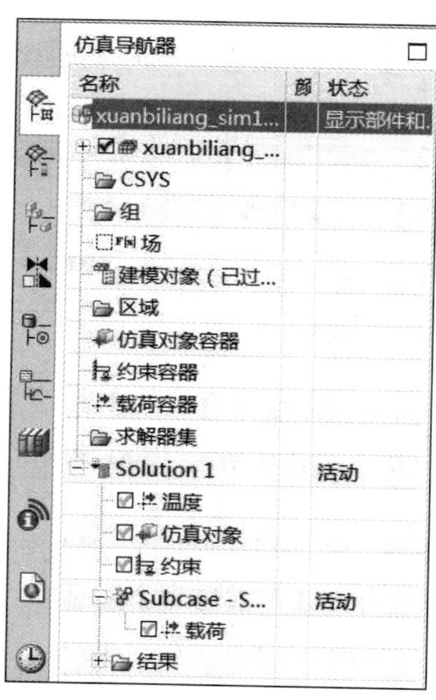

图 7-50

6）单击【关联】功能区中的【激活网格划分】，如图 7-51 所示；单击功能区中的

【3D 四面体】网格，系统会弹出【3D 四面体网格】对话框，如图 7-52 所示。选择悬臂梁实体进行网格划分，设定【单元大小】为 0.5，单击【确定】按钮，会生成如图 7-53 所示的有限元模型。

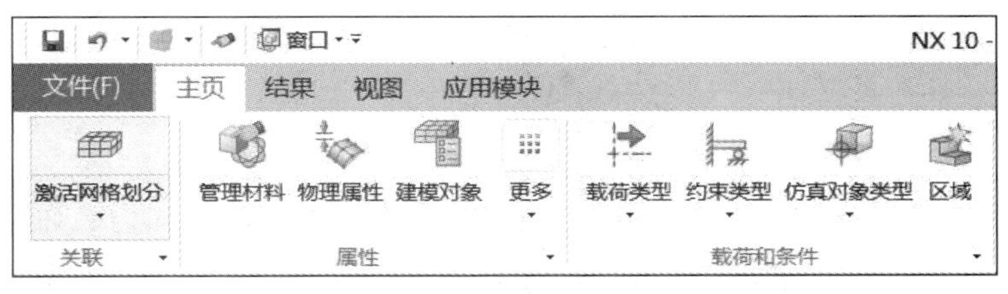

图 7-51

图 7-52

图 7-53

7）如图 7-54 所示，单击【关联】功能区中的【激活仿真】，或者双击【仿真导航器】中的对应仿真，激活【载荷和条件】功能区中的【载荷类型】和【约束类型】等按钮，进入仿真界面，如图 7-55 所示。

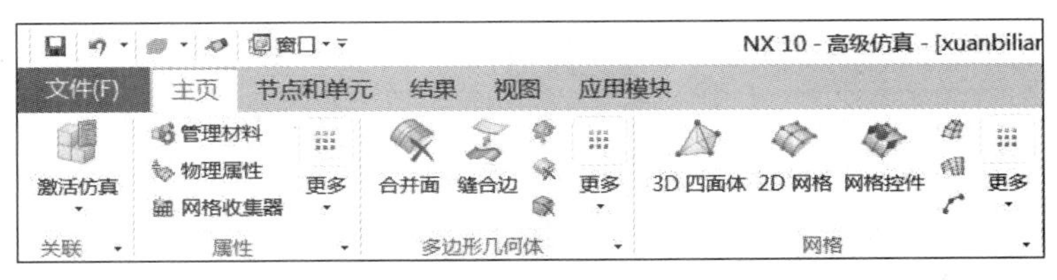

图 7-54

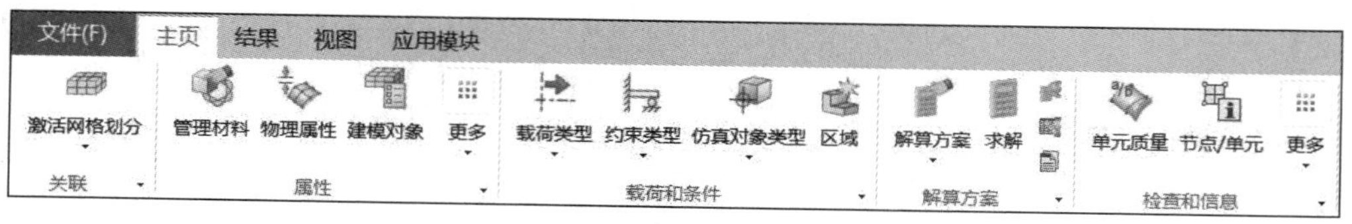

图 7-55

8）单击【载荷类型】下拉菜单中的【力】按钮，弹出【力】对话框，在视图区选择边作为施加线载荷的线。如图 7-56 所示，设定力大小为 10N，方向为 Z 轴负向。

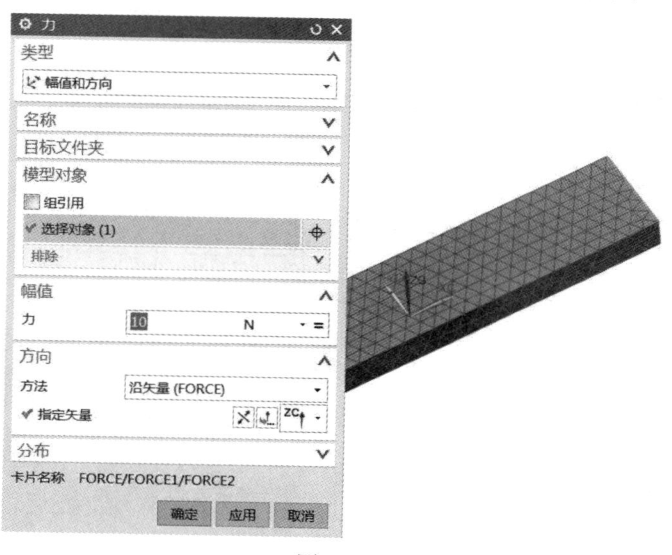

图 7-56

9）单击【约束类型】下拉菜单中的【固定约束】按钮，弹出【固定约束】对话框，在视图区选择面作为施加约束的面，如图 7-57 所示。

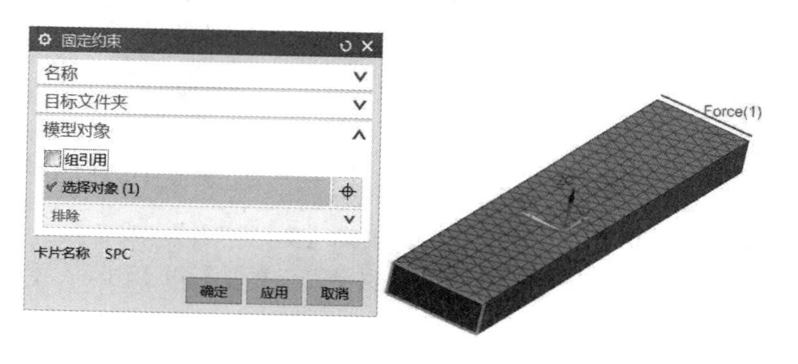

图 7-57

7.3.2 求解

完成有限元模型的建立后，进入求解阶段。求解的具体操作步骤如下。

1）单击【求解】按钮，弹出【求解】对话框，如图 7-58 所示。

2）单击【确定】按钮，弹出【分析作业监视器】对话框，如图 7-59 所示。

3）单击【取消】按钮，完成求解过程。

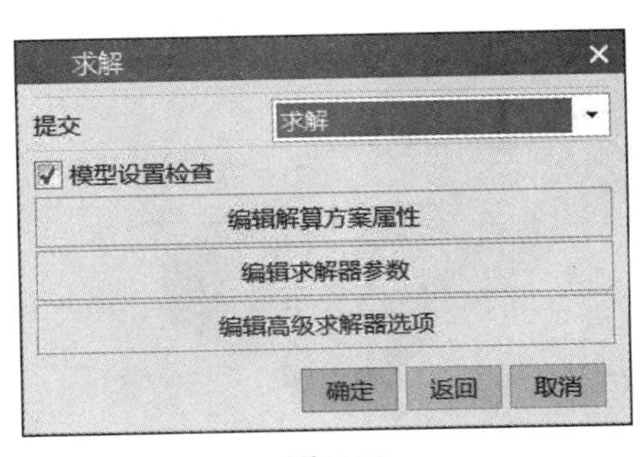

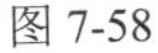

图 7-58

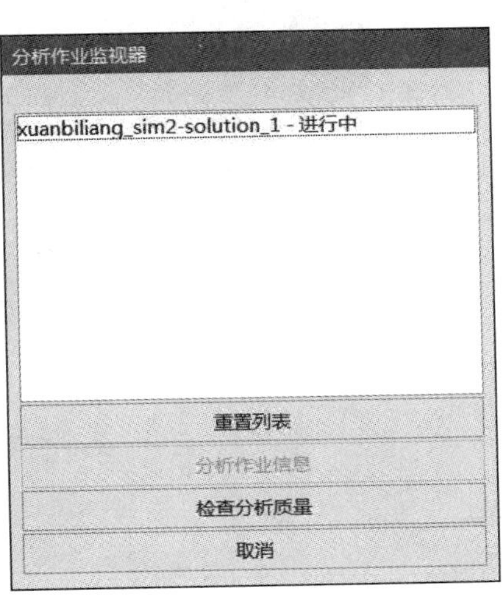

图 7-59

7.3.3　后处理

完成求解后，进入后处理阶段。用户可以通过生成的云图来判断应变、应力的最大值与最小值等。具体操作如下。

1）单击【后处理导航器】，在弹出的如图 7-60 所示的【后处理导航器】中右击【已导入的结果】选项，在弹出的快捷菜单中选择【导入结果】，系统弹出【导入结果】对话框，如图 7-61 所示。在存储目录中寻找结果文件，单击【确定】按钮即可导入求解结果。

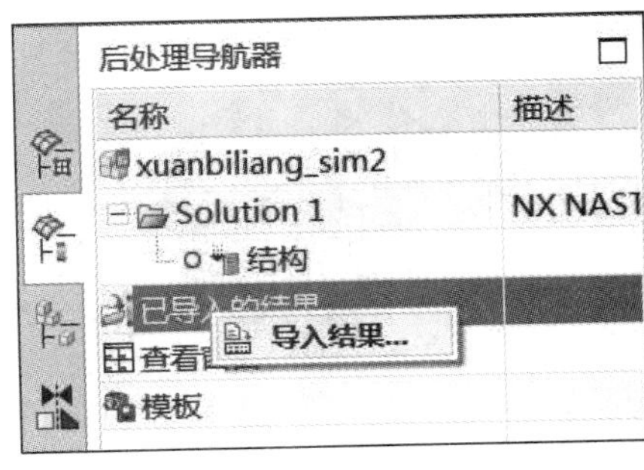

图 7-60

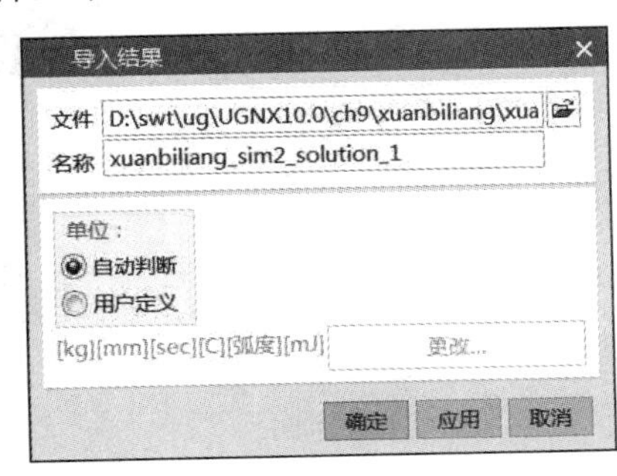

图 7-61

2）在屏幕右侧【后处理导航器】中的【已导入的结果】选项中，选择【位移-节点】选项，云图显示有限元模型的变形情况，如图 7-62 所示。单击【结果】|【后处理】功能区中的【标识结果】，可以根据需要显示出结果的最大值和最小值。

3）在屏幕右侧【后处理导航器】中的【已导入的结果】选项中，选择【应力-单元-节点】选项，云图显示有限元模型的变形情况，如图 7-63 所示。单击【结果】|【后处理】功能区中的【标识结果】，可以根据需要显示出结果的最大值和最小值。

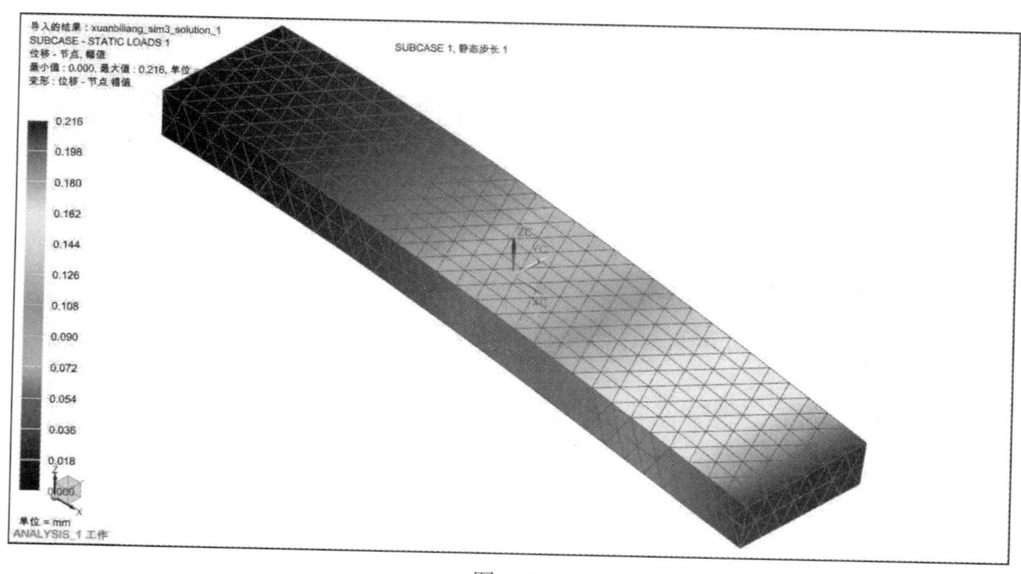

图 7-62

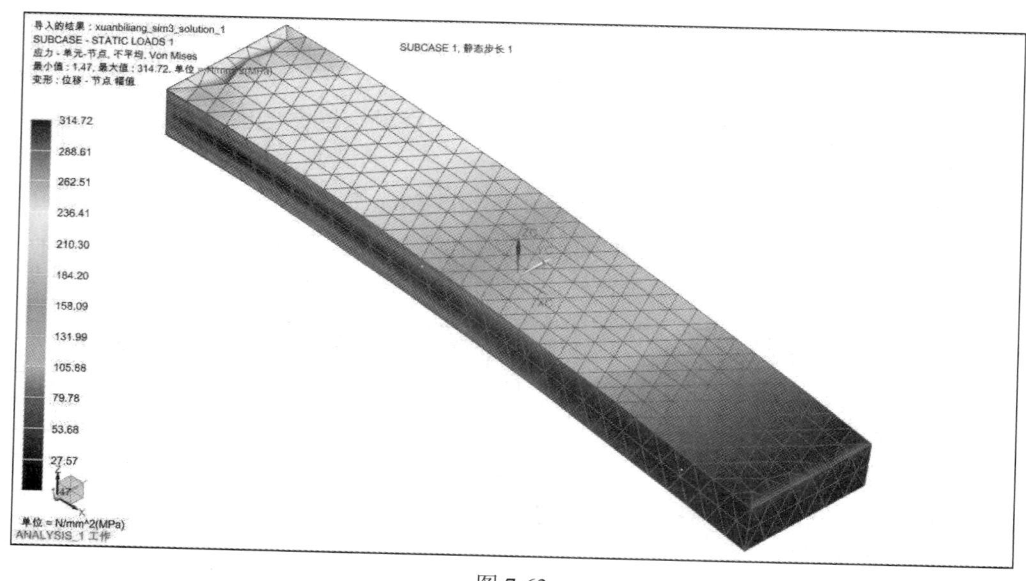

图 7-63

本章小结

本章主要讲解了 UG NX 的 CAE 功能，通过曲柄连杆机构的运动仿真的案例介绍了运动分析的基本步骤，并通过机构中的杆件有限元分析案例介绍了构件结构分析的基本过程。

思考与练习

1. 总结机构运动仿真步骤。

2. 总结构件结构分析基本过程。

3. 设计一曲柄滑块机构，在 UG 上进行三维造型、装配、运动分析，并对连杆进行结构分析。

参 考 文 献

北京兆迪科技有限公司，2015. UG NX 10.0 产品设计实例精解[M]. 北京：机械工业出版社.
北京兆迪科技有限公司，2015. UG NX 10.0 结构分析教程[M]. 北京：机械工业出版社.
北京兆迪科技有限公司，2015. UG NX 10.0 曲面设计实例精解[M]. 北京：机械工业出版社.
北京兆迪科技有限公司，2015. UG NX 10.0 运动仿真与分析教程[M]. 北京：机械工业出版社.
丁源，2016. UG NX 10.0 中文版从入门到精通[M]. 北京：清华大学出版社.
米俊杰，2016. UG NX 10.0 技术大全[M]. 北京：电子工业出版社.